トーマス・ヘイガー

大気を変える錬金術

ハーバー、ボッシュと化学の世紀

渡会圭子訳
白川英樹解説

みすず書房

THE ALCHEMY OF AIR

A Jewish Genius, a Doomed Tycoon, and the Scientific Discovery
That Fed the World but Fueled the Rise of Hitler

by

Thomas Hager

First published by Harmony Books, a division of Random House, Inc., 2008

ローレンに捧ぐ

道具がこちらを嘲笑っている。
把手や車輪や歯車やシリンダーの付いたものども。
門のかたわらに立つとき、汝らが鍵となるはずだった。
たしかに、その刻みは精巧だが、どんな錠も回してはくれない。
明るい陽が射す日も、
自然はベールに包まれけっして盗み見ることはできない。
心が開けることのできないものを
てことねじでこじ開けることはできない。

——ヨハン・ヴォルフガング・ゲーテ『ファウスト』

大気を変える錬金術　目次

はじめに

──空気の産物──

これは空気をパンに変える方法を発明した二人の男の物語である。彼らは小都市と並ぶ規模の工場を建て、巨額の財を成し、何百万もの人の死に手を貸し、何十億もの人間の命を救った。

彼らの功績は歴史上もっとも重要な発見だと私は信じている。どれほどの人の生死にかかわっているかという視点から、彼らの業績に匹敵するものを他に思いつくだろうか。簡単に言ってしまうと、いまの世界の人口の半分は、彼らの開発したもののおかげで生きていられているのだ。

ほとんどの人は、その二人の名前もその功績も知らない。しかし私たちは食物を口に入れるたび、彼らに感謝するべきなのだ。彼らの業績は巨大な工場という形で現在も生きつづけている。それらはたいてい人里離れた場所にあり、川の水を飲みこみ、大気を吸いこみ、地球全体のエネルギーの一パーセントを燃やしている。彼らが発明した機械すべてが停止したら、二〇億人以上が飢えて死ぬだろう。

その理由は、私たちが空気の産物だからだ。私たちの体をつくっているもの、皮膚、骨、血液、脳などをつくる原子は、基本的に大気に由来する。直接的、あるいは間接的に。たとえば炭素は、二酸化炭素を取りこんだ食物からもたらされる。呼吸によって空気を吸いこむと、その成分である酸素が血液中に溶けこむ。そして水素は水を飲むことによって（酸素もともに）取りこまれる。水は気体、液体、固体と、絶えず形を変えながら蒸発して雲となり、雨となって地上に落ちてきて私たちの口に入る。人の体は体重で見ると、炭素、酸素、水素という三つの元素が九〇パーセント以上を占めている。空気でできた固体と言えるかもしれない。

しかし人間にとってあらゆる意味で最も重要な元素は、体内で四番目に多く、自然のなかでは（少なくとも人間が使用できる形のものは）最も見つけるのが難しい元素――窒素である。私たちは窒素なしには生きられない。それはＤＮＡの遺伝子に閉じこめられていて、タンパク質をつくるときそこに組みこまれる。十分な窒素がなければ私たちは死んでしまうのだ。必要不可欠というだけでなく、他の主要な元素より断然おもしろい。化学的に見ると、窒素はある種のトリックスターであり、やや無節操で、他の多くの原子とさまざまな形ですぐに結びつこうとする。窒素があるからこそタンパク質はいろいろな性質をもち、生きた分子に個性と柔軟性が生まれる。窒素はパーティーをにぎやかにする存在だ。

生物にとって窒素は絶対不可欠な存在であることから矛盾が生じる。私たちは窒素のなかを泳いでいるようなものだが、足りるということはない。地球の大気の八〇パーセントは窒素である。私たちはそれを一日じゅう吸ったり吐いたりしている。しかし空気中にたっぷりとあるこの窒素では（その原子一個さえ）、植物も動物も育たない。それらは不活性で死んだも同じであり、まったく役に立たないのだ。植物や人間を含めた動物が必要としている窒素は違う形のもの、専門的には固定窒素と呼ばれるものだ。固定窒素の存在、いや、むしろ不足していることが植物系の〝制限因子〟となり（すべての動物は何かにつけて植物に頼っているので動物の数も制限される）、地球の人口が抑制されているのだ。植物を育てる視点から簡単に言うと、固定窒素を畑にたくさん撒けば撒くほど、作物はよく育つ。農業従事者ははるか以前から窒素の効果をよく知っていて、畑に腐食した植物や動物の糞（どちらも窒素が豊富でよい肥料となる）

を撒き、輪作で何年かに一度は豆を植えた。それはマメ科の植物は根に固定窒素をつくるバクテリアを棲まわせているからだ。作物をうまく育てる秘密は、この窒素をばら撒くことにあった。

私たちの頭上には使えない窒素が広がっている。固定窒素を空気から生物系に取りこめるものは、自然界には二つしか存在しない。マメ科を中心としたいくつかの植物に棲む特別なバクテリア、そして稲妻である。これらの現象で少量の固定窒素が生まれるが、蓄積されるスピードはごくゆっくりである。そのため利用可能な窒素はつねに不足している。広々とした海に浮いている人が、喉の渇きで死にそうになっているようなものだ。

人口が増えるにしたがって問題も大きくなっている。しかし彼らのつくったとてつもない機械のおかげで、生物系で使える窒素の量は二倍になっている。この変化によって、地球が養える人口は何十億人も増えた。しかしそれと同時に私たちは地球を壮大な実験場にして、自分たちが何をしているのか、これがどのような結果をもたらすのか、はっきりした見通しのないままに、空気中から取り出した窒素で地球をあふれさせ、川や湖を汚し、海の一部を死滅させ、地球温暖化を加速させている。これをさかのぼると、あまり知られていない二人の男と、彼らがつくった機械にたどりつく。

しかしその重要性を何よりも直接的に示すのが、過去一〇〇年間の人口増加を示すグラフである。二〇世紀初め、世界の人口は約一〇億だった。現在では六〇億を超えている。もしすべての人間が菜食で、一八〇〇年代最高の技術を駆使し、耕されている土地すべてで作物を育てれば、地上で四〇億人を養える。理論的には残りの二〇億人は飢えてしまうはずだ。これは人口が食料供給を追い越したときの必然的結果であり、経済学者のトマス・マルサスや細菌学者のパウル・エールリッヒがはるか以前に予言している。ところが余計な人口が増えたにもかかわらず、私たちは飢えていない。平均を見れば、現在の人間の食生活は一〇〇年前と比べて向上している。食べ物はバラエティに富み、高カロリーになっている。これはアメリカだけでなく、どこでも見られる現象だ。（たしかに飢餓はまだ存在するが、それは食料が不足しているからではない。食料は十分にある。必要なところまでの輸送に問題があるため、飢えが起こるのだ。）世界的な飢餓どころか、私たちは肥満の蔓延という問題に直面している。

そうなった原因はハーバー - ボッシュ法にある。ハーバー - ボッシュの工場があるからこそ、いまは食料が豊富に、比較的に安価に手に入るのだ。ハーバー - ボッシュの機械が植物を育て、動物がそれを食べてつくられる、油脂、糖、肉、穀物が私たちを太らせる。いまなぜこれほど多くの人が太るのか、その理由を知りたいなら、どこを探せばいいかは明白だ。

しかし食料はこの話のほんの一部でしかない。一九九五年に起こったオクラホマシティ連邦ビル爆破事件を覚えているだろうか。あのとき使われた爆薬は、二トンの窒素肥料を、やはり窒素を含む別の化合物で起爆したものだ。肥料と爆薬の化学構造はよく似ている。そのため肥料が爆弾に使われたり、爆薬が肥料に使われたりすることがある。ちょっとした化学的な変更で、ハーバー - ボッシュの工場は火薬やＴＮＴ（トリニトロトルエン。軍用爆薬に使われる）の工場に変わるのだ。つまり世界の人間を養うことを可能にする発見が、世界を破壊する可能性もあるということだ。ハーバーとボッシュがいなければ、ドイツは武器が不足し、第一次世界大戦は二年早く終結していただろうという歴史家もいる。ハーバーとボッシュがいなければ、ヒトラーはあれほどまでの脅威とはならなかったはずだ。

これはまだ手はじめだ。ハーバー - ボッシュの技術は合成燃料の製造にも使われる。現在のエネルギー危機の何十年も前、ボッシュの工場は石炭からつくった合成ガソリンでドイツを支えていた。第二次世界大戦でヒトラーはそれに頼り、ボッシュの合成燃料で飛行機やトラックを動かすと同時に、ハーバー・ボッシュの合成窒素を使って爆弾や火薬をつくっていた。IG《イーゲー》ファルベン、スタンダードオイル、フォード自動車の間で戦前に結ばれた契約を含め、合成ガソリンをめぐる物語も本書で語られる。

私がこの物語に出会ったのは、前著である最初の抗生物質を扱った『顕微鏡の下の悪魔（*Demon Under the Microscope*）』のテーマについて調べ物をしているときだった。この発見はドイツのバイエル社でのことだった。同社はのちにイーゲーファルベンの一部となる。これは第二次世界大戦後に解体されるまで世界最大の化学会社だった悪名高いカルテルである。ナチスはファルベンに国防軍のタイヤのゴムから空軍の戦闘機用のガソリンまでつくらせた。ファルベンはヒトラーの狂気に満ちた夢の力の源だった。

ファルベンの初代社長だったカール・ボッシュが、私をこの物語に引きこんだのだ。彼は矛盾に満ちた人物であることがすぐにわかった。商才に長け、ノーベル賞を受賞し、熱心な反ナチ主義者であるにもかかわらず、悪名高いナチスの協力会社を創設し、リーダーとして率いた。ボッシュは二〇世紀に生きた偉人のなかでも指折りの、謎めいた人物であると思った。彼は決して目立とうとせず、人と会うのを避けていた。人間より機械のほうが好きだったようで、できるだけハイデルベルクの別荘に引きこもっていた。そこは科学研究室、博物館級のコレクション、研究所レベルの天文観測台を備えた、彼だけの遊び場だった。彼はヒトラーが自分の故国にしたことを憎み、論文をすべて燃や

カール・ボッシュ
（1874–1940）

フリッツ・ハーバー
（1868-1934）

し、失意のうちに死に、そして忘れられた。

ボッシュの生涯を知りはじめたころ、ともに機械を開発したボッシュの相方（窒素の研究でともにノーベル賞も受賞した）フリッツ・ハーバーに関する資料も読みはじめた。ボッシュが私《プライベート》な人間なら、ハーバーは公《パブリック》な人間だ。彼は科学者だが人から注目されるのが好きで、栄誉を求め、酒を飲み、たばこを吸い、にぎやかなパーティーを催し、王族と親しくつき合い、特別仕立ての軍服で周囲をあっといわせては喜んでいた。彼もまたユダヤ人だった。ハーバーについては何人かの伝記作家が書いているし、何本かの劇の登場人物ともなっているので、私も彼についてたくさんのことを知ることができた。しかし彼にはまた彼なりの謎がある。世界を飢えから救った男が、第一次大戦後なぜ戦争犯罪人として責められたのか。遠洋定期船のなかの秘密の研究室で、彼はいったい何をしていたのか。アウシュビッツで使われた毒ガスを開発したのは、ほんとうにハーバーだったのか。

この二人は偉大なる科学者だった。空気をパンに変える機械の開発以来、科学者としての評価は一気に上がったが、二人ともさらに大きなものを目指した。彼らは科学を実践するための新しい手法を示し、都市と同じ規模の工場を建設し、世界市場を支配し、死ぬか生きるかの選択をした。そして何より、ハーバーとボッシュはあらゆる意味で近代化学産業の生みの親といえる。彼らの技術は現在でもたいへん重要な意味をもっている。それは彼らがもたらしてくれた食物で人間が生きているからだけでなく、彼らの発見が生態系にどのような影響を与えているのかについて、ようやく理解が深まってきたからだ。

7　空気の産物

太古の昔、人間が初めて火を手に入れたときから穀物を育てはじめた時代まで、イカルスの翼から人工心臓まで、人間はたえず自然の境界を越え、限界を打ち破ろうとし、自然に任せるよりもっと快適で、もっと健康で、もっと力強い状態を求めている。この自然の制約を超えようとする人間の野望から、独特の文学が生まれている（プロメテウスの神話やメアリー・シェリーの『フランケンシュタイン』から、マンガのスーパーヒーローやマッドサイエンティストの映画まで）。そして自然の制約を検証し、それを破ろうとする学問分野が生まれた。それが科学である。

科学の本というと、人間の生活を向上させるために自分を犠牲にして不断の努力を続けた男女を礼賛する内容のものが多い。この本にもたしかにそのような要素が一部にある。しかし私は違ったタイプの本を目指している。それは他者の幸せを目指す科学が、政治、権力、プライド、金銭、そして個人的な欲望と対立したときにどうなるかを描くことだ。私からすると、それこそが現実的な科学の世界なのである。

第Ⅰ部　地球の終焉

1

——危機の予測——

一八九八年、イギリスのブリストルにある音楽ホールで、白くなりかかったあごひげと口ひげをきれいにそろえ、ワックスで長い針のように固めた細い男が、ある予言を発した。客席にいたのはイギリス科学界のトップたち。何千人もの礼服を着た男たちと宝石を身につけた女たちが、その小さな安っぽい会場に座っていた。アメリカ人なら芝居小屋《ボードビルパレス》とでも呼んだかもしれないが、そこは学会の講堂が火事で焼失しまったために急きょ変更された間に合わせの会場だった。聴衆はおとなしく列に並んで席につき、オーケストラピットから最上階の天井桟敷までが、人で埋められていた。ホールは不快なほど暑く、とくに上部の席ほどひどかった。美しく着飾った女性が扇を開きはじめる。夜会服を着た男性が隣に座った人に、どうやら長い夜になりそうだとつぶやく。

舞台上で話していたのはサー・ウィリアム・クルックス、一八九八年のこのとき英国科学アカデミー会長の任についた人物だ。非の打ちどころのない服装、背筋をぴんと伸ばし、断固とした態度は、どこをとってもナイトの称号を受けたばかりの自信に満ちた物理学者にふさわしいものだった。彼はクルックス管（のちにテレビやコンピュータに使われるようになる陰極線管の前身）の発明家であり、元素周期表に加えられたばかりのタリウムの発見者であり、恐れを知らぬ科学界の冒険家であり、科学からは最も遠いところにあるものにまで手を伸ばした。クルックスは交霊術、そして生と死に関する熱心な研究家でもあったのだ。

会長就任演説というものは退屈なものと相場が決まっている。科学にまつわる組織の新会長は、だいたいが過去の業績をえんえんと並べたて、何人もの研究者に向かってうなずいてみせ、大英帝国にとっての科学の重要性を説くのが常だった。しかしクルックスはその場をかきまわそうと決意していた。楕円形のめがねを直すと、メモを見つめ、顔を上げてずばりと言った。「イギリスをはじめとするすべての文明国家は、いま死ぬか生きるかの危機に直面している」

天井桟敷でひらひらしていた扇の動きがぴたりと止まる。クルックスの声は明瞭で、話しかたは穏やかだった。ホールには沈黙が広がり、聴衆は緊張して彼の次の言葉を待った。彼は説明を続ける。このまま何も手を打たなければ、とくに先進国家の多くで、おびただしい数の人間が餓死しはじめるだろう。これは二つの単純な事実から考えて、受け入れざるをえない結論だ。その二つとは「人口が増えていること」その一方で「食物の生産量が減っていること」だ。近年、衛生状態の向上と医療の発達のおかげで、しばらく前から人口は増えつづけていた。水道の整備や消毒薬の使用などがその例だ。これらは人類の大きな勝利である。しかし同時にそれが脅威を招いている。人口が増えているのに土地は限られている。さらに作物を育てられる範囲はそれより少ない。その土地がすべて耕され、できるかぎりの作物が植えられている間にも人口は増えつづける。何度も作物が植えられた土壌はやせていく。そうなれば必ずや集団的な飢餓が起きるだろう。彼は独自の調査結果から、一九三〇年前後から多くの人が飢餓によって命を落としはじめると推測した。

それを止める方法は一つしかないと彼は断言した。そしてその方法を話しはじめた。

農業社会では時代ごとに、豊かな実りを確実に手に入れるための独特の手法、儀式、祈りがある。ホメロスはロバや牛の糞を集める農夫の詩を書いている。古代ローマ人は施肥の神ステルクティウスを崇拝していた。ローマでは農業科学ともいうべきものが生まれ、（人間も含め）さまざまな動物の排泄物、堆肥、血液、灰などを、肥料としての能力によってランク付けしていた。作物を育てるにはハトの糞が最高で、牛や羊といった家畜の糞は馬の糞より上等だった。人間のとれたての尿は若い植物に最適で、古くなった尿は果物の木に向いていた。

ローマ人も古代中国人も、畑を健康に保つもう一つの鍵を知っていた。それは輪作である。それがなぜうまくいくのかはわかっていなかったが、同じ作物を二回続けて同じ土地には植えることはせず、豆やクローバーといった特定の植物と交代で植えると、畑の肥沃度が回復する。中国では何年かに一度、必ず大豆を植えるようにしていた。中東ではヒヨコ豆がそれに用いられている。インドではヒラマメ、東南アジアでは緑豆、ヨーロッパではエンドウ豆やインゲン豆、クローバーが用いられる。「オーツ麦、エンドウ豆、インゲン豆、大麦が育つよ」は、たんなる童謡ではない。これは農業を成功させるためのタイムテーブルでもあったのだ。

うまくいっている農家には堆肥用の穴、たっぷりの家畜の糞、そして輪作のシステムがある。良質の作物を育てるには、一エーカーあたり何トンもの堆肥が必要だった。糞の収集と処理はちょっとした産業へと成長し、何千人もの労働者が田舎をめぐり、牛や豚の排泄物をかき集め、都市の道路に落ちている馬の糞を集め、それを農業従事者や庭師に売った。しかし足りることは決してなかった。堆肥をたっぷり撒けば一、二シーズンはもったが、その後、土壌はまたやせはじめ、さらに堆肥が必要となる。ヨーロッパで最も集中的に農業がおこなわれていた土地（現在のパリのマレ地区）では、広い公園ほどの広さの土地所有者は一エーカーごとに何百トンもの肥やしを撒かなければならなかった。しかもそれが毎年続く。一七〇〇年代に入ると、飢えたヨーロッパ人は作物の生産量を上げるため、肥料になりそうなものをつぎつぎと試していった。海塩、石灰、木を燃やした炭、腐った魚、畑が作物を育てられる状態を保つなら何でもよかった。

しかし世界一、農をよく知っていたのはヨーロッパ人ではなかった。中国南東部の湿度と気温の高い土地では、一〇〇〇年前からあらゆる種類の肥料を使っていた。彼らは人糞をためておき、それに家畜の排泄物を混ぜたものや、野菜かすや木の葉の堆肥に油を絞った種のかすなどを加え、畑を豊かにしていた。これらはすべて、想像できるかぎり最も工夫をこらした農業システムの一部だった。池に盛り土をした畑では、米だけでなく桑やサトウキビ、果物を育て、そして鯉まで育てていた。魚の糞が作物の肥料となるのだ。畑を耕すのに用いられた水牛の糞も、土地を肥沃にするのに役立つ。池を泳ぐアヒルの糞も同様である。また水田では、大豆と同じような働きをもつ野生の水生シダを植えた。気候が熱帯性のため、一年に何度か収穫が可能だった。伝統的な農業システムのなかで、これほど生産性が高いものは他にない。中国ではこの方法により、一エーカーの農地から採れる作物で一〇人もの人を養えた。これは一八〇〇年代のヨーロッパ平均の五倍から一〇倍である。「中国人は最も称賛すべき農夫である」。目ざといヨーロッパの科学者が一八四〇年にこう書いている。「かの国の農業は世界でいちばん完璧に近いところにある」

それでもまだ十分ではなかった。一九世紀に産業革命が起こり、何百万もの人が農地を離れて都市へと向かった。都市はどんどん大きくなり、地球の人口も同じように増え、一エーカーで一〇人を養うという伝統農業の最高レベルの生産力でも、食物の生産がとても追いつかないことが明らかになった。アメリカ大陸の大平原《グレートプレーン》、ロシアのステップ、オーストラリアの広大な土地が新たに農地として開拓されなければ、クルックスが予言した危機は、彼の講演がおこなわれる五〇年前に起こっていたはずだ。自分の土地が枯れてしまったら、農民たちはまだ開拓されていない土地を求めて、西や南や東へと移動していった。

しかしもうグレートプレーンは存在しないと、クルックスは警告した。地球の調査が進められ、地図がつくられ、農業に適した土地には人が定住してすでに耕されている。今後、農民は来る年も来る年も、同じ土地で作物をつくるだろう。そうなると重大な問題が起こるとクルックスは考えた。どれほど注意深く輪作をおこなおうと、どれほど計画的に動物の糞を撒こうと、土壌は徐々にもとの肥沃さを失っていく。

彼の頭にあったのはヨーロッパ人と北アメリカ人の主食である小麦粉だった。白人にとっての生きる糧である。小麦の生産量が少しでも落ちたら「人種の飢餓」が起きる恐れがある。彼のいう「厳然たる事実」に基づく予測は、異論を差し挟む余地がないように思えた。いまから数十年の間に、小麦を食べる偉大な人種の数が、主食の原料の生産を追い越してしまう。それは大英帝国、北欧、アメリカなどの白人である。何十万という人々が、飢えて死にはじめるのだ。

世界最高の伝統農業技術をもってしても、この差し迫った危機を乗り越えるのは難しい。イギリスも最先端の農業技術を駆使して、輪作をおこなったり糞尿や植物の堆肥を使ったりしていたが、それでも外国から何トンもの作物を輸入しなければ餓死するという。もしその外国が、やはり人口が増えている自国民を養うために輸出をストップしたらどうなるのか。

答は一つしかない。クルックスは言った。大量の肥料の生産。何千万トンもの新しい肥料だ。来るべき二〇世紀の需要を満たすだけの量の肥料は、自然界には存在しない。なんとかしてそれを人工的につくる方法を見つけなければならない。肥料を生産する新たな方法、化学的肥料を生産する方法の発見が、自分たちの時代の大きな課題であると、クルックスは聴衆に語りかけた。

「食物の不足は、科学的な研究成果を通して解決されるだろう」。そして彼はそれがどんな科学者かまで特定した。「人類を飢えから救うのは化学者《ケミスト》である……われわれが死に直面する前に、化学者の働きによって世界的な飢饉の時代は先延ばしされ、われわれの息子や孫たちは、将来を過度に心配することなく生きられるようになるだろう」

店で買う肥料の袋に入っているのは、だいたいが窒素、リン、カリウムという、三つの元素の混合物だ。この三つは植物にとって何よりも不可欠な栄養分である。現在、生産されているおもな作物はすべて、これらがないと生き残れない。これらは動物の糞や堆肥に含まれているが、量は少ない。昔から農民が糞や堆肥を友としてきた理由もそこにある。

ほとんどの作物にとって、いちばん重要なのは窒素である。窒素原子はすべての植物（そしてすべての動物）の、すべての細胞内に存在する、すべてのＤＮＡとＲＮＡに組みこまれているのだ。窒素がなければ生命は存在しない。この一つの元素の存在が、植物の生態系を限定する因子となる。つまり窒素がどのくらいあるかで、どのくらいの植物が育つかが決まるのだ。窒素量が少なければ収穫量は少なく、多ければ豊作となる。ごく単純な話に思える。

ところがことはそれほど単純ではない。植物には窒素が必要だが、使う窒素の種類を選ぶのだ。たとえば私たちのまわりを取り巻く空気のほぼ八〇パーセントは窒素であり、私たちはいわば窒素の海を泳いでいるようなものなのだが、それは閉じこめられているため植物や動物は使えない。大気中の窒素を吸収して、他のものに変化させるメカニズムが備わっていないのだ。

植物が使うのは固定窒素といい、大気中に存在するものとは形態が違っていて、だいたいは固体か液体である。糞や堆肥からは固定窒素が採れる。だからこそよい肥料となるのだ。未開拓の土壌には固定窒素が蓄積されている。そのためそこを開拓した直後の二、三年は作物がよくとれる。作物が固定窒素を使っていくと、土壌のなかの窒素が減少し、土地はやせていく。実は減り、植物は弱り、生産量は落ちる。

「なかでも小麦はとくに窒素を必要とする」。クルックスは聴衆に向かって言った。しかし小麦を育てることによって土壌に蓄積されていた固定窒素が減ったというのに、それを補充する手段が見つからない。「私たちは地球から借金をしつづけている。しかしいずれ立ち行かなくなるだろう」

クルックスは自分の話が聴衆にとっては寝耳に水の驚きであるとわかっていた。イギリス人のほとんどは、肥料が不足しているなどというのは思ってもみないことだった。肥料はたっぷりあるではないか。

何トンもの肥料が粗布の袋で南米から船で送られ、イギリスの港の船着き場で下ろされる。イギリス人は何十年もそれに頼りきっていた。一八四〇年代には南米産の鳥糞石が山と積まれていた。ヨーロッパの農民はそれが世界一の肥料だと信じていた。その後はチリ硝石。これはとてもきれいな白い肥料で、アンデス近くの荒れ地で産出される。硝石は魔法のような力をもつすばらしい肥料で、粒状で撒きやすく、驚くほどの効果をもっていた。ロンドンでは硝石の取引で巨額の富が生まれた。だから南米には肥料があふれているのではないか。

クルックスはいずれ南米からの肥料が入ってこなくなること、そしてその日は近いうちに訪れることを、ていねいに説明した。小麦生産者はどんどんチリ産の肥料に頼るようになっている。年間、何万トンも畑に撒いているが、そのような使い方を続けられるわけはない。彼はさらにいくつかの数字を示し、もし現在のようなやりかたを続ければ、チリの硝石場は何十年もたたないうちに尽きてしまうと述べた。早ければ一九二〇年代、一九四〇年までには確実に。もしそうなればゲームセットだ。大量の肥料を供給してくれるものがなくなれば、作物の生産量は激減し、人々は飢える。科学者が何らかの解決策を思いつかないかぎりは。

彼は同僚の研究者たちに行動することを求める言葉で演説を締めくくった。唯一の解決策は合成肥料、つまり固定窒素をつくることだ。それも地上における最大の窒素貯蔵庫である大気から。他の科学的発見は、生活を楽にしたり、富を築いたり、小麦を食べる人々にぜいたくや便利さを享受させてくれるかもしれない。しかしいま何よりも必要なのは大気中の窒素を固定することであり、これは生きるか死ぬかの問題である。「これが避けられない問題であることを自覚しないと、偉大なる白色人種は世界の一級民族としての地位を失い、小麦からできたパンを食べない人種によって絶滅にまで追いやられてしまうだろう」

クルックスのこの話には白人至上主義がむきだしになっているが、それは当時としてはごくふつうのことだった。一八九八年、イギリス人は自分たちが文明であることを当然と受け止めていた。このとき会場にいた聴衆はイギリス人だったため、クルックスはその差別意識と愛国心を利用して、自分の訴えを理解させようとしたのだ。実際はその〝厳然たる事実〟は他の民族にも当てはまる。小麦、米、トウモロコシ、アワ、何を食べようと、世界の全人類が窒素を必要としている。それを大気から生み出せれば、その人は人類を救えるだけでなく、たいへんな金持ちになれるはずだ。

「**大成功だった**」。クルックスは演説の数日後、友人に手紙を書いた。「圧倒的な賞賛に迎えられ、大御所たちが、これまで聞いたなかで最高の演説だったと言ってくれた」。天井桟敷の人々の多くが、八〇分の演説の半ばでひどい暑さに耐えかねて出ていったことには触れていない。しかし記者を含め、残った人々はみんな感銘を受けていた。口づてで彼の話した内容が世間に伝わりセンセーションを巻き起こす。白色人種に絶滅の危機が迫っているというニュースは、ブリストルからイギリスじゅうに伝わり、さらに世界じゅうの新聞で報道された。彼の記事は科学者だけでなく、経済学者、政治家、知識人、ビジネスマンも読んだ。専門家のなかには同意する者もあれば、批判する者もあった。ちょうど現代の地球温暖化をめぐる議論に似ている。評判が評判を呼び、クルックスの演説は、当時の最も影響力のある声明の一つとなった。あまりに注目を集めたため、彼は自分の意見を一冊の本にまとめた。

地球温暖化と同じく、クルックスが挙げた数字を信じる人々と、彼の言う〝危機〟はあまりに大げさだとする人の間で激しい論争が起こった。彼の挙げた数字、とくにチリに存在する硝石の量の指摘に反対する人は多かった。彼らは南米の荒野が枯渇することはない、事実上、それは無尽蔵の肥料の海なのだと主張した。

しかしそれは間違いだった。クルックスの演説から百余年、人口は倍増し、また倍増し、これから二、三〇年でまた倍増する見込みだ。人口ははるか以前に、地球の食物生産量を超えてしまっている。たとえ最高の有機農法を実践しても、伝統的な農業で生産できる作物量で、地球に生きられるのは四〇億人でしかない。ところが現在、地球の人口は六〇億を超え、さらに増えつづけている。おまけに私たちは、クルックスの時代より多くのカロリーをとっている。

クルックスの不気味な予言と現在の肥満の蔓延の間に、ある重大な発見がありそれが地球を救ったのだ。この本はその発見についての物語である。

2

――硝石の価値――

いつの世にも、物事の深奥を突き止めようとする人々はいた。彼らは昔からさまざまな名で呼ばれてきた。たとえば魔術師、祈禱師、僧侶、魔女、巫女、賢人。彼らがもっていた基本的な欲求は、現代の科学者に通じるものがある。世界の仕組みを理解し、その知識を使って人類の生活をより便利に、より安全に、満足できるようにしたいと願っている。パンをつくり、それを焼くかまどをつくった才能あふれる男女は、原始的な科学を実践していたのだ。葉から植物のエキスを抽出して病気の治療に使う、ワインをつくる、金属を精錬する、弓矢をつくる、紙をすく、数学を発明する、食物を保存する、星の軌道を追う、動物を飼う、布を染める。このような技術は、現在の〝科学〟が現れる一〇〇〇年も前に開発されていた。（科学《サイエンス》という言葉が出現したのは一八世紀である。）

もう一つ錬金術師《アルケミスト》と呼ばれるグループがあった。錬金術の起源は古代エジプト、死後の世界の探究とミイラ化の研究へとさかのぼる。これが時間を経て進化したのだが、広く考えるとこれは金属加工から発達した原始的な化学と観察と、宗教的、哲学的な理想論を混合して、それらすべてを神秘主義的な研究にまとめあげたものといえる。錬金術の目指すところは地上の荒削りで秩序のないものから自然の純粋な魂を取り出し、物質のなかに隠れた霊魂を見つけることだった。神はあらゆるものに、石のなかにさえも存在している。錬金術師は自分たちの仕事を、神の行為を理解することだと信じていた。彼らは硫黄、水銀、鉛、塩、酸、植物エキス、金属、鉱物など、違う種類の物質を混ぜて熱すると、驚くべきことが起こることを発見した。物質変換が起こったのだ。彼らの目の前で、それらの物質は姿を変え、変な臭いを発し、新たな色と形をまとった。熱した液体から生じた蒸気を集め、凝縮し、他の物質と混ぜ、固め、溶液に溶かし、また純化する。こうした段階を進むごとに霊魂に近づいていくと、錬金術師たちは信じていた。(この考えは現代の言葉に書き換えることもできる。たとえば発酵した果物や穀物を熱して生じた蒸気を濃縮したものは、いまでも「スピリット」と呼ばれている。)彼らの目的は地球の完璧な姿に近づいて、自分たちの手で病気を治せる神秘的な物質をつくり、寿命を延ばし、基本元素から金をつくることだった。西洋ではそれを賢者の石と呼んだ。

東洋にも同じようなことがあったが、アジアの錬金術師が探し求めていたのは老化を止める、あるいは若返ることのできる不老不死の薬だった。中国で一〇〇〇年以上前に、不死の薬を見つけることに熱中していたある錬金術師が、探しているものとは違ったものを見つけた。さまざまな物質の組み合わせを試しているなかで、すり潰した硫黄をハチミツで溶き、ごみを捨てる穴、納屋のある庭、墓地などによく見られる石から削り落とした白い粉を混ぜた。その石は塩《ソルト》と呼ばれていた。現在では塩といえば料理に使う塩、すなわち塩化ナトリウムを指すが、昔はもっと広い意味に使われていた(現在でも化学の世界ではもっと広い意味をもつ)。昔の錬金術師にとって、塩とは〝風味〟あるいはしょっぱい味をもつ白い結晶だった。その中国の錬金術師が石の塊りから削った塩は硝酸カリウムだった。違った場所で採れる塩は、それぞれ違う性質をもつことは昔から知られていて、肉の保存から薬の調合まで、あらゆることに使われた。

中国の錬金術師がその混合物を熱したところ、驚くべきことが起こった。爆発して炎を上げ、煙となって消えてしまったのだ。この発見はあっというまに広がり、「火薬」のつくりかたは、他の錬金術師たちの手によってどんどん洗練されていった。ハチミツはすり潰した木炭に代わった。それを使うのは魅力的だったが、危険でもあった。九世紀にはすでに、道家の教典に「手と顔が焦げ、仕事をしていた家も焼け落ちた」錬金術師の話が出ていた。しかしきちんと扱えば、火薬は強力で便利な道具だ。他のすり潰した鉱物を火薬に混ぜると、紺色から目もくらむような白まで、さまざまな違った色の炎が出ることもわかり、それが花火の発明となった。混合物を竹の筒に入れ、端につけた芯に火をつけて敵に投げれば、恐ろしい武器となる。紙の筒に入れて芯をつけてもいい。これらが爆弾の始まりだ。端に球を乗せた金属の円筒に火薬を詰めれば、球を遠くまで飛ばすことができる。これが大砲やマスケット銃だ。しかし火薬の四分の三を占める最も重要な成分は、あの白い塩だった。あれがなければ火薬はつくれない。

中世の終わりには、火薬の製法は中東からヨーロッパにまで広がっていた。そこでも中国と同じ塩が、地下墓地などの石壁に生じているのが発見され、チャイナ・スノーと呼ばれた。ローマではサル・ペトレ（石の塩）と呼ばれていた。そこから現在ふつうに使われているソルトピーター（硝石）という名前へとつながったのだ。中国の火薬《フウ・ヤオ》が西洋で弾薬《ガンパウダー》となった。

当時の弾薬は現代でいえば原子爆弾のようなものだ。それは戦争の性質を変えてしまった。マスケット銃はよろいをつけた騎士団を破滅させ、大砲は城壁を粉々にする。弾薬が封建時代の終わりを告げたのだ。一五〇〇年代、ヨーロッパでは兵器開発競争が起こり、どの国も大量の弾薬をつくる方法を探すようになった。一バレル（約一一九リットル）の弾薬をつくるには四分の三バレルの硝石が必要なため、硝石を手に入れることが国家の命運を左右する問題となった。

問題は硝石の不足だった。一度石や地面から削ってもまた大きくはなる。しかしそのスピードは腹立たしいほど遅い。削れるほどの量になるまでには何年もかかるのだ。イギリスでは王の命により、硝石収集人（ピーターマンと呼ばれていた）がこの白い塩を求めて各地を掘り返した。彼らはすぐに、国で最も嫌われ最も恐れられる役人となった。硝石が見つかったら、そこが誰の所有地であろうと、外の便所を無理に移動させ、家畜小屋を壊し、家の床をはがし、どんな困難があろうと掘り返した。彼らは穴を掘り、壁を壊し、荷車や馬を徴収した。そしてしょっちゅう賄賂を受け取っていた。

しかし王を満足させるほどの硝石は見つからなかった。自然の状態では、硝石が形成されるスピードが遅すぎるうえに、どこにできるかもわからないので、とても国全体の需要を満たすことはできない。そこでその成長を速める方法がいくつも考案された。一八世紀には硝石を人工的な環境で、すばやく形成させる「硝石プランテーション」の技術が完成していた。それは粘土で固めた浅い溝に、土、糞、食べ残し、灰を混ぜたものを塚をつくるように盛り上げ、汚水や尿をかけるというものだ。太陽の下でそれを何か月か熟成させると、硝石が形成され土中から姿を表す。それは細かな結晶で、小さな白い花のように見える。うまく運営されているプランテーションでは、二年に一度、一立方メートルの土から五～一〇ポンド（二・三～四・六キログラム）の混じりけのない硝石が採れた。それは大きな労働力が必要なうえに、汚い仕事だった。しかし国家存続のためにどうしても必要だった。一六二六年、イギリス王のチャールズ一世は硝石プランテーションにもちこむため「何かちょうどよい容器や貯蔵場所を用意して、すべての人間の尿と、できるかぎりの動物の尿をつねに保管しておくよう」臣下に命じた。マサチユーセッツ湾植民地では、大農場にはすべて硝石小屋を建てなければいけないという法令ができた。スウェーデンでは税金の一部を硝石で納めさせた。
それでもまだ足りなかった。大きな鉱床がほら穴でいくつか見つかり、世界じゅうの国がさらに見つけようとやっきになった。相当な量がスペイン、イタリア、エジプト、イランの、岩の多い地域で発見された。しかし硝石の主脈、国家全体の弾薬の需要を満たすことのできる、世界最大の鉱床はインドのガンジス河の干潟で見つかった。(そこは川の水、暑さ、聖なる牛の糞が組み合わされて、ある意味、自然の硝石プランテーションになっていたからだと考えられていた。)一七世紀半ば、イギリスの東インド会社がそれを何トンもイギリスへと輸送したが、それは東インド会社にとって非常に重要な積み荷の一つだった。そしてインド産のこの資源は、植民地を拡大しようとするヨーロッパの国々のとくに重要なターゲットとなった。イギリスがインドを植民地化した大きな要因が、この硝石だったのだ。

植物を育てることに、弾薬はどう関係しているのだろうか。その答は南米にある。一七〇〇年代のスペイン統治時代、原住民の小さな集団が、商売のためアンデス山脈から太平洋沿いの村へと歩いて降りてきた。海岸に行くには、タラパカという幅広い帯状の荒野を横切らなければならなかった。彼らはその静かで薄気味悪い荒野で野営をし、夜になると暖をとるため乾いたサボテンに火をつけた。すると驚いたことに、地面そのものに火がつき、炎が上がると同時にその周囲に火花が散った。彼らはそれを悪魔の仕業と信じて逃げ出した。翌朝、荷物を取るためそこに戻ると、ネグレイロスという木こりが、火のついた場所の周囲の土を集め、近くの布教所にもっていって僧侶に見せ、前の晩の出来事を話した。僧侶は化学をよく知っていたので、その土にはある種の塩、弾薬に使われる硝石に似た鉱物(ただしそれほど強力ではない）が含まれているのだと確信した。それは質の劣った硝石のようなもので、インドや中国で採れる〝真正〟の硝石ではない。それでも火はつく。彼は旅人たちに、昨夜の出来事は悪魔とは何の関係もないと説明して安心させた。そして残りの土は捨ててしまった。それから数週間後、悪魔の土がかかった周辺で育てていた野菜は他のものより大きく、青々として、豊かであることに気づいた。彼はこのおもしろい現象を、訪ねてきていた海軍士官に話した。伝説によれば、それから二つのことが起こった。一つはその土地で、荒野の硝石を精錬して花火や弾薬用に売る小さな産業が生まれたこと。チャイナ・スノーに取って代わるほどではないが（南米には〝真正の〟硝石はほとんどなかった）、大砲に使うには十分だとスペイン人は判断した。もう一つは、この塩が肥料として使えるかもしれないという考えが生まれたことだ。

このような伝説がどこまでほんとうかはわからない。歴史の記録からわかっているのは、一九世紀はじめに、少なくとも二人の科学者がタラパカ地方を訪れていることだ。彼らは、そこの硝石（地元民はサリトレと呼んでいた）の性質を記録に書きとめている。フランスが弾薬のために、そこから輸入をはじめた。しかしイギリスでは、南米の硝石に対する興味は薄かった。そこでは王が世界最高品質の真正の硝石を手中に収めていたからだ。しかし南米からわずかな量の硝石がグラスゴー周辺にもたらされ、農民たちはそれを畑に撒くと作物の生産量が増えることに気づいた。

それだけでも、神学を学ぶイギリス人の若い学生が興味を覚えるには十分だった。一八三五年夏のことだった。その学生の名はチャールズ・ダーウィン。彼は小さな測量船ビーグル号のデッキに立っていた。船はペルー南端のスペイン所有地から何千マイルも伸びる荒涼とした南米西海岸の、手ごろな大きさの湾に停泊して大波に揺れている。彼は何か新しいものを探していた。船は何週間もホーン岬を回り、ゆっくりと北に向かったが、見えるものといえば乾いた茶色の丘ばかりだった。何度も方向転換をしながら日々を過ごすうちに、彼は変わりばえのしない、ときに植物さえ存在しない海岸線を見ているのにあきあきしてしまった。「海岸のすぐそばまで高さ二〇〇〇フィート（約六〇〇メートル）もの切り立った岩壁が迫っている」。ダーウィンは律儀にそうノートに書いている。だいたいの丘は海から直接隆起していて、人が住める場所はほとんどなかった。いずれにしても、その地域にはそれほど多くの人が住めるというわけではない。海は美しく生物にあふれていたが、陸地は乾ききり、ダーウィンにとっては魅力のない荒地が続いていた。まばらに存在するインディオの部族は漁業で生計を立てていたが、何百マイルも続く丘は起伏が激しく、海に近い平地は少なくて真水を手に入れるのも難しい。彼はこれこそが、乾いて何もないほんとうの意味での不毛の地だと感じた。ビーグル号はそうした小さな漁村の一つにある湾に停泊していた。大小問わず港がある村はそこだけで、イキケと呼ばれていた。彼はすぐに散歩に出るつもりだった。陸地の奥、丘の向こうに奇妙かつ独特な産業があるという話を聞き、それを自分の目で見たかったのだ。一八三五年の世界一周旅行は、通常二年から三年かかった。ダーウィンが乗ったビーグル号での旅は五年にまで延びていた。五年の間、何十人もの無教養な同乗者たちと狭い船で顔突き合わせ、単調な日々のなかでときどき恐怖に襲われることを繰り返すうちに、船員が正気を失ってしまうこともあった。数年前、ビーグル号の前回の航海のときは船長がパタゴニアの荒野で自殺をしている。イギリス海軍にとって、このようなことは二度と起こってはならないことだった。ダーウィンは若く精力的で、高い教育を受け、昆虫や植物などの性質だけでなく、神の真実についても興味をもっていた。彼は無給で艦長の話し相手として船に乗りこんでいた。科学的な観察をして好きなだけ記録できたが、本来の仕事はその艦長を楽しませることだった。

イキケについての記録を読むと、決まりきった退屈な日々を数週間過ごしたあとの気分がどのようなものかが、少しわかるような気がする。「この土地の景観はこのうえなくわびしい。数隻の船がつないである小さな港と、みすぼらしい家は打ち捨てられたように見え、他の風景から浮いてしまっている。住人たちは船の上にいる人と変わらない。何もかもが遠くから来る。この地域は何千年もの間ばらばらの部族が支配していたが、やがてインカ族、その後はスペイン、そしていまは一応、ペルーの共和政府が治めている。しかし現実的に見て、イキケはあまりにも遠く、貧しく、魅力がないため、誰が統治してもあまり関係ないように見える。西には海、東には高くアンデス山脈がそびえる。北は砂漠地帯のアタカマで、ここはボリビアが領有権を主張している。それをなんとか越えると、遠く南にはまた別の砂漠があり、そこはチリ共和国が領有権を主張している。イキケの人々は南米大陸に伸びる自分たちの土地を、昔ながらのインディオの名でタラパカと呼んでいる」

一八三五年当時のタラパカの問題は、どこが統治するかではなく、存続しつづけられるかどうかだった。イキケでは二〇年に一度くらいしか雨が降らない。穀物は育たないし、飲み水はすべて四〇マイル（約六四キロメートル）離れた泉から運ばなければならない。イキケの村人はそれを瓶か、もし余裕があれば樽で買った。村が存続できたのは、世界で最も豊かな漁場に突き出すような位置にあったからだ。南極から南米大陸西海岸にそって北上する、壮大な海の大河であるフンボルト海流（ペルー海流）が運んでくるプランクトン、エビなどが、アザラシ、魚、海鳥などの餌となる。陸地は不毛でも海は豊かだった。

ビーグル号が錨を下ろした翌日の七月一三日、ダーウィンはイキケの村民をガイドに雇い、ラバに乗って岩壁を越えて奥地へと入っていった。丸一日かけて、うねるほこりっぽい小道をたどって頂上まで登った。「とても退屈だった」とダーウィンは書いている。頂上に着いたとき日は沈みかけていて、彼はその向こうにあるものを眺めた。ごつごつした岩が転がる広大な平原、東には赤茶色の低い丘がずっと伸びてアンデス山脈へと連なり、遠くの白と紫に溶けていく。見渡すかぎり一本の木も一本の草もない。聞こえてくるのはあえぐような風の音だけだ。この殺伐とした何もない土地、火星の地表のような不毛な土地こそが、ほんとうのタラパカなのだ。

砂漠というと、たいていの人は『アラビアのロレンス』のサハラ砂漠や、ジョン・ウェイン主演の西部劇の舞台を思い浮かべるだろう。しかしタラパカはそれらとは似ても似つかない。それは荒涼たる打ち捨てられた土地で、まるで不快な夢に出てくるような場所だ。ヤマヨモギもない。植物は何もない。夕暮れの道を進んでいるとき小道の脇に死んだラバの骨や皮が転がっていて、そこにハゲワシが何羽かいるのが見えた。その旅でダーウィンが見た唯一の野生動物だった。「このとき私は初めて本物の砂漠を見たのだ」とダーウィンは書いている。「それがとくに心に刻まれることはなかった」。彼の気を引いたのは他のものだったのだ。それは場違いだが、まるで解けかかっている雪のように見えた。白っぽい塊りが砂漠のあちこちに散らばっている。それはもちろん雪ではなく（雪とは要するに水である。砂漠に水はない）、白いミネラルが厚い層になったものだった。味はしょっぱかった。地面の上に見えることもあれば、地下の砂利や泥の下にもぐりこんでいるときもある。しかし見れば見るほどたくさん目に入ってくる。それはそこらじゅうにあり、「とにかく大量にあった」と彼は記録している。そしてはるか昔に枯渇した大きな内海の名残ではないかと彼は考えた。

夜になると彼はガイドとともに、塩を精製する小さな作業場（オフィシナと呼ばれる）をもっている男の家に泊めてもらった。主人は彼らを歓迎し、食物と寝る場所を与えてくれた。そしてダーウィンが砂漠で見た白い塊りから、硝石（サリトレ）を採取することも説明してくれた。彼が砂漠で見た、白くて厚い、石のような塩の塊りは、カリーチと呼ばれている。場所によってはこのカリーチが四フィート（一・二メートル）以上の厚さになることもある。主人は人を雇って（ほとんど地元のインディオ）最高級のカリーチを集め、それを砕いて袋に入れ、ロバの背に積んで、手作りの作業場まで運ばせた。そこでまた別の労働者が石を砕き、牛の革に集めて一日水にさらす。その水もラバの背に乗せて運んでこなければならない。そしてその泥状のものを鉄の容器に移し、サボテンをくべて起こした火で沸騰させる。オフィシナによっては、不純物を取り除くためにかきまわした卵を加えることもある。塩の価値のある部分は熱湯に溶けるので、濾して陶器製の容器に入れて冷やす。翌日になると、底と側面に結晶が層をなしているのが見える。これこそ彼らが欲しがっていたサリトレ、硝石である。その後、水を捨ててサリトレをこそげて粗布に広げ、日光で乾かす。それは粗い食卓塩のように見える。それを袋に詰めて、またラバに背負わせてイキケの港へ戻るのだ。

これがどのくらい前からおこなわれているのかはわからなかった。それについてはいくつかの伝説や、スペイン統治時代にインディオのシャーマンが丘陵地帯に隠れてつくっていたという物語や、インカ族が使っていたという話もある。しかしほんとうのことが誰にわかるだろう。当時、サリトレはたくさんのことに使われていた。石鹸をつくる人もいれば、花火をつくる人もいた。そして今度はヨーロッパ人が、それを使って生物を育てようとしている。サリトレとは硝酸ナトリウムである。当時、ラバに積んでイキケの船着き場に運ばれた一〇〇ポンド入りの袋が一四シリングで売られた。

ダーウィンにとってはそこまで見れば十分だった。彼は原始的な化学よりも、生物に興味があった。その日は退屈を忘れ、さらにいくつかメモをとり、夜をそこで過ごしてビーグル号へ戻った。彼は次の土地へ向かうのが待ちきれなかった。次はもっとおもしろい場所になるはずだった。いくつもの島が集まった、次なる目的地はガラパゴス諸島であった。

3
――グアノの島――

南米の硝石は肥料として優秀だったが、産業革命の時代、急激に人口が増加して食料の足りなくなったヨーロッパの国々が目を向けていたのは、砂漠ではなくタラパカから北に数百マイル離れた海のほうだった。そこにはそれまで発見されたなかでも最高級、最強の肥料の山があった。一八四〇年代から一八六〇年代にかけて、それは国の経済を活気づけ、対外政策を左右し、戦争の原因となり、世界で最も奇妙な産業という評判を長きにわたり保ちつづけた。

そこに近づいてくる水兵たちが最初に目にするのは、水面をおおっている薄い黄色だった。船がさらに進むと島が見えてきて、水平線上に白っぽい点が並ぶ。空には海鳥の群れが円を描いて飛び回っている。さらに近づくと、風向きによってはその匂いが漂ってくる。干潮で静かな波音が聞こえる暑い日、新たに顔を出した地面の豊かな香りに、古い屋外便所、腐った魚、鼻をつんと突き刺す尿の臭いが混ざっている。数か月も海の上にいた水兵たちは、最初その臭いを珍しく感じるかもしれないが、それは数分ももたない。島のそばで二、三日停泊すると、耐えられなくなっていく。さらに近づくと、島の白っぽい頂上に小さな小屋が並んでいるのが見える。やがて案内の船が来て、停泊場所を教えてくれるので、それにしたがってマストの森のなかへゆっくりと入りこんでいく。

船は列に並んで待機している。自分たちの船に荷を積むまで、そのまま何週間も悪臭に耐えながら、エメラルド色の海の上で船に揺られなければならないこともある。もっと早く仕事を片付ける唯一の方法は、島の「支配者」に賄賂を贈ることだ。陸地に降りられる場所は、一〇〇フィート（三〇メートル）の高さの崖の下にぽっかり空いた、大きなほら穴の前に突き出ている岩棚だけだ。降りるときは船から跳び移るタイミングをよく見計らい、岩のいちばん盛り上がったところに降りる。商品はかごに入れられ、滑車の巻き上げ機で崖の上へと運ばれる。買い手は、踏みわけ道とはしごを頼りに、縦横にはって崖を登らなければならない。頂上には「宮殿」がある。平たい屋根のついたその小さな木の小屋には、簡素なベッドといくつかの書き物用机、ドイツの地図があり、壁には二丁の古いピストルがかかっていた。庭では大きな犬が荒い息をしている。この島のボスは赤い髪で口汚いハンガリー人だった。船長たちがつぎつぎとイワシ、ハム、ワインなどの贈り物を手に、少しでも積み荷をもらう順番を早くしてもらおうと、彼のところにやってくるのだ。

ボスの家の片側から見る景色について、ある訪問者がこう書いている。「絶景である。アンデス山脈と太平洋が同時に見られるところを想像してみてほしい。絶壁に空いた巨大なほら穴の周囲を、立派な岩が取り囲んで、そこに波が叩きつけ白い泡が立っている。さわやかな海風、何百羽という海鳥、船、アシカの群れ、クジラの潮吹き、出入りする船の白い帆、その光景は心躍る興奮に満ちている」

しかしピストルがかかっている側から見る景色は、ダンテの描く地獄に近かった。

奴隷たちは下半身だけに衣服をつけ、頭と口のまわりにぼろ布を巻いていた。肌はほこりで白くなっている。彼らは武装した見張の監視下で、地面を掘っては土をすくいあげていた。作業のスピードが落ちると、見張は容赦なくこん棒でたたいたり鞭をふるったりした。日差しはほこりを通しても容赦なく照りつけた。影をつくる木の一本もない。あるのは臭いと暑さ、そしてあちこちで鳴きわめいている鳥の声だけだった。

そこはペルーの港町ピスコから六マイルほど離れた、大きな岩があちこちに散在するチンチャ諸島だった。一八五〇年代、地上で最も価値があった土地だ。その価値は労働者や鳥が歩いている、地面そのものにあった。それは世界最高といわれる肥料、グアノ（鳥糞石）の山だったのだ。

地面はどこも踏むと弾力を感じる。掘り返してみると、深いところは赤錆び色をしていた。労働者は六〇〇〇人で、そのほとんどがだまされるか強制されるかして、長い労働契約を結ばされて中国から連れてこられた「苦力《クーリー》」と呼ばれる者たちだった。彼らはシャベルでグアノを荷車に乗せ、他の労働者がそれを押して崖のそばまで運び、はるか下の船倉まで続く、粗布のいわば樋へと落としこむ。

チンチャを訪れた者はそこで起こっていることを見て背筋を凍らせる。労働者たちは「熱帯の太陽のもとで、ほぼ裸でいる……休息日もない」と、ある者は書く。アシでできた小屋で過ごし、一日二回の食事で命をつないでいる。その食事もたいていはトウモロコシ、米、わずかばかりのバナナである。運がよければ少しだけ肉がつくこともある。一日二〇時間、週に六日、強烈な日差しのなか、雨が降らないため収まることのないほこりにまみれて働いた。労働者の四分の一くらいは、病気や疲労、日差しや風雨にさらされることによる消耗、栄養不良、そして「グアノ病」とでもいうべき症状で、働けない状態にあった。グアノ病とは息切れ、喀血、失神、脚のむくみ、痙攣、嘔吐、下痢などが組み合わさった症状だ。壊血症も珍しくない。グアノの層が陥没し、労働者が生き埋めになることもあった。一日荷車百杯分を運ぶというノルマが果たせなかった者は、唯一の休息日である日曜に遅れを取り戻さなければならなかった。手がすりむけたり水ぶくれができたりしてシャベルをもてないときは、まるでラバのように荷車につながれた。

一つの島の沖に囚人船があり、あるときは一〇人の労働者が命令に従わなかった罰としてマストに吊るされ、水も与えられずに日にさらされていた。一日じゅう、波が当たる場所で浮きにつながれたり、穴の空いた小舟に鎖でつながれ、生きるために水をずっと汲み出すことを余儀なくされたりする者もいた。それを見て義憤にかられたイギリス人が次のように書いている。「あの場で働かなければならない人々が経験している激しい暑さ、悪臭の恐怖、そして責苦。たとえ荒ぶる神をなだめ、復讐心を満足させるためだろうと、これほどの地獄は、ヘブライ人、アイルランド人、イタリア人、たとえスコットランド人であろうと想像だにできない」

契約が切れるまで、そこから逃れる道は死のみだった。アヘンや酒で自殺する労働者もいた。(ドラッグの取引は盛んにおこなわれていた。) 崖から飛び降りる者もいれば、海に泳ぎ出す者もいた。死んだ労働者はグアノの地面に掘られた浅い墓に「犬のように埋められた」と、訪問者の一人が書いている。どのくらいの労働者が死んだのかは誰も知らない。ときどき見張の犬が掘り出した骨が、地表に散らばっていた。これで労働者には一日三レアル(一ペソの三分の一)が支払われるが、そのうち二レアルは食事代として差し引かれる。契約はペルー人の差配がおこない、期間はだいたい五年だった。グアノはペルーにとって大きな資金源だった。かなり長い間、グアノの売上が、ペルーの国家予算の大半をまかなっていた。しかしチンチャ諸島で働くペルー人はほとんどいなかったので、奴隷貿易まがいの苦力取引に参入し、少数の富裕な一家は肥料だけでなく中国人労働者の契約によって大金を稼いでいた。

船長も船員もグアノの取引は大嫌いだった。ピーク時には一〇〇隻以上の船が、二つの大きな島にある数少ない停泊場所に並んでいた。ようやく自分たちの番が来ると、手押し車に乗せられたグアノが船倉に落とされてほこりが舞い上がり、そのあまりの臭さに船員は逃げ出し、せきこみながら帆柱に登った。そこにいた船は、ほとんどがイギリスとアメリカからのものだったが、黄色いほこりにおおわれた。不運なのは「トリマー」という、グアノの山を平らにならす仕事を割り当てられた船員で、濡れた布を口と鼻のまわりに巻いていても、一度に二〇分以上は作業を続けられず、倉からはい出て息を吸わなければならなかった。なかには鼻血を出す者もいた。一時的に目が見えなくなる者もいた。グアノ船の乗組員は大量に酒を飲み、大声でがなることが多かった。取引の最盛期には、あまりにトラブルが多いため、「乱暴な船員たちの間に秩序を保つために」アメリカ太平洋部隊にパトロールが命じられた。

そこはかつて聖なる島だった。一〇〇〇年もの間、インカ族やそれ以前の民族は本島から、頂上が鳥の糞で白くなった岩まで小舟で漕ぎだし、地面から粉のような物質を集めた。それを畑に撒くとトウモロコシがよく育つのだ。彼らはその不思議な土をファヌ（huanu）と呼んだ。彼らはそれを金とともに、神から授かった最も貴重な贈り物と考え、それが存在する場所を聖域とした。鳥の繁殖期に島に渡ることは禁止されていた。そのまわりの海鳥を殺すことは、万死に値する罪だった。

インディオは自分たちが手にしているものの価値を知っていたが、ヨーロッパ人がそれを理解するにはしばらく時間がかかった。スペインに初めてファヌ（彼らはそれをguanuとつづっていた）のことを知らせたのは、一六世紀のインカ帝国王女とスペイン人の征服者《コンキスタドール》の息子で、「ほぼすべての土地が鳥糞石でできていて、雪が積もった山脈の頂上のようだ」と伝えている。「この鳥糞の肥料には養分がたっぷり含まれている」。スペイン人はその地域の金や銀をもち出すことしか考えていなかったので、彼のこの手紙は二世紀もの間顧みられなかった。

一九世紀初頭、ドイツ人の自然科学者であり探検家であったアレクサンダー・フォン・フンボルト（フンボルト海流は彼の名からつけられた）がペルー産のグアノの塊りをヨーロッパに持ち帰ったときも、その価値が評価されるまでにはしばらくかかった。フンボルトと同行者のフランス人植物学者は、ペルーの不毛の地に驚くほど肥沃な畑があるのを見て尋ねてみると、農民は一〇〇〇年も前からグアノを使っているという。そこにはこんな格言があった。「グアノは聖人ではないが、いくつもの奇跡を起こす」。フンボルトが持ち帰ったグアノを分析したところ、尿素とリン酸塩が並はずれて多く含まれていることが報告された。しかしその発見が、科学的にも経済的にも人々の興味をかきたてることはなかった。数年後、何樽かのグアノが初めての取引で送られてきたとき、買い手が一人も見つからず、テムズ川に捨てられた。一八一三年には著名なイギリス人化学者ハンフリー・デイヴィーが独自の分析をおこなったが、グアノはアンモニアと尿素の比率が高いものの「海鳥の糞が、わが国で肥料として使われた例はないと思う」と報告している。

それがしだいに変わりはじめた。一八二四年、米国船フランクリン号に乗りこんでいたある海軍将校候補生がボルティモアの港についたとき「いくつもの貴重でおもしろいもののなかに、肥料として驚くべき力をもっているあのグアノがあった」という記事が、『アメリカン・ファーマー』誌に掲載されたのだ。その一部はメリーランド州知事のもとに届けられ、彼は自分のトウモロコシ畑にまいてみた。するとこれまで使ったどんな肥料よりも効果があるのがわかった。その噂はすぐに広がった。一八三八年、二人のペルー人ビジネスマンがさらに多くのグアノのサンプルをリヴァプールへもちこみ、地元の農家が使ってみたところ「とても有望な結果」が出た。あるスコットランド人の農夫は、収穫量が三〇パーセントも増加したと報告した。また不毛の地がよみがえり、木が年に二回花をつけたという報告もあった。ダービー伯爵は船一隻分の積み荷すべてを買い取った。この臭い商品の市場があっという間にできあがった。イギリスじゅうの港が、初めてグアノを運ぶ船が到着したサウサンプトンと同じ経験をするようになった。あまりの悪臭に「町全体が逃げ出した」のだ。

しかし需要の高さを考えれば、臭いぐらいどうということはない。アメリカの綿とタバコのプランテーションの多くで畑がやせ衰えていたが、グアノを使用すれば肥沃さが回復することがわかった。唯一の問題は、強力すぎる効果で作物を枯れさせないよう注意が必要であるということだ。一八四〇年代、アメリカはありったけのペルー産肥料を買い、さらに他の生産地を探しはじめた。

チンチャ諸島のグアノは群を抜いていた。不安定なペルー政府は（一八二四年から一八四一年までに二四回も体制が変わった）ようやく、インカ族が何百年も前から知っていたことに気づきはじめた。グアノは金と同じくらいの価値があると。外国の市場で売れば売るほど外貨が流入し、そのときの政府の力は強くなる。チンチャのグアノ産業は国営化され、収集から輸送まで政府がコントロールし、労働者の奴隷貿易に免許を発行し、税金を取り立てた。そして大金を儲けた。ペルーはグアノ取引を自分たちで進めて手を汚すのではなく、将来の利益と引き換えに、外国の企業に採掘の権利を売ることを選んだ。企業は労働者を送りこみ、グアノを持ち帰った。巨額の金が動きはじめた。

グアノの人気は続いた。 グアノという「考えられうる最高の肥料は、われわれの生活必需品のようなもの」になったと、ある農夫が書いている。「必要不可欠な肥料である」。アメリカのある専門家は、それが一般的な肥料の三五倍もの効果をもつと計算した。ジョージ・ワシントンの甥の一人であると知られた男性は「これを適切に使えば、土地が消耗し、やせて作物がとれないということはなくなる」と述べている。『ファーマーズ・マガジン』も「賢者の石、不老長寿の薬、無誤謬のカトリシズム、普遍的な溶媒、永久運動が発見されたら、それは農業におけるグアノの使用に匹敵する」と太鼓判を押している。

年間の輸送量はアメリカ向けが一〇万トン、イギリス向けも同じくらいにまでふくれあがった。それが手に入るかどうかが国家政策にまでかかわるようになったのだ。一八五〇年、ミラード・フィルモア大統領は最初の一般教書演説で、こう述べた。「ペルー産のグアノはアメリカ合衆国の農業にとって必要かつ不可欠なものとなっているため、適切な価格でわが国に輸入するため、あらゆる正当な手段を講じるのは政府の義務である」。一八五四年、二万人のデラウェア州住民が、グアノの島を一つ買うよう議会に陳情した。彼らの主張は「あの島を一つ買うことは、アメリカ合衆国にとっては、キューバとその周囲のアンティル諸島を買うより確実な価値がある」というものだった。そのためペルーとの外交関係は、非常に親密なレベルに保たれた。フィルモアの言葉から一〇年後、アメリカでのグアノ使用量は三倍になった。価格がじりじりと上昇しても、それなしでやっていくことは難しくなった。イギリスとフランスでも、使用量は同じくらいのペースで上昇した。

一トンあたりのグアノの売上の三分の一がペルーの国庫へと入った。その収入が一八五九年には国家予算の四分の三を占めるに至る。ある人は「これほど奇妙な手段で、一つの国家の歳出すべてをまかなう例はこれまで聞いたことがない」と言った。ペルーの政治リーダーはこの巨額の収入（将来見込まれるものも含め）を外債の担保として、公共事業の増加と軍隊の増強をおこない、つかのまの黄金時代を活気づけた。ペルーの富裕層は豪邸を建て、召使を雇い、ヨーロッパの華やかな衣服やぜいたく品を輸入した。リマの通りは、派手な制服を着た警官や、パリの最新ファッションを身にまとった美しい女性たちが飾っていた。グアノ取引を監視する政府職員は、取引とそれにともなう賄賂で財をなした名門の一族であることが多かった。「盗みに関していうと、公職に就くほぼすべての人間が、その犯罪に首までつかっていると言って差し支えないだろう。一般の人々もそれは鳥が庭の甘い実をつつくごとく、当り前のことととらえていた」。肥料によってもたらされる富が続くかぎり「ペルーはまもなく地上で最も裕福で幸福な国になるはずだ」と、ある情熱的な評論家が書いている。

しかしやがて終わりがやってきた。一八五〇年代後半になると、チンチャの労働者が地面を掘ると岩にぶつかるようになった。何千年もかけて堆積したものが二〇年もたたないうちに根こそぎにされてしまったのだ。貿易商人たちは次のチンチャを探しはじめた。隔離された場所にあり、鳥が群がっている岩には、宝が眠っている可能性がある。小さなグアノ会社は（海賊まがいのものもあった）所有権が保護されていない岩を手当たりしだいに占領し、集められるだけのグアノをこそげ落とした。

需要があまりにも大きかったため、アメリカ議会は一八五六年にグアノ島法を成立させた。これはアメリカ市民なら誰でも、世界のどこであろうと人のいないグアノの島の所有権を主張し、アメリカの領土にできるというものだ。この法律は事実上、すべてのアメリカ人に国家の名で土地を占拠する代理人役を命ずるものだ。「このような法令は史上類を見ない」と歴史家のジミー・スキャッグスは言う。あやしげな会社が領地を占領しはじめたが、なかにはそもそも所有権を主張するべきではない島もあった。住民のいない島、グアノのない島、他の国の領土であった島、古い地図にしか載っていない島、捕鯨船の酔っ払い船長から噂を聞いた島、存在すらしていない島。二、三十年の間に、アメリカはこの法律のもとで九四の島や岩の領有権を主張したが、それらの多くは太平洋のハワイと、のちにアメリカ領ポリネシアとして知られるようになったサモアの間に散在していた。他はカリブ海にあった。

これらの島々から質のよいグアノは集められなかった。しかしその多くは他の目的の役に立った。ミッドウェー島、ベーカー島、ジョンストン島、ハウランド島など、グアノ島法で米領となった環礁や小島は、第二次世界大戦時の飛行場となり戦闘準備地となったのだ。ある島はのちにＣＩＡの基地となり、キューバに反共ラジオ放送を流すのに使われた。またある島は神経ガスをはじめとする化学兵器が保管されていたことから「世界の有害廃棄物センター」と呼ばれた。またココナッツのプランテーションほどの大きさのとある島が占拠されて、数十年間、個人の王国として運営されていたこともある。この法律のもとに領有権を主張した太平洋の八つの島は、いまでもアメリカに属している。グアノ島法はまだ有効なのだ。

チンチャでグアノが採れなくなると、業者たちは品質の劣ったグアノを偽装しようとした。早口のあやしげな業者が田舎の農民たちに、砂利と砂に動物の糞や尿を混ぜたものに「純ペルー産」のラベルをつけて売りつけた。彼らは質の悪いグアノに肉加工工場の残り物や、魚のくずや骨粉を加え、「ペンデルトン・グアノ混合肥料」、「コットンキング・スーパー・リン酸塩」などとして売ることもあった。ボルティモアの港では、とうとうグアノ検査官を雇い、入ってくる積み荷を調べ、品質を検査しなければならなくなった。しかしどれほど宣伝しようと、ラベルを変えようと、次の収穫の時期が来れば結果は明白になる。最高級のグアノが売られることは、稀であることが判明した。世界中のたいがいの場所では、大雨がなかに含まれた窒素を流してしまい、肥料の質が落ちていた。チンチャ産レベルのグアノは、大量の海鳥の糞と乾いた気候が絶妙に組み合わされた場所にある岩でしか見つからなかった。その質は他とは比べるべくもない。

この事実が知れわたり、上質な肥料が手に入る土地が減っていくと、グアノの国家間の奪い合いはさらに激しくなった。アメリカ国務長官ダニエル・ウェブスターは、一八五〇年にペルー海岸沖のグアノが豊富に存在する、いくつかの島の領有権を主張しようとした。それでリマに反米運動が起こり、その荒涼とした島々にペルー軍が送られ、アメリカはすごすごと退却した。

一八六三年、スペインの海軍艦隊がチンチャ諸島を占領したことで、ほんとうの戦争が始まった。それは軽率かつタイミングの悪い戦略だった。チンチャのグアノが尽きてしまうことはすでに目に見えていて、スペインの占領により（横柄で短気な司令長官によっておこなわれた）、ペルーと隣国のチリの両方が宣戦布告をした。かつて植民地だった二つの国の海軍が、バージニア出身の元南部連合軍の司令長官のもとに力を結集し、スペイン艦隊を捕えた。スペインの司令長官は屈辱に耐えられず自殺し、彼の国は手を引いた。この「グアノ戦争」はほんとうの意味で、南米の国々のスペインからの独立を示す出来事となり、二つの国で華やかな祝祭がおこなわれた。

グアノ取引が終わりに近づいたころ、ブラックバーダーと呼ばれる海賊（ポリネシア人やメラネシア人を誘拐して売買する）がイースター島を襲撃し、グアノ採掘のために何千という部族民を捕えて船で連れ出した。その数は島の人口の三分の一に達し、部族の首長、王位継承者、そして僧侶も数多く含まれていた。九〇〇人のイースター島民が捕えられている間に死んだと考えられている。この襲撃が表ざたになると、生き残った一〇〇人余りの島民を島へ帰せという外国からの非難が相次いだ。島へ戻る途中で、一八八五人が病気で命を落とした。病気を逃れた残りの人々がようやく故国の土を踏むことができた。

七七年にはイースター島の原住民は一一一人しか残っていなかった。

そのころにはチンチャ諸島は丸裸だった。「一二〇年前に初めて見たときは……背の高い岩がまっすぐに、まるで生き物のように海から突き出て立ち、天の光を反射し、熱帯の太陽の柔らかく優しい影を青い海に落としていた」。ノスタルジーにかられた当時のグアノ関係者は書く。「それと同じ島が、いまでは頭を切り落とされた生物や石棺のような、死や墓を思わせるものにしか見えない」。これは一八六〇年代の話だ。現在チンチャ諸島は再び鳥の楽園となっている。ペルー政府はこの島々に人が近づくことを禁じ、野生生物を保護しているが、いまでも世界最高の肥料であるグアノの収集を限定的に許可している。

グアノの終わりは、ペルーの収入の源がなくなるということだ。一八七〇年代には、ペルーは事実上の破産状態になった。約一一〇〇万トンのグアノが集められ、輸送され、広がって、つかのまのグアノ時代を築いた。それが終わりを迎えて、ペルー政府は危機に直面し、肥料への依存度が高まっていたヨーロッパとアメリカの農民たちは、収穫量の少ない古き悪しき時代へ逆戻りする恐れに直面していた。

そのとき、商人、農民、政治家たちは、チンチャ諸島のすぐ南に、また別の肥料の宝庫があるのを思い出した。それはタラパカ砂漠の地元民の間ではサリトレと呼ばれている。イギリスの商人は硝酸塩《ナイトレート》と呼ぶ。ダーウィンのようにそこを訪れた人々の報告から、硝酸塩は大量に存在し、地表を何マイルもおおっている可能性があると思われた。農家からはそれが作物に奇跡を起こすという報告も入っている。そのときペルーの指導者はこの新たな富の源も、神の恩寵により、ほぼすべてが自分たちの国にあることに気づいたのだ。

当分の間は。

4

硝石戦争

南米の広大なアタカマ砂漠は、他に類を見ない土地である。まず気候が違う。降雨量はほとんどゼロなのに、ときどき深い霧におおわれる。棲息する植物や動物が違う。ほぼ何もないと言ってもいいくらいだが、そこにいるものは水がほとんどない環境で生きることができる。そこにある石でさえ違う。アタカマの地表は固くひび割れ、珍しい化学物質が多く含まれている。硝酸塩、クロム酸塩、重クロム酸塩、過塩素酸塩、硫酸塩、ホウ酸塩、そしてカリウム、マグネシウム、カルシウムの塩化物。変わったものばかりなので、もし実際に見なければ、地質学者でも自然な状態でこのようなものが堆積するわけはないと結論づけてしまうだろう。

それがどのように形成されるのかはまだわからないが、乾燥していることと何か関係があるという点ではほぼ一致している。他の土地ではこれらの鉱物は雨に溶けて流れたり、微生物に食べられたりして、堆積する前になくなってしまうからだ。アタカマでは雨が降らないので生物もいない。霧が何かの役割をはたしているのではないかという意見もある。あるいは海に近いことや、アンデス山脈から流れてくる塩がかかわっているのかもしれない。理由はどうあれ、こうした鉱物がゆっくり結晶化し、硝酸塩の豊富な地層をつくる場所は、地球上でアタカマ砂漠以外にはない。その地層を地元の人々はカリーチと呼ぶ。

最も豊かなカリーチの層は、砂漠の西端に沿うように細長い形に存在している。そこはダーウィンが通った丘を越え、海から少し入った内地である。この細長い荒れ地は幅五マイルから一〇マイル（八キロから一六キロメートル）、距離は数百マイル続き、人の背の高さくらい厚いカリーチの地層に、地上に存在する天然の硝酸ナトリウムのほとんどがあるという。

一八七〇年代にグアノが姿を消すと、肥料や爆弾材料として、世界じゅうがその価値に気づきはじめた。ヨーロッパとアメリカの商人は、両方の目的のためにそれを少量ずつ買ったが、その用途が混同されてしまうこともあった。たとえばイギリスにそれを肥料としてもちこもうとした試みは、最初は失敗に終わったという。爆発の危険性が高すぎるといって、リヴァプールの税関が拒否したのだ。船長は結局それを海に捨てた。ヨーロッパとアメリカの農民がその恩恵を受けるまでに、しばらく時間がかかった。とくにチンチャ諸島のすばらしい肥料にすべての注目が集まっている間は顧みられることがなかった。一九世紀初頭、袋詰めされた砂漠の硝酸塩は、国へ戻るヨーロッパ船の底荷《バラスト》として船体のバランスを保つのに使われ、本来の目的とは別のところで利益を生んでいたのだ。

その力学が大きく変わった理由は二つある。グアノのブームが終わったこと、そして質のよくない、爆発物にしか使えなかった南米の硝酸塩（$NaNO_3$）を、最高品質の弾薬の主要成分である真正の硝石、チャイナ・スノー（KNO_3）に変える方法が発見されたことだ。南米の硝石と真正の硝石との違いはたった一個の原子であり、それを交換する方法が見つかると、アタカマの安い硝石の価値が一気に高まった。南米の硝石を真正の硝石に変えるのは、ほんの手はじめだった。真正の硝石ができたら、それを化学的に硝酸に変えることもできた。硝酸はニトログリセリン（一八六〇年代にアルフレッド・ノーベルが開発）やダイナマイト（一八六七年にノーベルが特許化）といった新世代の高性能爆薬をつくるための基礎材料である。一八〇〇年代が進むにつれ、ヨーロッパに運ばれるアタカマ産商品の量がどんどん増えたが、目的は質のよい作物の生産を増やすことではなく、軍隊で使われている高性能爆弾のような、威力のある爆弾をつくることだった。アタカマの硝石は食物生産にも戦争にも使えたため、とくに一九世紀後半には、世界でも有数の貴重な天然資源となった。

何年もの間、インドの硝石層を牛耳っていることから、弾薬に関してはイギリスがずっと優位に立っていた。しかし一八五〇年代のクリミア戦争の間に爆薬の需要が高まったことから、イギリスもアタカマに目を向けはじめた。南米の硝石取引は急増しはじめ、イギリスに続いてドイツ、フランスも参入した。これら三つの国は硝石の輸送に投資し、硝酸塩の豊富なアタカマの土地を買い、砂漠に精製所を建設した。

誰もが砂漠の土地の所有権を主張した。アタカマにつぎつぎと建つ精製所に、何千人というチリの農民が集まってきた。タフで独立心旺盛で勤勉な男女が不安定な農業を捨て、確実な高給が約束された仕事に就こうと、徒歩で北上しペルーを目指した。海岸沿いにつぎつぎとできた取引の港には、探鉱者、売人、周旋人、業者、売春婦、イギリス商人、ドイツのエンジニア、フランスの船積人、アメリカの探検家などがひしめきあっていた。鉱物がいちばん豊かなのはアタカマ砂漠北部のタラパカ地区だった。そこではペルー法により、政府に規定の手数料と、そこから生じた利益に対する税金を払えば、ほぼ誰もが一〇エーカーの土地を所有し、精製所を建てることができた。

サリトレ（精製した硝酸塩）をつくるのは、難しく危険な仕事だった。自然のままの状態のカリーチは、泥と石の地層の下に埋まっていることが多いので、バレテロと呼ばれる探鉱者を雇ってカリーチを探し、硝酸塩の層の場所を確かめるために深い溝を掘り、純度を調べ（最高級の層では五〇パーセント前後が純粋な硝酸塩）、作業を進める価値があるかどうか判断する。初期の品質検査はカリーチの断片をすり潰して火のなかに投げこみ、どのくらいよく燃えるか見ることだった。カリーチは固い岩で、採掘するときは爆破する必要があり、それもバレテロが担当することが多かった。その後、泥を掘り起こすカリチェロという作業員の出番となる。彼らはカリーチを掘り出し、つるはしでそれを扱いやすく砕き、ラバの背に乗せて精製所へと運んだ。

一八六三年には蒸気を動力とする大きな新しい精製所が九つあった。それらは地元ではオフィシナと呼ばれ、何百人もの労働者を雇ってカリーチを鉄のローラーで粉砕し、鉄の桶で煮て硝酸塩を精製した。それらが袋に詰められ、出荷された。一八七〇年代にグアノが不足しはじめると、ここの砂漠には肥料ばかりか弾薬にもなる硝石があるという認識が広がり、生産量はどんどん増加し、輸出も二倍、三倍と増え、やがて限界まで達した。カリーチは広大なアタカマ砂漠に豊富に存在したので、供給は永遠に続きそうに思えた。

熱に浮かされたような長いグアノ時代が終わり、ペルー政府ははっと目を覚まして、国の未来は硝石にかかっていることに気づきはじめた。しかしそのころには、精製所も輸送もチリ、イギリス、ドイツ、フランスといった外国にほぼ牛耳られていた。自分たちの国にどれほど貴重なものがあるかにペルー政府が気づいたときには、国全体が事実上、植民地化されていたのだ。

しかしリマの指導者にとって、それはたいした問題ではなかった。重要なのは所有権ではなく、ペルー政府に流れこむ金なのだ。グアノ・バブルが崩壊したことで、将来のグアノ採掘権を担保に巨額の資金を集めていたペルー政府は金が必要になった。一八六〇年代後半、ペルーは世界でも一、二を争うほどの負債国だった。硝石であろうと何であろうと、使えるものはすべて使わなければならない。そこでペルー政府はグアノのときのように、外国人に底辺労働をさせて、税金、手数料、免許などでその利益を吸い上げた。

一八六九年には、（ある旅行者に言わせると）「舗装されていない通りに、窓枠のペンキがはげた建物がまばらに建っているみすぼらしい場所」にすぎなかったイキケは開拓ブームに乗り、一八七一年には一万二〇〇〇の住人を擁する町となっていた。それはタラパカ最大の都市で、ペルー地方政府の拠点であり、新たに流れこんできた住民たちにとってのホームだった。彼らは土地の所有権を主張しようと公証人役場に列をなし、宅地をめぐって口論し、外国から入ってくる水や、外国向けの硝石の販路を見つけようとしていた。イキケはその荒々しい生活と、尻の軽い女、アルコール消費量で有名になった。「南米の西海岸は飲んだくれのパラダイスだ」と、ある歴史学者は書いている。何週間も海にいたあと解放された水兵たちは、トリーパス（長いソーセージ状の皮にワインを入れたもの）を三つ一ドルで買い、ぶらぶらして騒ぎを起こすくらいしかやることがない。そこを訪れたイギリス人が、ペルーにいるイギリス人水兵はだいたい「無知で、酒のみで、完全に堕落している」と記録している。「陸にいる間はたいてい大騒ぎしている。彼らは言葉使いがひどく、しぐさは乱暴で……見た目は野獣のようだ」。水兵たちはそのような生活を楽しんでいるように見えた。彼らの多くがイギリス商船での生活を捨て、イキケでの生活を選んだ。硝石ブームに湧きたつ町なので仕事はあったし、ペルーの陸軍か海軍に入隊することもできた。ただ飲んだくれて海岸をぶらぶらしている者もいた。

まもなく質のよい硝石の層は掘り尽くされた。家族で運営する小さな精製所（オフィシナ）は、何年か稼働して近くの豊かなカリーチがなくなると、解体され次の採掘場で再び組み立てられるという方式で営まれていた。それがもっと大きくて効率のよい、より永続的な工場へと取って代わられた。たとえ砂漠の荒れた土地でも、売って稼げるほどの硝石が含まれていた。ただそれをもっと効率よく精製する技術が必要だった。何もない砂漠に現れた不釣合に大きな精製所は、輸入されたオレゴンの材木でつくられた木造の建物群で、蒸気を吐き出しながらどんどん増えていった。そこにヨーロッパの機械が備わり、鉄道が敷かれ、小さな町となった。何百人もの労働者が集まり、スーパーマーケット、劇場、食堂、売春宿、病院、そして町のブラスバンドまであった。一八七七年にそこを訪れた人は、硝石の精製所を次のように表現している。「色のついた液体が入った、数えきれないほどの大きな鉄のタンク、背の高い煙突、化学実験室、ヨウ素抽出工場、蒸気水揚げポンプ、数えきれないほどの連結パイプが、広い敷地内を曲がりくねって伸びていて、まるで機械でできた巨大な臓物のように見える。鍛冶用の炉、鋳造所、旋盤工場、複雑に組み合わされた足場、トロッコのレール、ボイラーをつくる人々、荷車を引く人々、鉄板を曲げる、火の番をする、カリーチを砕く、ごみを車で運ぶ、硝石を袋に詰める……すべて強烈な日差しのもとでおこなわれる。溶鉱炉のなかをのぞきこむような苦痛だ」。砂漠は根こそぎにされ、掘り尽くされ、砂漠ばかりが拡がる広大なアタカマは、ほんの数年で「数えきれないほどのアリ塚」と呼ばれるような土地になってしまった。

しかしそれで新たに流れこんできた硝石マネーでも、ペルーを救うには足りなかった。危機に直面するたびに右往左往していたペルー政府は、とうとう硝石ビジネスを手中に収めて国営化し、さらに大きな利益をあげるという決断をした。精製所のオーナーはほとんどがヨーロッパ人かチリ人だったので、もちろん激しく反発し、ビジネスを捨てるよりは武装暴動を起こすことを考えた。ペルーの精製所で働いている大勢のチリ人が加わり、さらに問題が大きくなった。一八七四年、この機に乗じて硝石の所有権を手に入れようとした（といわれているという）チリ人から資金の一部を得て、革命が企てられた。それは失敗に終わったが、硝石生産者たちはペルー政府の支配から抜け出すことを真剣に考えるようになった。彼らの目はしだいに南のチリへ向いていく。

ペルー政府は「共和国としての始まりからずっと、流れる水のように不安定だったし、それはいまも変わらない」と当時の評論家が書いている。ペルーとチリは地理的に近く、同じ言語が話されていたが、あらゆる意味で違っていた。ペルーは天然資源が豊富で、インカ帝国の金や銀も存在していたため、スペインの集中攻撃を受けた。スペインのコンキスタドールがインカを征服し、蹂躙し、富を根こそぎさらっていった。独立後もごく少数の富裕な一家が国を支配し、多くの市民は極貧の生活をおくる国となった。これとは対照的に、チリには多くの少数民族が住み、天然資源は少なく、ドイツとイギリスからの移民の影響を強く受けていた。ペルーの伝統的政策は貴族支配、奴隷労働、資源活用である一方、チリはどちらかといえば先進的、愛国的、進取の気性に富み、攻撃的だった。体制的にもチリは安定していた。チリ人はアメリカ開拓民に近いという歴史研究家もいた。

その二国はスペインとのグアノ戦争を戦ったとき、短期間、同盟関係にあったが、昔から競い合う兄弟のような関係だった。どちらも欲しいもの、つまり硝石が出現したため、競争がけんかになったのだ。ペルーで働くチリ人が増えるにつれ、両国は互いの軍事力を探り合うようになった。「チリが軍艦を一隻買うと、ペルーは二隻買わなければならなくなった」という表現が、当時を表すのによく使われる。この地域には第三の役者、ボリビアの存在もあった。ボリビアはチリとペルーの間の砂漠にある硝石層を手中にしていた。チリはボリビアと長い間、どこからどこまでが自国の領土なのかをめぐって対立していた。二〇年前にはそれは国のプライドの問題にすぎなかった。しかし今度は莫大な金がかかっている。チリの海軍強化に警戒していたペルーは、チリの主張を絶対に認めないようボリビアに迫った。ペルーとボリビアは秘密の相互防衛協定を結んだ。

一八七九年、硝石戦争が始まった。

ボリビア人は格好のターゲットとなった。軍服が山とジャングルの色、鮮やかな緑と黄色と赤なので、単調なアタカマ砂漠のなかではすぐ目につくのだ。彼らはアンデスの高地の居住地から、権力の座についたばかりのイラリオン・ダサ大統領に率いられて進軍してきた。ダサ大統領は「最低最悪なタイプの冒険家」であり、軍事の才より強欲さのほうがはるかに勝っていた。失脚しないためには軍人に不満をもたせてはならない。そこでダサはボリビアの国庫から金を奪うようにして、将校や兵士に給料を支払った。また国民の反逆を抑えるため、外国企業と〝柔軟な〟(たいてい汚職がらみの)契約を結び、銀が豊富な鉱山でボリビア人を雇わせた。高地に要塞を築いたダサ政権は、その政策よりも汚職や宮殿での乱痴気騒ぎの噂のほうが有名だった。

国が辺境の地であるアタカマに所有している貴重な鉱山が金を生み出していることを知ると、ダサはその事業にかける税金を高くするよう命じた。(ボリビアでの仕事は、ペルーと同じようにチリ人がおこなっていた。)しかしそれは不可能だと顧問が言う。ダサが政権を取る以前に、国境問題和解の条件として、チリからの移民への税金控除をおこなうという協定を結んでいたのだ。そして硝石の事業に関しては税金を上げないという約束も含まれていた。しかしダサは過去の約束にとらわれてはいなかった。とにかく税金を取り立てることにした。

それはたいしたことではなかった。二、三千の兵士が死んだだけだ。

アタカマ砂漠にいた威勢のいいチリ人は、漁村を主要な硝石輸送港に変えていた。一八七〇年代、急速に成長していたこのボリビアの都市、アントファガスタの人口の九〇パーセントがチリ人だった。ダサが税金を課すと、その地域最大の硝石会社（チリ人とイギリス人のビジネスマンが経営）が支払いを拒んだ。するとダサはボリビアの国の名のもとにその会社を乗っ取った。周辺のチリ人たちはチリ政府に助けを求めた。

一八七九年二月、二〇〇人のチリ部隊が、警告なしにアントファガスタの港に船で到着し、歓声をあげて列をつくる住民たちの間を意気揚々と歩いて船から下りてくる。チリ人は流血の事態は望んでいなかった。彼らはすぐに町を支配下に置き、ボリビア人の知事と他のボリビア人に、山脈にある故国へ自由な通行を許した。この侮辱的行為がダサの耳に入り、彼はチリに宣戦布告をした。そこに秘密協定を結んだペルーも加わった。

ダサは自分でボリビアの兵士を率いた。それは最初から間違いだった。ダサは政治家としても将軍としても未熟だった。彼の部隊はチリ軍と戦うごとに敗北した。数週間もしないうち、ダサは残った軍とアンデスに逃げ帰り、どちらかといえば小さなチリ部隊が、ボリビアの支配下にあったアタカマ砂漠の土地を手に入れた。これは屈辱的な敗北だった。ボリビアは硝石の所有権と海岸沿いの領地を失い（同国はいまでも海に接していない内陸国だ）ダサは追放された。彼はわずかな国庫の金をもち、まずヨーロッパへ、その後ペルーへと逃げた。数年後、ボリビアへ帰ろうとしたとき、国境で撃たれて死んだ。

しかし彼はあることに成功していた。太平洋戦争、いわゆる硝石戦争をはじめたことだ。これは硝石が豊富なタラパカの土地とそこからもたらされる富を含む、アタカマ砂漠全体をめぐる戦いだった。周辺各国の運命を変えるほど重要な天然資源だ。それは戦うだけの価値のあるものだった。

それは砂漠をめぐる戦争だったが、戦いはほとんど海でおこなわれた。アタカマのような乾いて果てのない土地では、海上のほうが部隊がすばやく安全に動けるのだ。海上で主導権を握ることは、戦争の主導権を握ることだった。

理論上は、軍艦が新しく速いなど、チリのほうが優位に思えたが、ペルーには二つの優れた武器があった。古くてスピードは出ないが、四インチの鉄の板でおおわれた鉄壁の装甲艦、海上の城塞と呼ばれたワスカル号。もう一つはその船の船長で、ペルー海軍兵学校前校長のミゲル・マリア・グラウ・セミナリオだ。グラウは才能あふれる海軍戦略家だった。ワスカル号は装甲艦として最速でも最新でもないことを、彼は知っていた。しかし同時にどんな戦いでも戦える百戦錬磨の船であることも知っていた。敵の大砲も防げる厚い装甲板、ずんぐりした回転塔に据え付けられた二門の巨大な大砲、そしてラム（衝角）と呼ばれる鉄のくちばしは、接近戦で敵の船の腹に穴をあけて沈めることができる。一対一ならチリ海軍のどの船でも沈めるか攻略できると、彼は感じていた。

どちらの軍も狙いはイキケの港に絞っていた。ダーウィンが立ち寄ったときには殺風景な漁村だったイキケには、新しい桟橋ができ、ペルーが建てた堂々たる石の小さな要塞が水際にできていた。戦争が始まるとすぐに、チリ軍はイキケを包囲し、持ち出した硝石でペルーに金が入るのを防ぎ、町を占領するチャンスがやってくるのを待った。ペルーの海軍司令官であるグラウは、包囲を突破しようとする。一進一退の攻防が続いた。チリはワスカル号とその船長を気にして、船を何隻かイキケの北からリマへと向かわせ、グラウを見つけて捕まえようとした。しかしグラウはすでにワスカル号でイキケに向かっていた。同行したのはペルーで他に唯一、海に出ていける状態だった装甲艦、インディペンデシア号だった。彼はなんとか人目を避けてイキケに到着した。チリの船はそのとき二隻しかなかった。

チリ軍は力は不足していたが、それを勇気で補っていた。チリのコルベット艦エスメラルダ号を指揮していたのは、アルテュロ・プラットという三一歳のハンサムな将校だった。夜明けにワスカル号の姿を認めたとき、言い伝えによれば、プラットは礼服で船倉に降りていき、熱のこもった演説で水兵たちに檄を飛ばした。「諸君、この戦いで力の差は明白だ。しかしわれわれには元気と勇気がある。わが軍はかつて敵に旗を引きずり降ろされたことはないし、今回もそのようなことは起こらないだろう。私が生きているかぎり、旗はこの場所に翻りつづける。そしてもし私が死んでも、部下たちが自らの務めを果たしてくれるだろう」

グラウはプラットの船を追いかけた。もう一隻の、逃げようとするチリ船を、ペルーのインディペンデシア号が追いかける。ワスカル号はプラットを沿岸に追いつめ、エスメラルダ号を大砲で攻撃しはじめた。イキケにいたペルー兵たちが喜んでグラウを出迎えて海岸に並び、自分たちも大砲を持ち出して、プラットの船をめがけて撃ちこんだ。動き回れるスペースが不足するなか、プラットはワスカル号から下手に撃つと味方の船に弾が当たるような位置に、エスメラルダ号の位置を変えた。それから一時間半、撃ち合いが続いた。チリ軍の弾のほうが正確だったが、ワスカル号の船体を守る鉄板は砲弾を寄せ付けない。ワスカルから発射された砲弾がチリ軍の船医の命を奪い、その助手の首を吹き飛ばした。そのとき海岸に並ぶペルー兵士たちが、エスメラルダ号に大砲を撃ちはじめた。プラットはまた船の向きを変えようとしたが、エンジンが停止しかかっている。そのときボイラーが破裂し、エスメラルダ号は海上で身動きがとれなくなった。それから一時間、ワスカル号は傷ついたエスメラルダ号を攻撃しつづけ、その大砲を使えなくすると、少し攻撃の手を緩めて、鉄のくちばしによる最後の一撃に備えた。

プラットは降伏すべきだったかもしれない。しかし彼は部下たちに、チリの旗は決して下ろさないと誓った。グラウはワスカル号を少し後退させ、エスメラルダ号に向かって突進させた。ワスカル号の鉄のくちばしが水面下で、エスメラルダ号の船腹に突き刺さる。エスメラルダ号が衝撃で揺れる。二隻の船の甲板が相対すると、プラットは剣を振り上げて、ワスカル号に飛び移るよう部下に命じた。騒然とした状況で、兵士たちにその声が届かなかったのか、ガトリング砲がワスカル号の甲板に出てきたのにひるんだのか、理由はどうあれ、ワスカル号の甲板に飛び移ったのは、剣を振り回しつづけていたプラットと、ピストルと手斧で武装した軍曹一人だけだった。軍曹はすぐに致命傷を受けてくずおれた。プラットは一人で、甲板上の指揮所に向かって突進した。ペルー軍の兵士たちは、一瞬、驚いて声も出なかった。グラウは敵の指揮官を生かしたまま捕えるよう命令した。しかしすでに遅すぎた。銃声がして、プラットが膝を突いた。さらに銃声がして、プラットはワスカル号の甲板で死んだ。

グラウは部下たちにプラットの遺体を船倉へ運ぶよう命じた。そしてワスカル号を後退させ、またエスメラルダ号に激突した。そのときはプラットの副司令官と一〇人のチリ人兵士がペルーの装甲艦に跳び移ったが、ガトリング砲が彼らをなぎ倒した。エスメラルダ号は沈没しはじめ、甲板はほぼ冠水していた。そして三回目の衝突。エスメラルダ号はとうとう沈没したが、チリの旗はまだひらめいていた。

一九八人の乗組員のうち一四八人が死んだ。ワスカル号が失ったのは水兵一人だった。

この戦いに感動したアメリカの歴史家がのちに、プラットの最期は、アメリカ独立戦争時の海軍司令官、ジョン・ポール・ジョーンズと肩を並べて、歴史に残る雄姿であると書いている。グラウもまた深く感動し、プラットの若い未亡人に、手紙とともに、剣を含めて所持品をすべて送った。

拝啓

わが神聖なる義務の権限により、貴女に本書状を書いておりますが、この海戦を顧みることによって、貴女に大いなる苦痛を与えることは想像に難くありません。

先月二一日、イキケの海上におけるチリ軍とペルー軍の争いで、夫君であるエスメラルダ号司令官アルテュロ・プラット氏は、自らの故国の旗を守ろうとして勇敢に戦い、命を落とされました。

この不幸な出来事を心より悼み、貴女の悲しみを分かち合うべく、私は彼の所持品のいくつかをお送りするという、悲しい役割を担いました。所持品のリストはこの手紙の最後に記されています。それらはきっと、わずかながらでも貴女の慰めになると思い、急いでお送りする次第です。

重ねてお悔やみを申し上げるとともに、この機会にわが真心と敬意をお伝えし、またご要望があれば何なりと申しつけいただきたく、本状をお送りいたします。

どちらの軍もイキケでの勝利を熱望していた。ペルーはエスメラルダ号を沈没させ、チリはアルテュロ・プラットを国民的英雄に祭り上げた。(現在、町の広場とイキケ最高級のホテルに、彼の名がつけられている。)チリはもう一つ、幸運な偶然の恩恵を受けた。ペルー第二の装甲艦インディペンデンシア号を追っているとき、それが浅瀬に乗り上げて沈んでしまったのだ。

イキケの海戦から数か月後、グラウと難攻不落の装甲艦ワスカル号が、チリとペルーが争った海を制圧した。チリの船はすべて破壊されるか捕えられ、港は破壊され、チリの勝利の夢は泡と消えた。グラウは息をひそめてゆっくりと近づき、不意を突き、つねにチリに一歩先んじていたようだ。グラウはペルーの海軍大将に昇進し、国民は彼をエル・カバジェロ・デ・ロス・マーレス――海の騎士と呼んだ。一八七九年秋になると、チリはまずワスカル号を沈没させるか捕獲するかしないと、勝利の希望はないと気づいていた。チリの最高級の軍艦六隻が、それを果たすことに専念した。一〇月八日にようやくグラウと正面対決のチャンスを得た。長く困難な戦いになると思われたが、チリ兵士の撃った弾が幸運にも指揮所にいたグラウに命中し、彼と数人の兵士が死んだことであっさり決着がついた。二時間後、ワスカル号は捕獲された。

この知らせが伝えられると、チリ国民は通りで踊り、歓声をあげ、ペルー人を臆病者のテンジクネズミ（モルモット）と罵り（ペルーではモルモットをローストして食べる）、「リマへ乗りこめ！」と叫んだ。一隻の船の敗北が、戦況を一転させてしまったのだ。ワスカル号の捕獲とグラウの死によって、チリ海軍が南米の端から端まで、太平洋を制圧した。チリはすぐにイキケを手に入れ、兵士を北に送って、ペルーの心臓部を攻撃する準備をはじめた。

ワスカル号を失って一五か月後、ペルーはすべての戦場で敗れていたが、チリ軍に首都を占領されることだけは、阻止しようとした。その場にいた一人のアメリカ人が、こう書いている。「私はまったくまとまりのないペルー軍についてリマに向かった。そこには暴徒があふれ、略奪や放火が野放図におこなわれていた。通りを弾丸が、まるで霰のように飛び交っていた。けが人の叫び、怯えた女性の金切り声、あちこちで上がる炎、人間の想像を超えた地獄絵そのものだった」

最後に彼は、チリ軍が進軍してきたのを、どこか救いのように感じたと記している。それで首都の秩序は回復したのだ。

5

――チリ硝石の時代――

戦いはチリの全面的な勝利となった。リマとわずかなプライドを温存することと引き換えに、ペルーはタラパカを含め硝石が豊富な砂漠すべてを、戦利品としてチリに割譲した。つまり一八八一年以降、世界で最も価値のある天然資源を、チリが一手に管理統制することになったのだ。

チリが富裕な国になるのは確実だった。

ヨーロッパとアメリカの農作物生産と軍備は、硝石に頼っていた。一九〇〇年には、アメリカはチリから輸入する大量の硝石の半分近くを使って爆発物を製造し、鉄道の拡張、河川の浚渫、鉱山やトンネルの掘削、道路の舗装、ラシュモア山の彫刻、パナマ運河の発破など、あらゆる事業に用いた。それらはすべて、何トンものチリ硝石で可能になったことだ。アタカマからの輸入は、年々増加していた。需要が増えたことで生産量も増加した。

マニフェスト・デスティニー〔訳注　北米全体を支配するのがアメリカの責務であるとする主張〕にのっとった領土拡張政策をとっていたアメリカにとって、爆発物はとくに重要だった。しかしそれと同じくらい――とくにヨーロッパの輸入業者にとって――重要だったのが、農作物を育てるために用いられるチリ硝石だ。一八八〇年代から一九〇〇年にかけて、世界の人口は急増した。労働者は成長著しい都市に集まり、どんどん増えつづける工場労働者のための食物をつくる農業従事者は減っていた。食生活についても、ほとんどの工業国では野菜と穀物から、加工食品、肉、砂糖、油脂などを使った豊かなものに変わりつつあった。その結果、農産物の生産量を増やすことが必須となったのだが、それが可能になったのも、チリ硝石で土壌を豊かにできたからこそだった。一九〇〇年には、地球上で使われている肥料の三分の二が、チリで生産されたものだった。

最大の買い手はイギリスとドイツだった。どちらも国土は小さいが、軍事的な野心は大きかった。少なくともイギリスは、世界じゅうの植民地で食物をつくらせることができた。オーストラリアとカナダに広がる穀物畑から、本物の硝石が堆積するインドまで含む英連邦がある。その一方でドイツは国としてまとまるのが遅かったため（近代の形になったのは一八七〇年代）、植民地拡張の時代潮流に乗り遅れていた。植民地が少ないドイツは、自国の（たいていはやせた）土地で、国民を養えるだけの作物をつくらなければならなかった。その結果、一九〇〇年前後のドイツのチリ硝石消費量は群を抜いていた。一九〇〇年の輸入量は三五万トン、一九一二年には九〇万トンを超えている。これはアメリカの輸入量の二倍であり、フランスの三倍である。

硝石はドイツの命綱ともいえ、産出国からドイツまでの距離（ほぼ地球半周）をどう埋めるかが、戦略上の重要事項となった。ドイツの起業家たちは硝石貿易のために、史上最大の堂々たる帆船を造った。いくつもの帆でスピードが出たため、蒸気機関の時代でもそれらの船のほうが好まれたほどだ。代表的な造船会社がハンブルクのライス社であり、そのフライング・Pライン（航路）は、数十年間、硝石取引に活躍した。ライス社は世界最高級の船長と乗組員を雇って厳しい規律で統制し、港湾職員と良好な関係を築き、「ライター」（巨大な帆船から荷物を下ろして運ぶ船）の会社とできるだけ有利な契約を結んだ。

イキケからヨーロッパまで、ふつうの船でだいたい三か月かかるところ、ライス社の帆船は六五日で到達したことがある。船はチリの港で二か月から三か月過ごすことが多かったが、ライス社の船は入港から出港までだいたい二週間だった。彼らは硝石の輸送を徹底的に合理化した。

チリは増加を続ける需要に追いつくべく、さらに多くの効率的な精製所を砂漠に建てた。硝石戦争でチリが勝利を収めてからの二〇年で、精製所の数は二倍以上、そこで働く労働者の数は三倍になり、技術は向上し、出荷も増え、利益は急増した。やがて硝石取引がチリの全収入の半分以上を占めるようになった（硝石取引はその後一九三〇年代まで、国家経済の重要な要素でありつづけた）。チリはグアノがもたらした富を無駄にしたペルーの轍を踏むことなく、その富を電話や電気の敷設、交通網の整備、学校、政府の拡大、軍隊の充実に使った。もちろん、チリ海軍に最新の装甲艦を備えることも忘れなかった。チリは近代国家への参加費用を硝石で支払ったのだ。

硝石戦争の終焉からクルックスが演説をした夜までの二〇年の間、硝石の不足を口にした者はいなかった。高性能の精製所は動きつづけ、砂漠は硝石を生み、出荷量は年々増えている。硝石の世界的な需要は高まり、大金が流れこむ。人々はまるでそれが永遠に続くように感じていた。

一八七一年、二九歳のジョン・トーマス・ノースがイキケに上陸した。彼は硝石時代に南米で一旗揚げようとした、何千人ものイギリス人の一人だった。彼は機械工として働いた経験があり、ビジネスについては鋭い目をもっていて、南米で新たな生活をはじめ、確実に儲かる仕事に参入したいと思っていた。彼は硝石取引にも精通し、砂漠の土地が売買されているのを見ながら、魅力的と思える取引があると自分でも買っておいた。

やがて戦争になり、チリ人がやってきた。イキケとタラパカが占領され、以前の所有権（ペルーが売った土地の）があいまいになった。混乱した不確実な状態のなか、オーナーの多くが土地の投げ売りをはじめたとき、ノースは買いはじめたのだ。彼は硝石精製所に新たにやってきたチリ人の検査官（やはりイギリスからの移民）と近づきになり、やがて二束三文で買った土地を、ときには買ったのと同じ日に、二倍、三倍の値で転売し、大儲けするようになった。彼は自分の成功をロンドンで喧伝し、増えつづける個人の財産と硝石が豊富な土地の所有権で投資を募って、リヴァプール・ナイトレート・カンパニーのような会社を興した。こうした会社によって、さらにイギリス人の投資を集めたのだ。一八八〇年代半ば、イギリスでの硝石への投機がエスカレートしたのは、ノースの熱心な勧誘にも大いにあずかっている。彼は故国に戻ると、富裕層の人々に、砂漠の土地と精製所の株を買うだけで、膨大な利益を手にできると説いて回った。それは必要不可欠な商品だ。富はチリにいくらでもある。巨額の投資がノースの会社に集まった。ノースは自分でも精製所をいくつか建て、その株をイギリス人に売った。投資家への配当は一年で一〇パーセントから二〇パーセントだった。「営業マンが「硝石」という魔法の言葉をつぶやくだけで、価格はどんどん上昇する」と、ロンドンの『金融ニュース』にも驚嘆の声があがっていた。投資家たちはチリ硝石を白金と呼んだ。

一八七一年に船を下りた男が、一八八二年にはノース「大佐」となり、イギリスのトップクラスの投資家となり、富豪の一人となっていた。彼の興味はさらに広がって、鉄道を買い、さらに多くの精製所を買った。当時は硝石のある地域すべてを買いあさる勢いだった。チリにいるときは、彼が個人的に所有する宮殿のような列車で所有地を回った。イギリスではロンドン郊外に建てた大邸宅に住んでいた。

イギリス皇太子にも紹介された。絶頂は一八八九年、ノースと妻がホワイトホール・パレスで八〇〇人を招いての仮装パーティーを催したときだろう。出席者のなかにはサー・ランドルフ・チャーチル（のちの英蔵相、ウィンストン・チャーチルの祖父）、アルフレッド・ドゥ・ロスチャイルド男爵、一三人の貴族、一五人のナイト、ロンドンの裁判官がいた。ノースはヘンリー八世、妻はメーヌ公妃の扮装をしていた。

しかしバブルがはじける日がやってきた。ノースに投機熱をあおられて、株価は土地と精製所の価値をはるかに越えるところまで上昇していた。高い配当を維持するため、精製所では過剰なまでに生産量を増やし、市場に硝石があふれたため価格が下落した。一八九〇年代末には、硝石会社の株は一年から二年前の四分の一の価格で売られた。ある日、ノースのブローカーがロンドン証券取引所に入っていくと、男たちが山積みになったノースの会社の最新の目論見書を床に放り出し、火をつけている光景を目にした。ノースはぴりぴりしている投資家たちに、硝石の売上は変動が大きいが、彼が所有する鉄道だけで、会社の基本的価値を支えられ、長期的な展望は明るいと言いつづけていた。しかしノースといえど、独力で硝石市場を支えることはできなかった。価格が上昇したときと同じくらい急激に硝石市場の価値は下落した。ノースは財産を失ったが破滅することなく、公の場から離れてひっそりとした生活をおくった。

その間ずっと、チリは硝石により堅実で儲かるビジネスを営んでいた。生産者は何が求められているのかを知り、手数料と税金を払い、利益を得ていた。儲けのなかからそこそこの割合がチリの国庫に入ってきて、それが国をよくするために使われた。産業は好調を維持して投資家を満足させ、進歩しつづける精製所に設備投資を続けることができた。一九〇〇年には数十年前の何倍も効率が上がっていて、以前なら生産者が見向きもしなかった土地で、利益をあげられるくらいの硝石が採れるようになっていた。チリもペルーと同じく、そうした進歩への投資を、外国資本と外国の技術（ほとんどがヨーロッパ）に頼っていた。しかしペルーと違っていたのは、自国民を雇用しつづけ、安定した発展を目指す雰囲気をつくっていたことだ。

チリ人オーナーの企業も多かったが、決して大多数を占めていたというわけではない。イキケのような硝石取引用の港は驚くほど国際的だった。イギリス人の精製所のオーナー（一八九〇年には、精製所の七〇パーセントをイギリスの企業が所有していた）、ドイツ人のエンジニア、チリ人のビジネスマン、役人、労働者、スペイン人、イタリア人、ロマ（ジプシー）、フランス人の船荷業者、店主、硝石仲買人、ホテル経営者、インディオ、わずかに残ったペルー人、かつての中国人労働者のコミュニティもあった。数十年前は乾燥してさびれた漁村でしかなかったイキケが、いまや柄にもない国際都市になり、大きな中央広場、優美なホテル、新しいオペラハウスまでできていた。美食家を喜ばせるドイツ風酒場、英国風クラブ、中華料理店が並び、フランスからやってきた一座のオペラを観て、イタリア風カフェで締めくくることもできる。クリケットやサッカー、射撃の試合、優雅なダンスパーティー、劇場で過ごす夕べ。

海岸の町ではそのような生活が繰り広げられていたが、硝石工場が並ぶ砂漠の生活はまったく違っていた。多くの精製所に、何千人もの貧しい労働者が集ってきたが、彼らの多くは、楽に儲かる仕事を求めてチリ南部からやってきた元農民たちだ。典型的な硝石工場では、そばに並ぶ細長い平屋の兵舎風の複合住宅での一二フィート（三・六メートル）四方の部屋に一つの家族全員が住んでいた。労働者は週六日働き、砂漠の太陽が照りつける爆破孔でカリーチを掘っては引き上げ、粉砕機を動かし、ボイラーを監視し、火の番をし、桶をかき混ぜ、硝石を袋に詰め、三〇〇ポンド（約一三六キログラム）の重さの袋を、貨物列車に積みこむ。これで給料は一日三ペソ、ただし金で支払われるわけではなかった。硝石工場のほとんどがフィチャという、その会社の店でしか使えない券で給料を支払った。つまり工場ごとに独自の貨幣があるようなものだ。フィチャのシステムによって店は客を確保できるため、高い値段をつけることも多かった。しかし何より重要な効果は、労働者を職場につなぎとめることだった。熟練した労働者は貴重だったのだ。砂漠での仕事はいくらでもある。給料を他で使えなければ、どこかへいってしまうことは少ないはずだ。

労働者にとってフィチャのシステムは牢獄であり、鎖であり、首かせであった。食べるもの、飲むものの一口に高い値段をつけられ、給料を他に町で使えないので貯蓄も意味がない。多くの意味で、フィチャで支払われる給料は、何も支払われていないのと同じだった。

労働者は互いに不平をぶつけ、会社のマーケットで飲み、怒りを分かち合い、会社に利用されているという意識、そして団結心を高めていった。男たちは共産主義や無政府主義、そして労働者の権利について語る、チリ人の活動家の話に耳を傾けるようになった。女たちは料理をし、子どもの面倒を見、日常の家事を分かち合い、会社の店で一緒に買い物をし、静寂の広がる果てしない砂漠を見つめた。やがて彼らも声をあげはじめた。

惨めさは少しずつ誇りに変化していた。砂漠で硝石を採掘する労働者（カリチェロとサリトレロ）は、地上で働く人々のなかでも、自分たちはとくに強く、他に類を見ない、最も勤勉な労働者であり、国家にとって重要な存在であると思った。チリの偉大な詩人パブロ・ネルーダは、硝石の採掘場と港町で一時期を過ごしたので、彼らのこともよく知っていた。彼はサリトレを船倉に積みこむ港湾労働者を「夜明けの英雄」と呼び、体は汗でまみれ、胸には酸がしみこみ、胸は「押し潰されたワシのようにふくらみ、やがて男は倒れる」と書いている。

精製所の労働者は組織をつくりはじめた。なかには過激な演劇グループをつくり、自分たちの生活を風刺した歌を歌いながら砂漠を歩く者たちもいた。また相互扶助グループであるマンコムナーレスを創立した者もいる。これらはもっと強力な労働者組織をつくるための第一歩だった。そしてチリの伝統となる左翼系政治運動の始まりでもあった。

一九〇七年夏、タラパカの砂漠からイキケへと長く伸びる道路を、労働者が歌いながらやってきた。それは膨大な数の群衆で、それまで見たことがないほどの数の人間が一か所に集い、フィチャの廃止、賃金の増加、よりよい生活を求め、激しく訴えていた。

本格的な労働者デモはチリ全体に存在した、あらゆる職種におけるアナルコ・サンディカリスト〔訳注　無政府主義労働組合〕の抵抗団体の成長に連動し、一九〇三年に硝石採掘場で始まった。最初は、男たちとその家族が広場での演説を聞くために、工場の仕事を一日止めるといった小規模なストライキだった。工場のオーナーはほぼつねに交渉を拒否して、政府が介入し、労働者を仕事に戻らせた。

一九〇七年、同じような経緯でデモ行進が始まり、イキケ近くの精製所の労働者は仕事の道具を置いて参加した。このとき彼らは工場内部にとどまるのではなく、抗議行動を町へ持ち出したのだ。最初は穏やかに進んでいた。イキケの人々は、学校の校庭でおこなわれた演説に興味をもった。地元の少女が、そのときの光景を祖母への手紙に書いている。

たくさんの人がいました。男の人、女の人、子ども、おばあさん、おじいさん。その人たちが連れている犬も、とても大事な行事に参加しているのがわかっているように、足の間をうろちょろと走っていました。女の人たちは籠やフライパンやスプーンをもち、赤ん坊を胸に抱えていて、男の人は肩に子どもを乗せていました。とても暑い日でした。カマンチャカ（霧）が出ても、いつもみたいに助けにはなりませんでした。熱が重い外套のように町をおおっていました。日は過ぎ、あれだけの人がいたにもかかわらず、かすかな希望が見えました。ユアンが言うには、荒野のほうから来た人たちは、自分たちの訴えが受け入れられるまで待つと言っているそうです。彼らには変えたいことがたくさんあります。たとえばフィチャをやめる、午後は子どもを学校に通わせる、もっとよい医療を受けられるようにするといったことです。

次に何が起こったか、いまでもよくわかっていない。目撃者がそれぞれまったく違うことを言っているからだ。一九〇〇年ごろのイキケの総人口は、およそ一万六〇〇〇人であったことがわかっている。数日間で抗議行動に参加し、サンタマリア校の校庭に集まった労働者やその家族の数は、新聞、政府発表、労働組織の推定によって、六〇〇〇人から二万人と大きな隔たりがある。集会は平穏なものだったらしい。ストライキ委員会が組織され、人々は話をして互いの知識を交換しあい、次に打つ手を計画した。どこか休暇のような雰囲気があった。骨の折れるきつい仕事から離れて休息をとり、食べ、人の話を聞く。ストに参加した人々は、自分たちの数の力に感動した。その数日間で、これだけ多くの労働者がそこにいて、自分たちの要望が聞き入れられるまではイキケを離れないという意思表示をするだけで、フィチャの廃止や賃金の増額、あるいはオーナーから何らかの変化を引き出せるのかもしれないのだ。イキケの町の役人は、このことをサンチャゴの政府に知らせ、秩序を保てるよう助けを求め、経営側と労働者を和解させようとした。しかし工場のオーナーがすべての要求を拒否したことで話し合いは頓挫した。すると町の人々は不安を覚えはじめた。労働者たちが町の水を飲み干してしまいそうだった。まだ大きな問題は起こっていなかったが、何か起これればイキケの数少ない警官では抑えることができない。のんびりした休暇の雰囲気は消えはじめた。

二隻のチリ船が到着し、冷徹なロベルト・シルバ・レナルド将軍の指揮の下、軍隊が送りこまれた。チリ政府は砂漠の抗議運動が大規模であること、労働者が工場に戻るのを拒んでいること、そして国の他の場所に飛び火することを警戒していた。イキケの集会がきっかけで、全国的な労働者革命に火がつくのを恐れたのだ。

シルバ将軍はストライキを終わらせるよう命じられていた。彼は船上から校庭にマシンガンを向けた。兵士たちが労働者を取り囲む。戒厳令が宣言された。

一九〇七年、その年イキケで最も長い日となった一二月二一日の午後、シルバはストライキ参加者たちに、解散の最終期限を申し渡した。しかし労働者は立ち去らず、ストライキ委員会が学校のバルコニーに掲げたチリ国旗のもとでの話し合いを求めた。校庭にいた労働者たちも、彼らとともにとどまった。将軍の決めた期限が過ぎた。その少しあと、校庭を取り巻いていた兵士たちは武器をとるよう命じられた。兵士のなかには、とくにイキケで育った者には、銃をとることを拒む者もいた。シルバは船にいた他の土地から来た兵士たち、マシンガンを構えた者たちのほうを向いた。発射の命令が下された。

旗の下にいたストライキの首謀者たちが最初に撃たれた。「まるで雷に打たれたように倒れた」という、目撃者の記録がある。群衆はパニックに陥った。ストライキ参加者の何人かが武器をもっていて、それを使おうとしていた可能性があると報告されている。マシンガンを掃射したのは数分間のようだったが、正確なところは誰にもわからない。泣き声や叫びがあがる。女性や子どももたくさんいた。群衆は四方に逃げ出した。校庭には誰もいなくなり、死体だけが残された。イキケの役所は、一二六人のストライキ参加者が死んだと発表した。サンチャゴのイギリス人聖職者は、約五〇〇人と推定している。現在の歴史研究家は、一〇〇〇人から三〇〇〇人の労働者とその配偶者、そして子どもが殺されたのは確実と考えている。軍の犠牲者数についての報告はまったくない。生き残った労働者は大挙して丘を上り、砂漠を横切って工場へと戻っていった。

これは労働運動史上、最大の惨事である。イキケの虐殺として知られるようになったこの出来事は、硝石採掘場の労働者組織を弱体化させた。工場のオーナーたちはやがてフィチャのシステムを廃止することになるが、自分たちのペースで、自分たちのタイミングに合わせてのことだった。チリの軍隊ではルールが変わり、兵士を自分の故郷での軍事行動にあたらせることはなくなった。何年もあとになって、射撃の命令を下したシルバは、イキケの犠牲者の親戚の一人に暗殺された。

労働者はそれを知らなかった。オーナーも知らなかった。そして政府指導者も知らなかったが、チリの硝石市場の全盛期に終わりが近づいていた。一九〇七年、イキケの虐殺の年、砂漠には二〇〇の精製所があった。ところが一九四〇年に硝石を生産していたのはごく一握りだ。残りは砂漠に散らばる廃墟と化していた。現在のイキケは、まるで一九〇七年から時が止まっているように見えるが、リゾートの町として変身を遂げようとしている。

カリチェロもサリトレロも工場のオーナーもいなくなったが、それはペルー人がグアノを根こそぎにしたように、チリ人がアタカマの硝石を取り尽くしてしまったからではない。いまでもチリには硝石が豊富にある。

チリの硝石時代にピリオドが打たれたのは、窒素の欠乏によってではなく、過剰によるものだ。ちょうど労働者がイキケに向かっていたとき、地球の反対側のドイツでは、ひとりの化学者が怒りをばねに、ある機械の完成を目指していた。それは三〇年後にチリの硝石産業全体を意味のないものにしてしまう機械だった。その男の名はフリッツ・ハーバー。彼がつくろうとしていたのは、空気をパンに変えられる機械と噂されていた。

第Ⅱ部　賢者の石

6
——ユダヤ人、フリッツ・ハーバー——

フリッツ・ハーバーはいつも同じことを繰り返していた。興奮し、不安を感じながらも熱狂し、ばりばり仕事をしていたと思うと、胃がきりきりと痛みはじめ、眠れなくなる。すぐにかんしゃくを起こすようになる。彼はそれを神経性のものだと言っていた。だいたい一年に一度の割合で、不安が最高潮に達し、科学研究に集中できなくなって、数週間仕事から離れ、温泉かサナトリウムで静養しなければならなくなる。その後、彼は戻ってきて活動を再開し、研究に没頭する。

しかし今回は、そううまくいかないとわかっていた。

それをつくりはじめたのは数か月前、構想を思いついたのは一九〇七年、ドイツのハノーファーで開かれたブンゼン応用物理化学協会の年次集会のときだった。彼はその席で、ハーバーの同業者たち、彼が最も評価してもらいたかった人々の前で公然と侮辱されたのだ。

侮辱したのはヴァルター・ネルンストだった。年齢はハーバーと同じくらいだったが、彼はハーバーがまだ手に入れていないものを、すべて手に入れているように見えた。ネルンストはドイツ学術文化の中心であるベルリン大学の物理化学の教授だった。ハーバーが研究をしていたのは、ドイツ南部の堅実だが地味な工科大学である。ネルンストは熱力学の第三法則を発見した功績でノーベル賞受賞が確実といわれている。ハーバーはまだ偉大なる理論といえるものを何も生み出していない。ネルンストはドイツ物理化学界に君臨する天才、ヴィルヘルム・オストワルトの弟子であり、後継者と目されている。ハーバーは二度も、オストワルトの研究室の仕事に応募して落とされている。ネルンストは非ユダヤ人、ハーバーはユダヤ人だ。オストワルトが彼を研究室に入れなかったのは、これが理由の一部かもしれない。オストワルトはハーバーについて、野心が強すぎるし、強引すぎるきらいがあると書いているが、これはユダヤ人の特徴が強すぎることの婉曲表現だったと思われる。それだけでなく、ネルンストは白熱電球のアイデアをドイツ企業に一〇〇マルクで売り、たいへん裕福だった。ハーバーにはそのようなことはなかった。

彼らの対立はささいなことのように思えた。アンモニアの組成にかかわる、いくつかのデータをめぐる問題だった。アンモニアは一個の窒素原子が三個の水素原子と結びついてできた単純な化合物（NH_3）だが、この結びつきが生成されるときに熱を発する。ネルンストの研究室は、その反応にどのくらいのエネルギーがかかわっているか正確に計算していた。しかしその数字は、ハーバーが一九〇五年に発表したものと違っていたのだ。ハーバーは自分の数字が正しいと主張し、ネルンストも自分のほうが正しいと主張する。どちらも一歩も譲ろうとしなかった。

ハーバーの研究は、空気中の（つまりコストがゼロの）窒素を取り出して、（販売できる）アンモニアをつくって利益をあげる道を探すという、オーストリア企業の仕事だった。ハーバーはその可能性を探るために顧問として雇われた。ハーバーはそのプロジェクトに数か月間取り組んできたが、実現はかなり難しいと思われた。空気中の窒素は、二つの原子がしっかり結びついて一個の分子となった形（N_2）で存在しているからだ。この二つの原子が互いに結びつくと非常に安定しているので、分離するのはほぼ不可能だ。空気中にあるこの形の窒素原子は、他のものとのかかわりをすべて拒んでいる。この形に縛られた窒素は不活性で、反応を起こさず、生物にとっては使い道がない。誰もが一日じゅう、肺一杯にN_2を吸ったり吐いたりしているが、何も起こらない。昔の化学者は、窒素ガスが充満したビンのなかに入れると、ろうそくの炎が消え、動物が死ぬという事実に驚いて、アゾート（生命のない）と名付けた。この名はいまではもう使われていない。空気中の活動はすべてもう一つの双子の分子、酸素（O_2）から生じている。酸素分子はすぐに分離して、あらゆるものと反応を起こす。空気中の酸素は金属を錆びさせ、物質を燃やし、生物の生命を保つ。それとは対照的に、空気中の窒素は何もしていないように見えた。

N_2をアンモニア（NH_3）や他のものに変えるには、まず二個の窒素原子を分離しなければならない。それができれば、解放された窒素原子はたいへん反応しやすくなり、他の原子と結びつこうとして、さまざまな化合物をつくる。たとえば肥料や爆発物から、生きるために不可欠なタンパク質や核酸まで。オーストリアの企業のための研究でハーバーが直面していた問題は、N_2を分けることだった。簡単そうに思えるが実現は非常に難しい。化学結合には、さまざまな強さがある。二つの原子を結びつける典型的な化学結合は、化学者が共有結合と呼ぶもので、これは強い結合だ。そのような結合が二重に組み合わさる（二重結合）こともあり、それはもっと強力だ。N_2は三重結合で、自然界に見られるものでは最強の化学結合である。それを分断して個々の窒素原子を自由にさせるには、並はずれたエネルギーが必要とされる。それは温度に換算して一〇〇〇℃にもなるエネルギー、銅を溶かす強さだ。自然界でN_2分子を壊せるのは稲妻だけなのだ。

それに対してアンモニアは壊れやすく、オーストリア企業の仕事をしているハーバーはジレンマに陥った。アンモニアをつくるため、N_2を分割して一個の原子を取り出すには、温度を並はずれて高くしなければならず、それでせっかくできたアンモニアが壊れてしまう。それに加え、アンモニアが形成されるとき（一個の原子が三個の水素原子と結びついて）、かなり多くの熱を放出する。アンモニアが焼けてしまう前に、救いだすのはほぼ不可能だ。ハーバーは熱に耐性のあるプラチナ製の特別な装置を使って実験をおこない（鉄製の燃焼室はこのとき求められていた温度になると鮮紅色に光る）、N_2の二つの原子を分離することには成功し、形成されたアンモニアをすばやく冷やす方法を考案しようとしていたが、何をやってもうまくいかなかった。ごく微量のアンモニアを得るのがせいぜいで、商売にできるほど生産するのは不可能だった。彼は会社にその旨を伝え、実験の結果を論文に書き上げて、データの一部を一九〇五年に発表した。

ネルンストはハーバーのレポートを読み、何かがおかしいと思った。ネルンストの理論では、ハーバーの実験結果より、アンモニアの量が少なくなるはずだ。ネルンストは助手にその問題に取り組ませた。若い助手が出した結果は、たしかにネルンストが正しいことを示していた。一九〇六年秋、ネルンストはハーバーに手紙で正しいデータを送り、それを春のブンゼン協会の会合で発表するつもりだと伝えた。ハーバーの胃はよじれそうになった。彼の名声は入念な実験によって築かれたものだ。ネルンストに公の場で異議を突きつけられるなど、到底耐えられない。

ハーバーはすぐにデータを見直しはじめた。ネルンストと彼の手順で違っていたことの一つは、ネルンストがコンプレッサー（空気圧縮機）を使って、反応を大気圧より高い圧力下でおこなっていたことだ（反応をより多くのアンモニアが生成する方向へ進める工夫）。ハーバーは自分の実験でも、前より高い圧力をかけてみた。機械に熟達した若い化学者ロベール・ル・ロシニョールが、装置の操作をおこなうために実験に加わった。ル・ロシニョールの助力を得て、ハーバーはもう一度、新たにアンモニアの実験をおこない、高圧力に耐えられるよう石英管に入れた気体を熱し、温度と圧力を変えたとき何が起こるかを確かめた。

このときの結果はネルンストのものに近づいたが、それでもかなりの違いがあった。ハーバーの実験では、ネルンストの計算より、はるかに多くのアンモニアが生じるのだ。商売になるほどの収率（理論上の生成量に対して実際に生成した量の比率。理論どおりの量が生成すれば収率一〇〇パーセントだが、通常は収率は一〇〇パーセントよりずっと低い）ではないが、圧力を加えることで、より多くのアンモニアが絞り出される。加えてハーバーが違う触媒を使ったことも、同様に収率を上げる効果があった。触媒とは化学反応をより速く押し進めながら、自らは使い果たされることのない物質である。気体の窒素と水素に適切な触媒を加えて圧力をかけると、反応に必要な温度が下がり、アンモニアの破壊が抑えられ、収率が大幅に増加したのだ。

彼は一九〇七年五月のブンゼン協会の会合で、その新たな数字を発表した。ネルンストも自分の実験結果を発表したが、発生したアンモニアの量はハーバーより少なかった。彼らの〝議論〟は白熱した。ネルンストはハーバーの数字を「誤りに満ちている」と批判し、残念ながらハーバーの出した数値は正確ではない、もしこれが正しければ、商業的な生産の可能性を示唆することになると、冷やかに告げた。「次はハーバー教授がほんとうに正確な値を出せる実験方法を採用するよう提言いたします」と、ネルンストは言った。

それは挑発的な言葉だった。屈辱を味わったハーバーは大学に戻り、さらにアンモニアの研究に没頭した。それからまもなく、ハーバーは苦闘にあえぎ、肌はぼろぼろで、つねに胃痛を訴えていると、彼の妻が人に伝えている。

フリッツ・ハーバーはドイツ東部のブレスラウという町（現在ではポーランドのブロツワフ）のにぎやかなユダヤ人コミュニティで育った。母親は彼を生んだ一週間後に亡くなった。ハーバーを男手一つで育てた父親は、染料や絵の具の製造業で成功したビジネスマンで、怠けることはほとんどなく、家にいることもほとんどなく、息子に満足することもないように見えた。フリッツはせっかちで不安定な若者になり、自分の力を証明し、人に認められて高い地位につきたいと願っていた。

ドイツに住むユダヤ人として、それらの野心すべては手の届くところにあると、彼は感じていた。一九世紀後半、ドイツに住むユダヤ人の多くは、自分たちは幸運だと思っていた。他のほとんどの国では固く閉ざされていた数多くの扉が、ドイツでは彼らの前に開かれていたからだ。高度なドイツの大学に入学することも、そこで教えることもできた。ハーバーの父親のように、事業を始めて成功することもできた。法律、報道、医学、科学などを学び、開業することもできた。ドイツではこれらすべての分野で、ユダヤ人が優れた才能を発揮していた。たとえばドイツの科学者の二〇パーセントがユダヤ人だった。当時はまだユダヤ人を締め出している職種もあった。将校団にも入れなかったし、上級公務員にもなれなかった。また世間の根底には反ユダヤ的なムードもあり、ときにはそれを露骨に示されることもあったが、野蛮な扱いをされることはほとんどなかった（ドイツにはそれまで組織的な虐殺はなかった）。しかし貧しいドイツ人が、裕福なユダヤ人を妬みはじめていたのもほんとうだ。反ユダヤ主義はとくに昔のドイツ、軍隊を支配していたプロシアの貴族の間に根深く存在していたようだ。ユダヤ人に対して公平な政策をとった、プロシア国王でドイツ皇帝であるヴィルヘルム二世でさえ、ひそかに反ユダヤだった。どれほど成功していても、ドイツのユダヤ人は誰もがそう感じていた。のちにドイツの外相になったヴァルター・ラーテナウはかつてこう書いている。「ドイツのユダヤ人には、自分の人生を思い出して苦しむ一瞬がある。それは自分が二級市民に生まれついたことを、初めて完全に認識する瞬間だ。どれほどの能力があろうと、どれほどの実績を残そうと、その思いから解き放たれることはない」

それでもドイツのユダヤ人の間には希望、誇り、そして大きな歴史の歯車が回りはじめたという感覚があった。一九世紀末の、労働者の権利や女性の権利拡張とともに、ユダヤ人が完全にドイツ社会に統合される時代がやってくるという期待だ。歴史研究家のアモス・エロンは「ヨーロッパの他の国々でも、偏見と差別は同じくらい、あるいはもっと広がっていた。欠点はあってもドイツは西ヨーロッパのなかでは、文化の受容、社会的統合、生活していくうえでの寛容さという点で、際立っていた」。ドイツのユダヤ人の多くは、ドレフュス事件でひどい反ユダヤ思想が明らかになったフランスより、はるかにましだと思っていた。

ハーバーにとって重要なのは、自分がユダヤ人であるかではなく、ドイツ人であるかどうかだった。それは古い宗教的な偏見という重荷を捨て、新たな時代の誕生だけを見守りたいという、ドイツのユダヤ人の多くが思っていたことだ。ハーバーが生まれた時代には、ユダヤ人とキリスト教徒の結婚もしだいに珍しくなくなり、一九〇一年には異教徒と結婚したユダヤ人は八パーセントだったが、一九一五年には三〇パーセントになっていた。世紀が変わるころには、わずかに残っている偏見もなくなり、ユダヤ系ドイツ人ではなく、ただのドイツ人になるというハーバーの夢も現実のものになると思えた。彼は他の多くのユダヤ系ドイツ人と同じように、熱狂的な愛国少年となり、国家の野心を支持することを公言し、ドイツの輝かしい未来を信じていた。

子どものとき、彼はプログレッシブスクールに通っていた。そこではユダヤ教徒、カトリック教徒、プロテスタントの子弟が一緒に学んでいた。同化政策の第一歩ではあったが、うまくいっているとは言えなかった。彼は投げつけられる罵りやからかいに耐え、何でできたかわからない傷を顔につけて、学校から帰ってくることもあった（皮肉にもそれは、プロシアの軍人の誇りである決闘の傷のように見えた）。しかし同化の夢とドイツへの信頼はまだ汚されていなかった。このころちょうど化学への興味に目覚め、自分の部屋で半ば秘密の化学実験をはじめ、何かの物質を混ぜたり熱したりして、どんな反応が起こるか観察していたが、そのうち漂ってくる臭いに耐えかねた父親に禁止されてしまった。職業を選ぶときになって、彼が落ち着きのないタイプであることが明らかになった。しばらくここにいたかと思うと、次はどこか他のところにいる。化学にかかわっていることが多かったが、同時に少し詩を書いたり、しばらく父親の会社で働いたりしていた。一年の兵役にも就き（入隊はできたが、正式な士官ではなかった）、軍隊風のふるまいも覚えた。彼はやはり化学者になろうとしていたが、どんな化学者になりたいのか決めかねていた。彼は頭がよすぎるうえに、好奇心が強すぎるようだった。何年もの間、ベルリン、ハイデルベルク、チューリッヒと、学校から学校を、こちらの指導者、あちらの指導者、電気化学から物理化学、有機化学と渡り歩き、人からの承認と敬意を求めていたが、いつも拒絶としか思えない扱いを受けていた。一八九一年にようやく、染料産業にかかわる研究で博士号を取得した。彼は満足することを知らないように見え、つねに自分を批判していた。「私の博士研究はひどいものだった。一年半、パン屋が丸めた生地をつくるように、新しい物質を用意しては……発表さえできなかった結果ばかりがたくさんある。何か大事なものを見落としていることを、有能な化学者が気づき、私の前で証明するのではないかと恐れていた」と、彼はのちに書いている。

卒業後、彼はアルコール醸造所、セルロース工場、アンモニア・ソーダ工場、糖蜜工場などの研究室で働いて生計を立てた。そのような仕事は、彼にとっては退屈だった。研究には熱心なのだが、狙いが定まっておらず実績はほとんどなかった。この時期のハーバーの不調について、彼の近くにいた友人たちは「よいことがまったくなく、ずるずるとそれを引き延ばしていた」と書いている。

そこで彼は、自分にとって必要と思われることをした。二四歳のときキリスト教に改宗したのだ。ハーバーはユダヤ教の家庭で育ったが、決して正統的とは言いがたかった。クリスマス・ツリーと贈り物は、ヨームキップール（ユダヤ教の「贖罪日」）より大切にされていたのを、彼の妹が覚えている。そのため改宗も小さなことに思えた。他の進歩的なドイツに住むユダヤ人の多くと同じで、彼にとって宗教は信心というより形式に近かった。キリスト教の洗礼を受けることは「ヨーロッパ文化への入場券」であると、やはりドイツのユダヤ人で、詩人であり随筆家のハインリヒ・ハイネが書いている。当時のドイツのユダヤ人の間では、改宗はそれほど珍しいことではなかった。一八九〇年から一九一〇年にかけて、五〇万人から一〇〇万人の人口のうち、およそ一万人が改宗し、その数は増加しつづけていた（ただし改宗しなかった一流科学者もたくさんいたことは、言及しておいたほうがいいだろう。たとえばジェイムス・フランク、リヒャルト・ヴィルシュテッター、アルベルト・アインシュタインなどがあげられる）。ハーバーのように教育を受けたユダヤ人の多くにとっては、改宗はたんに障害を取り除く手段にすぎない。近代世界では、進歩は宗教ではなく実績によってなされるもののはずだ。

ハーバーの神はモーセの神ではなく、ペテロの神でもなく、科学の神だった。純粋な合理性だけが、古い偏見からの逃げ道であると同時に、よりよい物質生活への道だった。ドイツは科学研究には世界最高の土地だった。大学には超一流の教授がそろい、工業分野では最先端の設備があり、研究者は重要な発見や理論を生み出し、ノーベル賞受賞者の数も世界一多かった。

化学はハーバーの頭のなかでは、国家の誇りと結びついていた。その二つが融合して一つの人生となる。ドイツはヨーロッパ主要国のなかでは、最も若い国だった。土地の価値がなく、ヨーロッパの他の国のように植民地をもたず、天然資源は少なく（鉄と炭以外）、土地はやせ、冬は厳しく、東にロシア、西にはフランスとイギリスという大国の間に挟まれていた。しかし科学という力は豊かだった。国家、皇帝、将来、規律、そして科学への信頼があったからこそ、ドイツは世界で存在感を示すことができたのだ。規律によってドイツの軍隊はヨーロッパ一にのしあがり、政府が力をもった（鉄血宰相と呼ばれたビスマルクの下で）。科学も訓練が重視された。実験方法は厳格で、結果は確実だ。科学のおかげでドイツの乏しい資源が大きな富になり、世界でも有数の質のよい鉄鋼がつくれるようになった。そしてその鉄鋼から最高級の機械が、石炭からは世界トップレベルの染料や薬品ができた。これらの産業によって金が世界じゅうから流れこみ、高い教養をもつ元気な中産階級が生まれた。そのなかには多くのユダヤ人が含まれている。ユダヤ人が科学と国家の盛り上がりに寄与しているかぎり、やがて人々はその価値を見出し、寛容になり、受け入れてくれるだろうとハーバーは思った。

ハーバーはユダヤ人であることを忘れ、科学に没頭した。徐々に――彼の野心からすればあまりにもゆっくりとではあるが――彼は成功に近づいていた。彼はハイデルベルク南部のライン川のほとりにあるカールスルーエ大学に雇われた。ここは華やかとは言えないまでも堅実であり、所属した化学研究所の職員もドイツ中の誰もが知っているというわけではないが、十分に尊敬を集めていた。そこでハーバーは、自分がパーティー好きなことや、人と交流して酒を飲み、科学だけでなく本についての話をするのも楽しめることに気づいた。彼は少しリラックスして、研究所のなかでも進歩的な学者や地元の芸術家たちと仲よくなり、「カールスルーエの小さなボヘミア」をつくったと、ある作家が書いている。彼は文学を暗誦したり、冗談を言ったり、おもしろい話をしたりする人物として知られるようになった。彼はカールスルーエの生活を楽しむようになったが、大学のレベルは自分の優秀さに見合ったものではないという思いは消えなかった。

ハーバーははやる知的エネルギーを抑えつけ、腰を据えて研究に取り組んだ。その結果正確に実験をおこなう腕と、革新的な考え方の持ち主という評判を得た。彼は都市の地下に埋まっている管の腐食から熱力学の法則、電気化学やエンジンのエネルギー損から、炎の芯で起こっている反応まで、あらゆる研究をおこなった。彼は気相反応の熱力学に関する立派な本を書いた。そして確固たる名声を築いていった。一九〇六年、彼はドイツ人にとってたいへんな名誉ある地位に就いた。それは大学教授である（物理化学と電気化学）。これは名誉ある称号というだけでなく、安定した定期収入のある立場でもある。ハーバーは落ち着いて、聡明な女性と結婚した。同じ土地出身のユダヤ人女性だった。彼女は通っていた大学で、女性として初めて化学の博士号を取得した才媛だった。二人の間に息子も生まれ、それからずっと、実りある静かな学究生活が続くはずだった。

しかし彼はそれだけでは満足しなかった。満足することを知らなかったのだ。より多くのお金、名声、敬意を欲しがった。彼は夢中で働き、多くの仕事を引き受け、さらに神経症で苦しんだ。彼にとっては仕事がすべてで、父親としてはよそよそしく、自己中心的だった。結婚生活は行き詰った。「フリッツはいつもうわの空で、私が息子を彼のところにときどき連れていかないと、自分が父親であることすら忘れてしまいます」と、妻が書いている。そんなときにブンゼン協会の会合があり、無礼千万なヴァルター・ネルンストに、自分の実験データが「誤りに満ちている」という許し難い侮辱を受けたのだ。

ネルンストのような著名な化学者であろうと、そのような非難は許されない。ハーバーはとても我慢できなかった。彼は再びアンモニアの研究に没頭した。

7
——BASFの賭け——

その後、起こったことすべてに、ヴィルヘルム・オストワルトの影がつきまとう。科学界の巨人であるオストワルトの影は色濃かった。彼は物理と化学を積極的に融合しようとした先駆者であり（そして物理化学という分野の生みの父でもある）、ライプチヒ大学に自らの研究室をもつ有能なリーダーであり、ドイツ電気化学協会の創設者であった。そうした多くの功績に加え、窒素の問題を解決すべしというサー・ウィリアム・クルックスの求めに応えた、初期の研究者の一人である。一九〇〇年、フリッツ・ハーバーとヴァルター・ネルンストがハノーファーで衝突する七年前、オストワルトはすでに答を突き止めたと思っていた。

彼がその問題に取り組んだのは人類を救いたいという気持ちからではない。ボーア戦争についての記事を読んだからだ。ドイツ人はその戦争にたいへん興味をもっていた。それはアフリカの農民であるボーア人たちがイギリスの兵士と戦っていた戦争であり、ボーア人はだいたいオランダ系、あるいはドイツ系であり、ドイツの世論は完全に反イギリスだった。これはある意味、第一次世界大戦の小規模な前哨戦であり、オストワルトは万が一ドイツがイギリスと全面戦争になったらどうなるか考えはじめた。彼が心配していたのはやはり化学にかかわることで、火薬と肥料の材料のことだった。ドイツはどちらもチリ硝石に依存している。またイギリスが世界最高峰の海軍をもつことも知っていた。

　その事実を考え合わせると、悪夢のようなシナリオができあがる。イギリス海軍に海上封鎖され、ドイツに南米から硝石が入らなくなり、農業が崩壊し、国民が飢え、銃が発射されなくなる。そしてイギリスの前に屈伏させられる。このような惨事を防ぐには、ドイツが他国に頼らずに肥料と火薬をつくるしかない。どうすればいいかは明白だ。なんとかして空気中から窒素を固定することだ。クルックスの発言以降、世界じゅうの多くの研究者が、その答を見つけようとしていた。最初のうちは稲妻のような熱によって空気中の窒素分子を壊す機械をつくるのを目指すものばかりだった。人工的に稲妻をつくるには、高エネルギーの放電を起こす必要がある。そこでアメリカとノルウェーのいくつかのチームが、箱のなかに電気で稲妻をつくる方法を見つけるべく、熱心に研究していた。しかしこのやり方には大きな欠点があった。高価な電気を大量に消費すること、そしてアーク放電で機械と配線が燃えてしまうこと、固定窒素が腐食性の硝酸の形になってしまうことだ。オストワルトはそれとは違う、もっとよい方法を考えついた。

　彼は空気中の窒素を熱で取り出すのではなく、窒素と水素を結合させて化学的にアンモニアをつくることに集中した。基本的に彼はハーバーがおこなったのとほぼ同じことを、ほんの数年前にはじめていたのだ。オストワルトは触媒という新しい分野の専門家であり、必要なのは熱と圧力と触媒のバランスだと考えた。何度も計算して、リアクション・チャンバー（箱形の反応容器）とヒーターの試作品をつくった。それには窒素と水素を入れるためのチューブ、圧力をかけるための自転車用空気ポンプがついていた。彼は触媒としてさまざまな材料を試し、地元の花屋で買ったありふれた植物用針金が好都合であることがわかった。その鉄の針金をチャンバーに入れて熱い気体をかけると、かなりの量のアンモニアができることがわかったのが一九〇〇年、クルックスの演説からたった二年後のことである。この作業では温度、圧力、触媒を慎重に調整し、アンモニアをすばやく冷やす必要がある。しかしそれらの条件を満たせば、アンモニアが生じる。これは驚くべきことだったが、とても歓迎すべきことでもあった。オストワルトはライプチヒに不満を感じはじめていて、この機械の開発はそこから出るチケットとなる。前に彼の助手をしていたネルンストは、すでに化学研究によって裕福になっていた。今度はオストワルトの番だ。彼はすぐに特許申請し、発明品を販売しようと化学会社にもちこんだ。値段は一〇〇〇マルクだった。

もちこんだ会社の一つ、当時ドイツ最大の化学会社だったＢＡＳＦ（Badische Anilin-und Soda-Fabrik）は、とくに関心をもった。しかし注文を出す前に、ＢＡＳＦはボッシュという若い科学者にオスワルトの機械のテストをさせた。ボッシュはまだ新人で、会社に入って一年もたっていなかった。ボッシュのテストでオスワルトの機械の効果が見せかけだけのものだったことがわかり、誰もが驚き、落胆した。空気から抽出したと思っていたアンモニアは、実際には機械の汚れによって生じたものだった。それはオストワルトにとって屈辱的な失敗だった。彼は特許申請を取り下げ、窒素の問題に関する競争から手を引いた。

彼はのちに化学者の固定窒素の追求を、賢者の石を探し求める勇者の旅にたとえた。それは鉛を黄金に変えるといわれた伝説上の物質だ。オストワルトは空気中の窒素を固定する安価な方法を見つけるほうが、もっとよいことに気づいた。それは空気を黄金に変えるということだ。しかしどちらにも危険がともなう。中世に賢者の石を探していた錬金術師の多くが正気を失ったり、貧困に陥ったり、欲で堕落したりした。ハンターは石に魅入られる。それはゲーテの『ファウスト』を読んだ者なら、誰もがわかる気持ちだろう。オストワルトはそれを少しだけ味わい、自分のアイデアを売ろうとしたばかりに、若造から屈辱を受けることになったのだ。固定窒素は当時の賢者の石であり、それを探そうとする者はそれぞれ強迫的な思いにとりつかれ、それぞれの悲劇を味わった。

「ハーバー氏はせわしなく、強引な男です」。一九〇八年二月、カール・エングラーはＢＡＳＦ宛の手紙にそう書いた。褒めているようには見えないが、これはハーバーを推薦する手紙だった。エングラーはカールスルーエ大学の上級化学者として、ハーバーの友人かつ研究所の同僚として、そしてＢＡＳＦの顧問委員の一人として、その手紙を書いたのだ。彼はハーバーがさらに窒素の研究ができるよう、同社と顧問契約を結ぶ手助けをしたいと思っていた。エングラーがハーバーに対して批判的になる必要があると感じていたとしたら、それは彼が〝ユダヤ的〟な性質をもっていることに気づいていることを伝え、たとえ同僚といえども、悪いところは悪いと言えることを強調したかったためだろう。「個人的にはＢＡＳＦがハーバー教授を受け入れるかどうかは、興味がありません」とは書いているが、彼はハーバーが取り組んでいたプロジェクトには大きな将来性があると思っていた。彼は「電気化学の徹底した教育を受けた専門家」であり「鋭く賢明な議論家」としてのハーバーの「才能とエネルギー」は保証できた。アイデアの見返りとして求めた額については、「彼は自分の価値を知っていたし、オストワルト派と同じで、やはり金を稼ぐことを望んでいた」とエングラーは書いている。「彼はもちろん安い人間ではない」

最後に問題になるのは資金だった。ブンゼン協会の会合でのネルンストの侮辱からエングラーのＢＡ

SFへの手紙までの八か月の間に、ハーバーには大きな進歩があり、興奮があり、そして偉大なことを成し遂げるという確固とした展望が開けていた。ただしそれにはもう少し金を手に入れることが必要だった。彼とル・ロシニョールは実験でしだいに圧力を上げていき、ネルンストやオストワルトの実験よりさらに高い圧力をかけた。すると前よりよい結果が出た。圧力を高めるほど温度を下げることができたのだ。温度が下がると残るアンモニアの量が増えて取り出しやすくなる。アンモニアの分解が減少するほど、収率は増えるのだ。

さらに彼らは違う触媒を試し、圧力、温度、触媒という三つの要因について条件をさまざまに変えて、それらの最適のバランスを模索した。夏から秋にかけてその実験を続け、ハーバーの研究室の机に置いてある機械に、高圧力容器、管、窒素の加熱システム、アンモニアの冷却システムをつけるなどの改良を施し、性能を高めていった。ル・ロシニョールは機械の天才で、実験を進めながら、改良された部品や新しいバルブを開発していった。一つの大きな画期的発明《ブレークスルー》ではなく、いくつもの小さな改良を重ねていくうちに大きな進歩となり、その進歩が形になりはじめた。適切な条件をそろえれば空気中から相当量の――化学産業の興味をひくに足る量の――アンモニアをつくり出せるという確信が強まるにつれ、ネルンストのことは頭から消えていった。一九〇八年になるころには、ハーバーとル・ロシニョールは、それまでに他の研究者が取り出した数倍の量のアンモニアを空気からつくれるようになっていた。それはまだ事業用としては不十分だったが、有望であったため、ハーバーはその研究の商業的価値をエングラーに話した。彼は空気から大量のアンモニアをつくるという巨額の利益を生む工程に近づいていると考えていた。ただそのためにはもっと高性能の装置、多くの助手、ル・ロシニョールが設計したものを実際につくるための資金が必要だった。

エングラーは彼のためにBASFへの紹介状を書いた。とくにBASFの社長であるハインリヒ・フォン・ブルンクは、ハーバーのアイデアに賭けるだろうと考えた。

ブルンクはギャンブラーであり、つねにいちかばちかの勝負に賭けてきたが、自分自身の金を賭けたことはない。自分の金は十分にもっていなかったというわけではない。彼は資産家の家に生まれ、平原に囲まれた大邸宅を所有し、温室で珍種の蘭を育てるのを楽しんでいた。さらにBASFから相当な額の給料をもらっていた。彼は頭がよく、先見の明があり、新し物好きだった。彼はBASFを化学の大企業に育て上げ、社員は彼を崇めた。

ブルンクの最初の大きな賭けは、有名なインディゴ染料にかかわっている。ドイツの染料産業は、植物や動物などから採れる高価な天然材料ではなく、石炭からさまざまな色の染料を合成する方法を開発して成長した。ドイツには潤沢な石炭があり、ドイツの染料化学者は安価な石炭を、加熱、蒸留などの手法で、いくつもの化合物に分解させ、それをまた別の化合物につくり変えることで、高価な製品をつくることに長けていた。それは化学業界の粋であった。ありふれた材料を大金に変えるのだ。

こうしてBASFが始まった。一八六〇年代の創業から数十年は、数多く存在する染料会社の一つにすぎず、分子をいじりまわし、次の流行色を探し、変色しにくい染料をつくり、世界市場でのシェアの増加を目指していた。研究所間でも市場でも競争は激しかった。成功するために、会社はつねに新たな技術を開発するだけでなく、世界的に効率よくマーケティングと販売活動をおこなわなければならなかった。

人工的な染料の色の人気は、その目新しさにあった。どれもが新しい色合いで、自然にはめったに存在しない。たとえばメチレンブルーやコンゴレッド。しかしそれには欠点があった。石炭からつくった染料は、洗濯をしたり日に当てたりするとすぐに色落ちするのだ。新しい色があふれていても、何百万人もの顧客はやはり、色落ちしにくい、よく知られた染料を好んだ。そのなかでもとくに古く、価値が高かったのは、インディゴと呼ばれる青だった。それは染料の聖杯だった。インディゴで軽く染めれば、布は空の青になる。じっくり染めれば深い紫色に近くなる。現在、最もよく知られているのはジーンズの青だが、その起源はもっと高貴なものだった。地中海の巻貝から苦労して集めたインディゴは、エジプトのファラオの葬式のための生地や、カエサルが儀式で着る服の生地を染めるのに使われた。インドでは亜熱帯の植物から同じ色がつくられ、じゅうたんやサリーを染めるのに用いられた（インディゴという言葉のルーツはインドにある）。ルネッサンス後、世界的な商業や貿易が増えると、インディゴは東インド貿易のなかでとくに重要な「スパイス」の一つとなり、ヨーロッパ船の船倉を埋め、貿易商人の懐を潤した。インディゴは地上で最も珍重される、最も価値のある染料なのだ。

インディゴ染料を人工的につくることに成功すれば大儲けができる。それこそブルンクが望んでいたことだ。彼は一八六九年に化学者としてBASFに加わり、順調に出世の階段を上って、技術部長となってからは合成インディゴの開発に社を挙げて取り組んだ。それが彼の最初のギャンブルだった。いくつかの会社の研究者がすでにその作業に着手していたが、まだ成功したところはなかった。ブルンクはBASFならできると信じていた。ただし十分な科学者を研究に投入する必要がある。ドイツの染料会社はだいたいが小規模な経営から始まっていた。家族経営の会社が、これを少し、あれを少しというように、台所で化学物質を混ぜ合わせるようにして、染料のレシピをつくっていた。多くの会社がプロの化学者を雇うようになったのは、ずっとあとのことだ。ブルンクは合成染料の開発による富を得るために必要なのは大規模経営への切り替え、科学的なアプローチであり、高度な知識をもったプロを大勢抱えた、高度な装置を備えた研究室をもつ企業だと信じていた。インディゴ開発にはそれが必要なのだ。彼はＢＡＳＦの取締役会を説得し、ギャンブルへの支持を取り付けた。承認されたことによって流れこんだ資金で、何人もの化学者を雇い、ブルンクは社を挙げてその研究に取り組ませることができた。

彼の試みは失敗した。数年間でコストは増加する一方だったが、ＢＡＳＦはインディゴを合成することはできず、取締役会は不平を漏らしはじめた。しかし一八八〇年代が過ぎて九〇年代に入ると、ブルンクは自分たちの努力からもっと大きなものが現れはじめているのを感じた。インディゴよりはるかに重要になる可能性のあるものだ。目的の染料をつくるためのインフラが、もっと大きな意味をもつものに変わろうとしていた。それによって一介の染料会社が、近代的な化学会社に変貌を遂げたのだ。たとえばインディゴのプロジェクトにはある種の酸が大量に必要だったので、資金を節約するため、増えつづけていたＢＡＳＦの化学者が、大量の酸をつくるためのよりよい方法を考え出した。まもなく彼らは余るほどの酸をつくれるようになり、それを売るようになった。塩素は染物の加工にも大切な原材料だった。ＢＡＳＦの化学者はそれを純化する巧妙な方法も開発し、それも売るようになった。これらの作業はすべて機械がおこなったが、ブルンクは化学的な面だけでなく、必要なエンジニアリングにも目を配り、その二つは分けることができないと悟って、化学工学という分野を開拓した。ただし人々がその言葉を使うようになるのは、もっとずっとあとのことだ。彼はＢＡＳＦを個々の部品の集まりではなく、統合された一つの大きな組織とみなし、研究チーム、改良したプロセス、新しい製品が、どれも他とかかわり、複雑なプロセスがより安価に、より効率的におこなわれるようになることを目指していた。一八九〇年代になると、ブルンクは世界最大の化学者グループを集めた（一八九九年の時点で一五〇人）。会社は染料のほかにさまざまな化学製品で金を稼ぎ、ブルンクはそれをさらに多くの製品をつくるための新しい方法を見つける研究のために投資した。

これはすばらしいシステムだったが、誰もが喜んでいたわけではない。たとえばＢＡＳＦへ投資した人の多くは、驚くほどの額を研究開発に注ぎこむより、配当という形で支払ってほしかっただろう。ブルンクはその先を見ていた。一〇〇年前の産業革命は蒸気と鉄によるものだった。二〇世紀の新たな革命は、研究開発が勝負の鍵になると。

ドイツの化学産業はその変化を牽引した。たとえばＢＡＳＦは多国籍企業の先駆けとなり、外国での販売が重要な位置を占め、他の国の企業に投資もしていたため（たとえばノルウェーのアーク放電によるアンモニア生成など）、世界じゅうに販売員を置いていた。同社はまた現代のハイテク企業の原型でもあった。競争力を失わないよう、科学が進歩すればＢＡＳＦも前進しなければならない。一九世紀末、化学分野は急激な速さで進んでいた。一つの発見が新たな発見、新たな理論、新たなプロセスへとつながり、さらに次の研究が加速した。化学者は分子を操作し、新たな物質をつくる専門家になった。そしてどんな新しい分子も、巨額の利益を生む可能性をもっていた。しかし（この「しかし」が鍵であることを、ブルンクはよく知っていた）それも長くは続かない。化学は解放されていたので、新しい発見を秘密にはしておけない。一流の化学者のほとんどが大学で仕事をしていて、他の学者との交流も、研究内容の発表も、国際会議での講義も、個人的な手紙のやりとりも自由だった。どんなことでもすぐに知れ渡ってしまう。ある研究所でおこなわれた画期的な研究は、すぐに模倣され改良される。

ブルンクのところのような企業の研究所でおこなわれた発見は、しばらくの間は隠していられたが、

ＢＡＳＦの化学者やエンジニアにどれほど発明の才があろうと、他者がすぐにそれをまね、さらに広げ、ときには方法や製品を盗むことさえあった。化学産業が盛んになるのに合わせて、スパイ行為も盛んになった。秘密のない世界（少なくとも秘密が長く続かない世界）では、つぎつぎと新しいものをつくれる者だけが生き残れる。

ブルンクとＢＡＳＦはそのような業界で、インディゴ開発に賭けていたのだ。一八八〇年代から一八九〇年代にかけてコストがかさむばかりの状況になると、ＢＡＳＦの取締役のなかには失望してプロジェクトの中止を求める声もあがった。ブルンクは彼らを相手に壮大なビジョンを語り、もしいまあきらめたら、すでに研究に注ぎこんだ資金が無駄になることを強調した。インディゴを人工的につくることができれば、これまでかかった額がささいなものに思えるほど巨額の利益を手にすることができる。とにかく前へ進まなければならないと、彼は力説した。少しでも遅れれば競争に負けてしまう。ＢＡＳＦはきっと勝つ。インディゴを合成することができる。そうして彼は取締役会に味方を増やしていった。彼は決してあきらめるつもりはなかった。インディゴ戦争が終わり、ブルンクは勝った。しかしそのとき彼は技術部長ではなく、ＢＡＳＦの社長になっていた。

より大きな自由を手にして、彼は自分のビジネスモデルを完璧にしようと努力した。大きな装置や才能ある科学者を集めるには金がかかるが、銀行は必要な額をなかなか貸してくれない（染料について銀行家に理解させようとすると、説明するのにとても時間がかかった）。そこでブルンクは増加しつづける社の収入のなかから巨額の準備資金をつくり（裏金とも呼ぶ）、鉄道の引きこみ線から新しい工場まで、考え直しているうちに手遅れにならないよう、必要なものを必要なとき買えるようにした。同時に彼の部下たちは、製品の寿命が尽きる前にすばやく大量に売るために、マーケティングと販売組織、製品の流通経路などを整備した。

イノベーションと新たな発明、研究開発、敏速なマーケティングとセールス、熾烈な国際競争、隠れ予備費。現代のどんな大企業でも、ブルンクは居心地よく過ごせるだろう。

一八九七年、一五年以上の研究と一八〇〇万金マルクをかけて（ある推定によるとBASF全体の価値に等しい額）、ブルンクが雇った化学者たちが合成インディゴを大量につくることに成功した。さらに量を増やしていき、トン単位で生産してすぐ市場に送り出した。彼は正しかった。合成インディゴはとてつもない成功を収める。多くの人々の目には天然のインディゴより美しく見えるくらいで、品質にばらつきがなく、販売価格も安い。合成インディゴはあっというまに天然インディゴに取って代わった。社の利益はうなぎ登りだった。それから三年たたないうちに、BASFは世界一の化学会社となった。

しかしブルンクはすでにその先を見ていた。合成インディゴは傾きかかっていた染料業界の起死回生の製品だった。ドイツの染料業界の秘密は世界じゅうで模倣され、競争は激化し、さまざまの色調が市場にあふれた。染料に代わる製品を見つけなければ、ドイツ企業は縮小する市場の小さなシェアを争って、互いに食い合うことになる。

何か新しいものを見つけなければ。染料に代わる、何か大きな大きなものを。予想もできなかった量を生産できて、大金を稼げるものを。ブルンクは業界の状況を考えてみた。BASFの最大のライバル会社であるバイエルとヘキストは薬品を手掛けていた（バイエルは石炭からつくった鎮痛剤、アスピリンでひと財産築いていた）。他の会社は合成繊維や写真薬剤などの研究をしていた。BASFもそうした分野の研究を少しおこなっていた。

クルックスの演説の何年も前に、ブルンクはすでに固定窒素のことは知っていた。ドイツの肥料と火薬の生産はチリ硝石頼りで、トン単位で買い付け、地球の裏側から船で運んだ。それはとても危険な状態だった。何らかの理由で貿易が途絶えたら、ドイツ経済は壊滅的な打撃を受ける。そこに空気の誘惑がある。地面の上に存在する何トンもの窒素を、肥料にすることができるのではないか。チリから硝石を輸入するコストより安く、空気中から窒素を抽出する方法を見つけることはできないだろうか。ある筋の推定によると、世界的な化学合成窒素の市場は、染料の市場の二倍から三倍とされている。一〇倍という学者もいる。ブルンクはこの市場に最初に参入したいと考えた。

問題は製造コストである。肥料や火薬は何十トンという単位で製造し、販売する。製造原価が一キロ当たり数ペニーの違いが損益を左右する。窒素を固定する方法を見つけるというだけでなく、チリ硝石に対抗するためには、それを安価にできる方法を見つけなければならなかった。そのような方法が見つかれば、そのための投資は十分に報われるだろう。

ブルンクはその作業に、クルックスが演説をおこなう二年前から着手した。一八九七年、ＢＡＳＦは化学者のオットー・シェーンヘル、そしてエンジニアのヨハネス・ヘスベルガーの二人に、炉のなかで高圧の電弧（アーク放電）を生じさせ、そこに空気を送りこんで、空気中の窒素を燃焼して（酸化して）捕まえる、よりよい方法を編み出すよう命じた。二人は何年も熱心に取り組み、電弧の長さを大幅に伸ばす方法、周囲の空気に接解させる新しい方法を見つけた。それから一〇年間、相当な額を投資して、ようやくＢＡＳＦのシェーンヘル電気炉を、ノルウェーで試験的に動かしてみることになった。ＢＡＳＦが多額の投資をしていたノルウェーのノルスク・ハイドロ社がいくつもの滝を買い、やはり電弧法の開発をおこなっていた。電弧法は完璧とは言えず、電気はまだ高価すぎた。シェーンヘル電気炉でできたものは、チリ硝石より高くつく。ブルンクは満足していなかったが、たとえチリの砂漠から硝石が採れなくなったとしても、ＢＡＳＦはそれに代わるものを何かしらもっていることになる。

これは完璧な答ではなかった。そのときＢＡＳＦに、アンモニアをつくる新しい方法について説明した、ハーバーの手紙が届いたのだ。

8

――ターニングポイント――

フリッツ・ハーバーはBASFに、彼の窒素固定の研究（電弧法とアンモニア生成）について六ページにまとめた概説を提出した。彼とル・ロシニョールがおこなった最新の実験結果を提示し、装置を改良し、圧力を高くするごとに結果がよくなっていることと、商品になる可能性を感じるという以上のものがあると強調した。ハーバーはまた、ライバル会社のヘキストもすでに自分のアイデアに興味をもっていることにも触れていた。彼はビジネスというものをわかっていたのだ。

一九〇八年三月六日、ハーバーとBASFの間で二つの契約が結ばれた。まず、さらに深い電弧法の研究、そして高圧によるアンモニアの生成。BASFは望んでいたものを手に入れた。研究によって取得した特許はBASFに帰属すること、そしてBASFの許可なく結果を発表しないことという条件に、ハーバーの同意を取り付けたのだ。ハーバーはBASFが彼の研究によって得た純利益の一〇パーセント（複雑な計算によって決められる）を受け取る。同社が興味をもっているのが電弧法であるのは明らかだった。アンモニア研究に資金を出すのは「私の望みに対する個人的な配慮からであった」と、ハーバーは言っている。

これはハーバーにとってよい条件だった。彼とル・ロシニョールは研究を続けるために、新しい高価な装置が必要だった。大きなコンプレッサー、より上質な器具、丈夫な部品。ＢＡＳＦはそれらを購入してくれるはずだ。契約のなかには、多くの助手を雇うことも含まれていた。そして何より重要なのは、研究をしながら大学の仕事も続けられたことだ。ＢＡＳＦからの資金と合わせ、彼の収入は二倍以上になる。

ＢＡＳＦからの援助を受けたことで、ハーバーとル・ロシニョールはさらに高圧での研究を進める必要に迫られ、仕事のスピードが上がった。圧力でアンモニアの反応を進めるというネルンストのアイデアは正しかったが、十分な圧力をかけられなかった。ハーバーとル・ロシニョールは、以前なら装置を壊してしまうのを恐れてかけられなかったレベルまで圧力を上げた。彼らは一〇〇から二〇〇気圧で実験をおこなったのだ。これは水深一六〇〇メートル程度とほぼ同じで、最新の潜水艦が潰れてしまう水圧だ。たいていの金属容器は軽く潰れてしまう。ル・ロシニョールはそれをコントロールする方法を見つけ、厚い石英の管を鉄でおおい、圧力にもちこたえられるよう新たに設計したバルブと付属品をつけた容器のなかで反応させた。圧力を高めるほど、生成されるアンモニアの量は増えた。唯一の懸念は、それだけの圧力をかけるプロセスを、産業規模で実現できるかということだった。それにもちこたえられるだけの装置を設計するのは難しい。しかしそれはハーバーではなく、他の人が心配することだった。

ハーバーがＢＡＳＦと契約を結んだ二か月後、ヴァルター・ネルンストもアンモニアの問題に取り組んでいて、完成間近だという話が聞こえてきた。あとでそれはたんなる噂にすぎなかったとわかるのだが、それでハーバーは自分の仕事に集中しつづけることができた。彼はプロジェクトに没頭し、コンプレッサーの限界まで圧力を高めた。

その後、装置の他の部分も改良し、反応後できるだけすばやく、アンモニアを分離して冷却できるよう、システム全体を高性能化させていった。そのとき窒素と水素をできるだけ効率よく扱う方法をいくつも考案した。ハーバーの研究室が思いついたのは一種の熱ポンプであり、化学反応で生じた熱（自由になった窒素が水素と結合してアンモニアになる）を使い、入ってくる冷たい水素と窒素を温めて、まだ反応していない熱い気体を戻して再循環させる。ル・ロシニョールとハーバーは一九〇八年を通して、気体の予熱と循環システムの設計を何度もやり直し、とうとう特許を取得した。

圧力を上げると温度が下がり、変化せずに残るアンモニアの量が増える。次に実験をおこなう温度を一〇〇〇℃から六〇〇℃に下げても収率は減らなかった。彼らの実験は少しずつ条件を変更しながら、熱と圧力の最適なバランスを探し、効率的なシステムを目指して改良を重ねた。生成されるアンモニアの収率は実験のたびに増加したが、まだ十分ではなかった。商品として売るほどの量はまだできていなかったのだ。

彼らは最後の要素である触媒の研究に的を絞った。彼らもネルンストも、以前は鉄を使っていた。オストワルトが致命的な失敗をしたときの触媒である。実はオストワルトの考えは正しかったのだが、設定が適切ではなかった。鉄を用いて実験を成功させるには、他の物質と混合し、温度も圧力ももっと高くしなければならなかった。ハーバーはもっとよい触媒を見つけたかった。これまでにニッケル、マグネシウム、白金の粉末などを試したが、どれもうまくいかない。そこで彼はもっと変わったものを試してみることにした。彼はいくつもの会社の顧問を務めていたが、そのうちの一つが電球のための質のよいフィラメントを探していて、数多くの希少な物質を提供してくれていた。そのサンプルがまだ残っていたので、彼はそれをアンモニア生成の装置に使ってみることにした。

ＢＡＳＦとの契約から一年たった一九〇九年三月、ハーバーは大発展を遂げた。彼のチームは電球のフィラメントに使った物質の一つを使っていた。オスミウムという青みがかった黒色の壊れやすい金属を高圧容器に入れて熱し、そこに高温の窒素と水素を注入する。するとアンモニアの収率が急増した。彼らは興奮を抑え、装置をチェックしては再調整し、再びオスミウムを使って実験がおこなわれた。今度も収率は多かった。これまで見たことないほど大量のアンモニアができた。これなら商業的に流通させることが可能で、世界じゅうに肥料を供給できる。オスミウムがなぜうまくいったのかはわからない（オスミウムについてはほとんど知られていなかった）が、とにかくうまくいったのだ。ハーバーは自分の研究室を出て階段を駆けのぼり、廊下に並んだ部屋から部屋をのぞきこんでは叫んだ。「下へ来てみろ……液体のアンモニアがどんなふうに流れ出てくるか見てみろ」。ハーバーの研究室にやってきた者たちは、冷えた液体アンモニアがフラスコのなかにたまっていくのを一緒に見ていた。その一人が数十年後にこう述懐している。「いまでも目に浮かぶよ。そこにはだいたい一立方センチくらいのアンモニアがたまっていた……あれはすばらしかった」。一立方センチは小さじ四分の一くらいの量だ。

それで十分だった。ハーバーの実験装置は小さく、実験台に置いてあるランプ数台分くらいの大きさしかない。あとは規模を大きくすればいい。小さな装置で少量のアンモニアができるということは、大きくすれば大量のアンモニアができるということだ。大きな装置が動きはじめれば、アンモニアのしずくは小さな流れとなり、やがておびただしい量があふれ出るはずだ。三月二三日、ハーバーは実験の成功をBASFの支援者に報告し、手に入るだけのオスミウムを買うよう社に提言した。

この胸躍るニュースはあっというまに社のトップにまで伝わり、上層部での話し合いが始まった。研究部長のアウグスト・ベルントゼンは半信半疑だった。彼はBASFが一〇〇気圧を超える圧力を必要とする研究開発について検討することすら信じられなかった。それほどの圧力に耐えられる容器があるとは思えなかった。それほど高い圧力をかけたら、装置は爆発してしまうだろう。ハーバーの実験がうまくいったのは、固い石英を削ってつくった、実験台に置けるくらいの小さなデモンストレーション用の装置だったからにすぎない。BASF社としては、ハーバーの実験のようにアンモニアを一滴ずつ抽出しているわけにはいかないのだ。何トンものアンモニアが必要だし、業務用の機械をつくれるほど大きな石英の結晶など地球全体を探してもあるわけがない。とてつもない高温と、途方もない高圧に耐えられ、止まりもせず壊れもしない装置ができるというのか。そんなもの考えたこともないし、ましてや実際につくるなどとても不可能だ。オスミウムが希少な物質であることとコストが問題になるのは言うまでもない。装置のなかに入れたオスミウムがどのくらいで汚染されて触媒としての働きを失い、どのくらいの割合で交換しなければならないか、まだわからない。世界的なオスミウムの供給量は、いったいどのくらいあるのか。せいぜい数百ポンドではないか。ベルントゼンはハーバーに、BASFはそんな研究に興味はないと申し渡した。

ここでまたカール・エングラーが登場する。エングラーはブルンクに直接手紙を書き、ハーバーの主張が正しいことをていねいに説明した。ハーバーは彼の装置を個人的に調べに来たBASFのお偉方三人に会った。ハインリヒ・フォン・ブルンクも、ベルントゼンと、オストワルトの装置を酷評した化学者カール・ボッシュとともにやってきた。彼らはハーバーの装置を見て話をはじめ、すぐにベルントゼンが心配していた高圧力の問題に及んだ。ハーバーはこの方法を成功させるには、少なくとも一〇〇気圧が必要だと明言した（これはのちにかなり控え目な数字であったことがわかる。いちばんうまくいったのは二〇〇気圧のときだった）。「一〇〇気圧だって！」ベルントゼンが叫ぶ。「つい昨日、七気圧かけた圧力釜が爆発したんだぞ！」。シリンダーにどんな金属を使っても、そんな高圧高熱地獄に耐えられるわけがない。温度は鋼鉄を焼き戻すのに十分であり、圧力は海王星の地表よりも高い。彼はハーバーの機械は製造不可能だと思った。

ブルンクがボッシュのほうを見た。ボッシュはオストワルトの事件以降、ＢＡＳＦで窒素の研究を八年間おこなってきた。ブルンクは彼の意見を求めた。

ボッシュはしばらく黙ったままじっと考えていた。

ボッシュは、その部屋にいた他の人たちが知らないことを知っていた。それは金属のことだ。彼は道具に囲まれて育った。彼の父はケルンのガス水道の配管業者として成功し、家に作業場をつくって子どもたちをそこで自由に遊ばせていた。幼いころのボッシュは、かんなで両親の寝室にあった家具を削ったり（内部がどうなっているか見たかった）、母のミシンを解体したりしていた。父の仕事場には自由に出入りでき、よく職人のところへ遊びに行っては、配管、はんだごて、機械加工、木工などを覚えた。真剣に冶金の道に進もうと考えたこともある。学生時代、金属加工の会社で職業訓練を受け、夏の間に溶鉱炉で働き、機械工学を二年学んだあと化学へと方向転換した。

一八九九年に大学を出るとすぐに、化学者としてＢＡＳＦに入社した。最初から彼はやや変わり者扱いされていた。ＢＡＳＦでは化学者は王様だった。高い教養をもち、会社の発展のために新製品開発の責任を負った専門職として尊敬されていた。化学者の多くがドイツの一流大学を卒業していた。彼らはスーツにネクタイを身につけ、白衣の下には固い襟のワイシャツを着ていた。休みのときは芸術や音楽や文学を語り、会社の他の労働者との間にはっきりした一線を画していた。会社の幹部や研究開発部門の上司との会食（そして取締役の娘や姪への求婚）が、出世の早道だった。

ボッシュはそのようなことはいっさいしなかった。彼は職場に来ると上着を脱いでネクタイを緩め、ハンマーやレンチをもって機械をいじりはじめる。社交が苦手で一人で過ごすことが多かったが、週末にはビールを飲みに行ったり、ボウリングに行ったりするのを好んだ。手にマメができたり、服が汚れたりするのは気にしないようだった。そうした態度は将来のためにならないと思われた。入社してまだ間もないころ、ボッシュが工場の作業場にいるところを、あるＢＡＳＦの幹部が見つけた。ボッシュは袖をまくり上げ、汗だくで容器のなかのものをかき混ぜていた。「君、そんなばかげたことが、ＢＡＳＦのトップに登る助けになると思っているなら大間違いだ」と幹部は言ったという。

そしてあのヴィルヘルム・オストワルトにかかわる出来事が起こった。ボッシュはそのとき入社一年にも満たず、おもに染料を研究していたため下級化学研究員の地位にもかかわらず特別な仕事を与えられた。それはオストワルトがつくったアンモニア製造器と同じものをつくることだった。それは若者にとってたいへん名誉なことだったが、おそらく彼が機械に強いと知られていたため白羽の矢が立ったのだろう。ボッシュはそれほど時間もかけず、ＢＡＳＦの研究室で同じ機械をつくりあげた。ただ一つの問題は、それがうまく動かなかったことだ。彼はそれを上司に告げ、上司がそれをブルンクに伝え、やがてオストワルトにも伝わった。それを聞いたオストワルトは（控え目に言えば）とても驚いた。彼自身の機械はうまく動いていて、それなりの量のアンモニアを生成していたのだ（のちのハーバーの機械ほどではなかったが）。ＢＡＳＦがその仕事を命じた若い化学者が、何か間違えたのだろうとオストワルトは考えた。彼はボッシュに、自分が使った植物用の針金を使わせた。ボッシュがそれをＢＡＳＦの装置に入れて熱し、気体を注入して自転車用空気ポンプで圧力をかけると、ようやくいくらかのアンモニアができて、彼はおおいにほっとした。

しかしそこで止まってしまう。

それがずっと続いた。オストワルトが指示した針金を使うとアンモニアはできるが、オストワルトが主張するほどの量ではない。しかし少なくともアンモニアができる。そして止まる。新たに針金を入れると、また少しできただけで止まる。当惑したボッシュは図書館へ行き、窒素と鉄、水素と鉄、そしてアンモニアと鉄の反応について、調べられることはすべて調べた。そしてようやく答を見つけた。アンモニアを鉄と一緒に熱すると、鉄窒化物と呼ばれる物質ができることがわかった。鉄窒化物を水素と一緒に熱するとアンモニアができる。つまり装置に鉄窒化物がついていれば、結果は誤りということになる。オストワルトからもらった針金に鉄窒化物が含まれていないか調べてみたところ、たしかに含まれていた。おそらくその魔法の針金は、アンモニアのあるところで熱せられて、鉄窒化物がついていたのだろう。その窒化物が気体の水素とともに加熱され、アンモニアができたのだ。言いかえるとオストワルトはアンモニアを空気からつくったわけではなく、別のアンモニアからつくっていたのだ。鉄窒化物で汚れていない針金を使ったところ、何も起こらなかった。オストワルトの機械はそもそもうまくいっていなかったのだ。

ボッシュは自分が解明したことをていねいに記録し、上司に忠実に報告した。上司はそれをブルンクに報告した。オストワルトがそんな間違いをするとは信じられないことで、ボッシュの報告は何度も検証された。彼は正しかった。その知らせは、新発見でひと財産築けると期待していたオストワルトにも送られた。彼は激高した。すでに特許も申請している。とても信じられない。そのときの反応に、彼のプライドがどれほど傷つけられたかが表れている。彼はすぐさまＢＡＳＦに手紙を書いた。「雇ったばかりの、未熟で何も知らない化学者の仕事では、何も出てこないに決まっています」。そして自ら確かめるべくBASFに乗りこんでいった。そしてボッシュの記憶によれば「やや白熱した議論」を交わした。その議論が終わったとき、次の事実が残った――ボッシュは正しかった。どうやらオストワルトの研究室では、アンモニアの生成と、それを再び窒素と水素に分解する実験の両方に同じ針金を使っていて、触媒が鉄窒化物で汚れていたらしい。オストワルトは黙って特許申請を取り下げた。

BASFの経営陣は、ボッシュが化学界の大物にひるむことなく自分の仕事をおこなったこと、問題を見つけ出した能力、オストワルトに反論されたときに見せた気骨を好ましく思った。やがて彼はBASFにおける窒素研究全体の責任者に抜擢された（そのなかにはシェーンヘルの電気炉、ノルスク・ハイドロ社との契約、そして彼自身の進行中の研究もあった）。ブルンク自身もこの若者と窒素研究を見守っていた。そのうちにボッシュの強さや、彼が企業のエンジニアリングの面を理解していること、じっくりと考えて意見を言うことなどを高く評価するようになった。ボッシュは考えなしに、あわてて何かに飛びつくようなことはしない。

オストワルトの件から九年、ボッシュはテーブルの前の椅子に座って、ハーバーがアンモニア生成プロセスについての質問に答えるのを聞いていた。それはオストワルトの方法によく似ていた。ボッシュはハーバーが、触媒と温度と高圧の適切なバランスを見つけたのだと考えた。最大の問題はオスミウムだった。世界じゅうを探してもBASFが必要としているほどの量は存在しない。それは発表しなければならないだろう。しかしベルントゼンは正しかった。圧力も大きな障害だった。小さな卓上装置で少量のアンモニアをつくるのと、それだけの圧力に耐えられる業務用の装置をつくるのでは話がまったく違う。そのようなことは前代未聞だった。

これらはすべて問題のごく一部だ。ボッシュはこの窒素プロジェクトにどれほどのものがかかっているかよく知っていた。それまでの七年から八年、ブルンクや会社に必要な画期的な発見を目指して働いてきたが、何の成果もあげられていない。ＢＡＳＦが最も期待していたのはやはりシェーンヘルの電気炉だったが、ボッシュが雇われたときにはすでに何年も研究されていて、放電のための電気はノルウェーの安い電気に頼っていた。ノルウェーは独自の装置をもっていて、そちらのほうを気に入っていた。シェーンヘルの電気炉が使えても、ＢＡＳＦは必要なだけの金を得ることはできない。成功したとしても、ボッシュはその開発にはほとんどかかわっていないので、利益はほとんどない。彼には自分自身の成功が必要だった。彼はＢＡＳＦの窒素研究責任者になってから結婚して妻と子どもがいた。自分の名前が残る仕事、将来を保証してくれる成果が必要だった。シェーンヘルの電気炉だけがＢＡＳＦの開発品であるかぎり、彼はずっと中間マネジャーのままだ。

ハーバーの機械は誰にとっても最高のチャンスだった。しかしそれは見込みが薄い。これは未知の領域だった。彼の装置には、巨大なコンプレッサー（世界最大のものになるだろう）、新しい部品、新しいバルブ、新しい測定器、要するにまったく新しい技術が必要だったのだ。それはただ熱と圧力と触媒をそろえればいいという話ではない。補助的な機械、熱循環器、アンモニアの冷却器、そして言うまでもなく、これまで見たことがないほどの量の、純粋な気体の窒素と水素。ハーバーの小さな実験装置と同じものを、業務用のフルサイズでつくるには何百万という金がかかる。失敗する可能性は高い。もしそうなったらボッシュのキャリアも終わりだ。

ボッシュはハーバーの機械を見て雇い主に言った。「うまくいくと思います。私はいまの鉄鋼業界の能力をよく知っている。ここは賭けてみるべきです」

ブルンクはギャンブラーではあったが、慎重なギャンブラーだった。彼はすぐにハーバーの研究への支援を増やしたが、いくつかの問題が片付くまで、他の作業に力を入れるのはやめさせた。何よりまずオスミウムに代わる触媒を発見することだ。ＢＡＳＦはすでに世界のオスミウム市場を独占しつつあったが、完全に独占できたとしても十分ではない。地上のオスミウムすべてをアンモニア生成に使っても足りないのだ。もっとありふれた物質で、触媒に使えるものを見つけなければならなかった。ハーバーとル・ロシニョールはすぐに、オスミウムよりは多く存在する別の物質を見つけた。それはウランだった。ウランはオスミウムと同じくらいよい結果が出て、必要なだけの量があった。

このような触媒の発見は「私たちにとってとくに励みとなり、また決定的な要因でもあった」と、ボッシュはのちに語っている。しかしＢＡＳＦが力を結集して、ハーバーの方法を推し進める前に、最後の段階があった。機械がある一定時間フルに稼働して、壊れることなくアンモニアを継続的に生成する必要がある。産業という視点からは、継続的で安定した稼働は、触媒や他の要素と同じくらい重要だ。ハーバーの装置からアンモニアがまとまって出てくるわけではなく、他の多くの化合物と同じく、流れ出してくる。その継続的な流れを長い時間、止めずにおくことで利益が上がる。一九〇九年七月初め、ボッシュは自分とＢＡＳＦの化学者アルヴィン・ミタッシュ、そして同社の機械技師の一人とともに、カールスルーエにあるハーバーの研究室を訪れる手はずを整えた。

彼らが到着してみると、ハーバーの研究室は大騒ぎだった。一人の研究員がデモンストレーションのため、アンモニア生成器の接続部を締めているとき、少し圧力をかけすぎてしまった。継ぎ目から空気が漏れはじめ、圧力が上がるべきレベルまで上がらなくなってしまったのだ。その修理が終わるまで、デモンストレーションはできない。ドイツ語には、機械のような生命のない物体が、最悪のときに壊れてしまうことを表す言葉がある。*Tücke des Objekts* ――「物体の悪意」である。こうなるとにかく修理するしかない。ボッシュたちは待っていたが、修理は長引いた。とうとうボッシュは時計を気にしはじめた。彼はその後に別の予定があったので、残念ながらまもなく出なければならないと伝えた。ハーバーは悲劇が進行中だと悟った。この事態はベルントゼンの不安を浮き彫りにしている。それほどの高圧高温で動かす機械は、うまくいくはずがない。ボッシュはとうとう出ていった。ミタッシュと技術者は、まだこれから何か価値あることを見つけられるかもしれないと、そこに残っていた。

ハーバーは自分の将来が、ボッシュとともに扉から出ていってしまったと思ったかもしれない。しかし彼とル・ロシニョールは根気よく修理を続けた。ようやく修理が終わり、ヒーターとポンプが動きはじめた。気体が循環しはじめ、圧力と温度も本来のレベルにまで上がり、最後の最後にアンモニアが流れ出した。一説によると、ミタッシュはアンモニアが小さなフラスコのなかにたまりはじめると、ハーバーの手をぎゅっと握ったという。彼らは実験を見守りながら化学について語り合い、疑問を口にし、装置を確認した。アンモニアが一滴ずつ滴り落ち、二時間でだいたい一カップになった。彼らはどのくらいの割合でアンモニアができるのか計算した。装置のなかに送りこんだ気体の窒素分子（N_2）の六パーセントから八パーセントが、アンモニアという固定窒素として出てくる。これなら十分ビジネスとして成り立ちそうだ。五時間の連続的な実験のあと、彼らはスイッチを切って報告書を書くべく部屋を出た。

ミタッシュがＢＡＳＦに戻ったとき、彼はハーバーの成功を疑っていなかった。彼のつくった装置は空気のなかに存在する窒素を、相当量のアンモニアへと変化させることができる。さらに重要だったのは、ハーバーの気体と熱の循環システムのおかげで経済的に機械を動かすことができ、消費エネルギーは電弧法のごく一部ですむ。これを完成させ、もっと大きな装置をつくることができれば、チリ硝石に対抗できるコストで、窒素を大量に生産することが可能だ。ＢＡＳＦはこれから成長する市場を支配することになるだろう。そして裏側からの輸入に頼らずにすむ。ドイツはもう肥料と火薬の原料を、地球のてクルックスが突きつけた問題の答も出た。人類は必要なだけの肥料を、空気からつくることができるようになる。世界的な飢餓が大問題になることは、金輪際ないはずだ。

このデモンストレーションは少人数のためにおこなわれたもので、小さな装置で少量のアンモニアをつくってみせただけだった。しかしこれは人類にとってのターニングポイントだった。ある歴史研究家は、ハーバーの実験室での数時間を、ライト兄弟のキティホークでの初フライトや、エジソンの電球の完成に匹敵するとしている。

ハーバーは興奮していた。ミタッシュの援護により（彼はそう感じていた）、ＢＡＳＦは彼の装置に興味を失うことなく、産業のレベルにまで規模を拡大するだろう。彼は利益の一部を報酬として受け取ることになる。ハーバーはクルックスの課題に答えただけでなく、ネルンストを負かし、オストワルトができなかったことをやってのけた。世界屈指の科学の難問の答を見つけたのだ。名声と富が約束された。

彼は賢者の石を見つけたのだ。

9

ハーバーはパーティーを開き、誰もが酒を飲み酔っ払った。そこには研究室のすべての職員がいた。その多くは彼の大学の同僚や友人、そして彼らが連れてきた人々だった。お開きになったとき、一人が言った。「路面電車の線路の上でないと、まっすぐ歩けないよ」

全員が素面に戻ると、状況が大きく動きはじめた。カール・ボッシュはとにかく前へ進みたがった。長年味わってきた失敗の苦みを洗い流したかったのだ。彼はもっと大きな機械の試作品を、できるだけ早くルートヴィヒスハーフェンにあるBASFの研究所につくりたいと考えていた。それから数週間、彼とハーバーは互いに訪問しあい、手紙を書き、設計と操作の細かい点について意見を交換した。ボッシュはハーバーが知っていることを、すべて知りたかった。それからまもなく、ハーバーは胃痛と疲労を訴えて、スイスの保養所に引きこもってしまった。

ボッシュは計画推進の手を緩めなかった。優秀な人材をスカウトし、ハーバーの機械の規模拡大と改良を専門とする研究グループの中心に据えた。アルヴィン・ミタッシュは触媒の責任者に任命された。将来有望な若いエンジニア、フランツ・ラッペが、装置の設計のリーダーとしてスカウトされた。BASFは新しいものすべてを特許にしたいと考えていた。そして彼らがおこなおうとしていることのほとんどが、新しいことだった。事務手続きのための人材も雇われ、法的な事柄を扱う部署と密に連絡を取り合うようになった。ボッシュはハーバーと一緒に仕事をして、彼が保養所から帰るとすぐに特許申請書類の作成にとりかかった。彼らはまず全体的な手順を申請し、それを補足する（熱を取りこみ循環させる方法など）特許を加えていった。それはすべてＢＡＳＦの監督のもとにおこなわれた。その作業が終わるまでには、ハーバーが独自に考案したあらゆる側面が、何十という特許で守られることになった。

ハーバーがアンモニア生成に成功したという噂が世間に広がりはじめると、他の企業があちこち情報を求めて動き回ったり、ハーバーとル・ロシニョールを引き抜こうとしたりした。ル・ロシニョールはベルリンのある化学電気会社で、高給が約束された地位を得た。ハーバーのもとにはドイツのトップクラスの化学会社、電気会社から手紙が届くようになった。彼の株は急上昇していたのだ。彼はＢＡＳＦと最初に交わした、複雑な利益分配契約に不満をもっていて、いまなら有利に再交渉をおこなえるかもしれないと思った。

デモンストレーションの成功から三か月たった一〇月、ハーバーはアウアー社（Deutsche Gasglühlicht-Anstalt）からの誘いがあることをＢＡＳＦに告げた。アウアー社はベルリンの大会社であり、ドイツのゼネラル・エレクトリックのようなものだ。アウアーのトップであるレオポルト・コッペルは途方もない金持ちで、ハーバーに天文学的な額の報酬を提示した。当時の彼の年収の八倍以上、それに加えてあらゆるものがそろった最新の研究所、さらに顧問会会長の地位。他の研究とともに、同社の窒素研究プログラムに参加すれば、これらがすべてハーバーのものとなる。当然ハーバーはＢＡＳＦに、この条件にはそそられると告げた。そそられないわけがない。この条件を知らせることで、ＢＡＳＦが契約を見直してくれることを、彼は期待したのだ。

ハーバーがより高い待遇を要求していたのは明らかだった。ＢＡＳＦは彼が他社を引き合いに出したことに対して驚きと困惑を表明し、ハーバーがそれを受けて変わらぬ忠誠心を社に約束するという、おなじみのやりとりを経て、話し合いが始まった。ハーバーとＢＡＳＦの最初の契約から一八か月、一〇ページにわたる新たな契約は、ハーバーに二万三〇〇〇マルクの年収（装置と助手を雇うための八〇〇〇マルクを含む）に加え、会社が生産するアンモニア一キロごとに数ペニーの配当金を保証していた。新しい条件はハーバーにとても有利なものだった。彼は固定給以外の収入を得ることになった。もし誰もが望んでいたとおり、ＢＡＳＦが年に何万トンものアンモニアを生産できるようになれば、一キロ数ペニーの配当を受け取って、たいへんな額が転がりこんでくる。

ＢＡＳＦにとってハーバーとの再交渉は決して喜ばしいことではなかったが、彼が会社を去るという事態は避けたかった。社の不満は新しい契約書にも記載された。ＢＡＳＦはハーバーが最初の報酬契約に「疑念」をもったことへの「不快感」を表明し、「今後はハーバー氏のやや無節操な要求にある程度の制限を設けたい」と締めくくっている。

会社は不満をもっていたが、ハインリヒ・フォン・ブルンクは窒素研究チームが必要としているものは、すべてそろえるようにしていた。このＢＡＳＦのトップは、複雑な機械がやがて動きはじめ、デリケートなバランスが必要な化学反応の問題も解決し、ハーバーが考案したアンモニア生成プロセスは合成インディゴに次ぐ大ヒットとなり、激しい競争を生き残るための鍵となると信じていた。彼はボッシュに金額が記入されていない小切手を渡したようなものだった。ボッシュが必要な装置は用意され、ボッシュがプロジェクトに必要と思った人材はすぐに雇われた。社内のことであれば、人材であれ事務的な助力であれ、彼の希望はすべてかなえられた。

ブルンクはボッシュを信頼し、ともに働けば働くほど二人は親密になった。まもなく他の社員たちは、無口で実際的なボッシュがブルンクの懐刀になったのだと理解した。仕事を進める彼らのスタイルは似通っていた。どちらも窒素研究に賭けていて、化学的な研究だけではなく機械の重要性も重視していた。どちらも才能ある人物を雇いたがり、雇った研究者たちには比較的、自由を与える。どちらもイエスマンは嫌いだった。彼らは話せば話すほど、化学産業界について同じ考えをもっていることがわかった。つぎつぎと新しいものを生み出し、一つの発明が市場に出たらすぐ、次のアイデアを実行に移すことを続けなければ、ゲームには勝てないことを理解していた。そして大きなアイデアを現実のものとするには、スピードと効率が不可欠であることを理解していた。二人とも時代の一〇年か二〇年先を行っていた。

要するに彼らはどちらも楽観的な技術者だったのだ。問題は解決することができる。解決策は見つけることができる。そのような楽観主義はハーバーにはないものだった。ハーバーは自分のアイデアを売りこむときは熱心だったが、ボッシュが考えていたように機械の規模を大きくしてうまくいくかどうかには、確信をもっていなかった。ある時点まで彼も大きな機械をつくることを考えていたが、それは無理だとあきらめていた。彼とル・ロシニョールが乗り越えた問題のほとんどは、機械が小さいからこそ解決できたのだ。石英を削ってつくれたのも、必要なコンプレッサーが手に入ったのも、リアクションチャンバーが小さかったからだ。彼らが発見した触媒が使えたのは、少量しか必要としなかったからだ。機械の規模が大きくなれば、問題が一気に噴き出してくる。誰もつくったことのないほど大きなコンプレッサー、頑丈で複雑なバルブ、何か新しい材質でつくられたリアクション・チャンバー。圧力に耐えられるだけの容器と部品。まだ設計もできていない測定器。そして原材料である純粋な気体の水素と窒素を、大量につくるという問題がある。

ボッシュは強気で推し進め、ハーバーの高さ八〇センチに満たない卓上機械と同じものを、規模を大きくしてつくることを唯一の目標として全力で取り組んだ。困難があるのは承知していたが、すべてのことをいっぺんに考えると、参ってしまうということもわかっていた。そこで彼は考えるのをやめて体を動かしはじめた。彼はハーバーの使っていた機械の一〇倍の大きさの試作品を、できるだけ早くつくろうとした。彼がまず着手したのは、特別な機械作業所を用意して、必要な多くの部品をつくることだった。人を雇ってラッペを手伝わせ、彼らにバルブや測定器や鉄鋼の質について考えるよう指示した。ミタッシュには触媒の研究室を拡大するための資金を出した。ボッシュは機械が好きだった。彼はまるで自分がその機械をつくっているように、部下を組織した。彼は最初から管理者・調整役として高い能力を発揮した。

装置の設計と触媒の開発は並行しておこなわれた。ハーバーの機械でうまく働く元素はオスミウムとウランの二つだけしか見つかっていない。BASFはすでに世界じゅうのオスミウムを買い占めていたが（およそ一〇〇キロで四〇万マルク）、それでも年間七五〇トンしかアンモニアの生産はできなかった。BASFはその一〇倍から一二倍を生産するつもりでいたのだ。ウランはその代替品だったが、どちらかといえばやはり希少な物質であったし、空気や水にさらされると、なぜか触媒としての効果を失うのだ。これにはBASFも困惑した。ボッシュはミタッシュに別の触媒を見つけるよう命じた。

触媒を探すのは試行錯誤の連続だった。他の作業では鉄やプラチナといった金属で事足りたが、アンモニア生成に関しては、ハーバーの仕事で証明されたように、オスミウムのような思ってもみなかったものがいちばんいいということが起こる。ミタッシュはあらゆるものを試しはじめた。完璧な触媒とは反応のスピードを速めるだけでなく、長時間、高温高圧力の状態にあっても安定していなければならない。そうなると一種類の触媒を試すのに、数日は実験を続ける必要がある。効率的におこなう唯一の方法は、いくつもの小さな装置を使って、何種類かの触媒で同時に実験をおこなうことだ。エンジニアたちはその作業に着手した。数週間もたたないうちに、BASFのチームは、電気で加熱し空気で冷却する、高さ三〇センチほどの機械を考え出した。ミタッシュの目から見ていちばんよかったのは、触媒を入れる（一度に二グラム）ときカートリッジを使えたということだ。これは機械に差し入れるのも、取り出すのも簡単だった。ミタッシュは昼夜を問わず、二〇台以上の機械を一度に動かし、つぎつぎと違った触媒を使って実験をおこなった。白金、パラジウム、イリジウム、ルテニウムと、あらゆる元素を試してみた。しかしオスミウムほどうまくいくものはなかった。このときもやはり、すぐに見つかるとは誰も思っていなかった。

ところがうれしい誤算で、一九〇九年九月半ば、カールスルーエでの決定的なデモンストレーションからたった二か月で、ミタッシュがおもしろいものを見つけた。ヴィルヘルム・オストワルトが失敗しているとはいえ、ボッシュはまだ鉄にこだわっていたため、ミタッシュは混じりけのない鉄も、他の珍しい元素とともに試していた。彼はまた、鉄を含む鉱物も一通り試した。ここから話がおもしろくなる。そのなかの一つ、北欧産の磁鉄鉱（鉄と酸素が結合したもので自然に存在する）が、思いがけず多くのアンモニアを生じさせたのだ。他の磁鉄鉱は、期待はずれの結果になった。しかしスウェーデン北部の鉱山で産出されたものだけは、魔法のようにうまくいったのだ。

ボッシュは実験を続けるよう命じた。自然の鉱物には、それぞれ特徴がある。同じ名前のついた石でも、どの鉱山で採掘されたかによって、全体の化学組成が微妙に違っていることがある。不純物が混ざっていたり、平均的な組成からはずれていたりする。ミタッシュはスウェーデンの磁鉄鉱には何か違いがあると考えた。他の元素の成分量や、何かの不純物のおかげでうまくいっているのかもしれない。彼はその問題に集中的に取り組み、純粋な鉄と他の物資（アルミニウムからイッテルビウムまで）の量を測って混ぜた。まず一度に一つの元素、その後は二つ、あるいは三つ以上と種類を増やし、さまざまに割合を変えて最も適切な混合率を探した。彼はそのような物質を〝促進剤《プロモーター》〟と呼んだ。テストを続けるうちにある予測が浮かび上がってきた。鉄は触媒のベースとなるが、促進剤を加えるまでは何もしない。適切な促進剤が鉄のスイッチを入れて動きはじめる。問題は適切な促進剤と、適切な割合を見つけることだった。彼は実験を続けた。

作業のスピードが落ちるのは、機械が圧力で壊れ研究室に金属とわずかな触媒が飛び散ったときくらいだった。こうした事故も役に立った。機械の設計者は壊れた機械を他の場所に運び、よく調べ、その結果を次の機械をつくるときに生かした。ミタッシュの触媒の研究が、装置の設計、バルブ、ポンプ、計測器、接合部、加熱システムなどの考え方を検証し、圧力を抑え生産量をより増加させるもっとよい方法を見つけるための場という、二つの役割を担うようになって効率的なシステムができあがっていった。

ボッシュは触媒の研究室の机の上に箱を置き、保護用の壁を築いて、その周囲を金属で囲み、コンクリートでおおった。爆発する可能性はあるが、手榴弾になる恐れがあるくらいで実験をやめるわけにはいかない。ミタッシュは実験を続けた。

少しずつ使用可能な触媒が絞られてきた。鉄に酸化アルミニウムを加えると、オスミウムのときと同じくらいの量のアンモニアができる。そこにカルシウムを加えるとさらに結果はよくなる。理想的とまではいかなくても、それに近い結果だった。この新しい触媒は硫黄や塩素など、原料の気体と反応するものが混ざると効果がなくなる可能性があったが、それを除けば好条件がそろっていた。固体で、安く、安定していて、容易につくれ、持ち運びも楽で、効果が大きい。オスミウムと比べあらゆる面で進歩している。ミタッシュの入念な実験が、純粋な元素よりも促進剤を重視するという、触媒化学の新たな扉を開いたのだ。

一九一〇年一月、BASFはハーバーに新しい触媒について伝えた。それは思いがけない話だった。「私はボッシュ博士と彼の助手が……そのように大きな進歩を実現させたことをたいへんうれしく思います」と、彼は会社宛の手紙に書いた。「博士と貴社を祝福いたします。しかし何かを調べている間に、また別の重要なことが新たにわかるというのはよくあるとはいえ、驚かずにはいられません。今回もオストワルト氏が最初に試し、われわれも純粋なものを何百回と試してうまくいかなかった鉄が、不純物が混ざるとうまくいくことがわかりました。あらゆる方法を最後まで徹底的に調べるべきだと痛感いたしました」

これを境にBASFにおいて、ハーバーはそれほど重要でなくなった。BASFは彼の特許をもち、知るべきことを知り、独自に研究成果をあげていたのでもう彼は必要なくなったのだ。より上質で安価な触媒の発見によって、アンモニア生成機はハーバーの手から離れた。

ハーバーはそれほど気にしてはいなかった。収入は保証されたので、今度は自分の評価を高めることを考えた。彼の望みは自分の業績を科学界に知らしめることだった。BASFは当然ながら、アンモニア生成過程について公表する部分を少なくし、できるだけ長くその技術を独占したがった。一九〇九年の晩冬から一九一〇年にかけて、二者の間で何度も手紙が取り交わされ、ハーバーは彼の発見の概論を発表できるが、実験の詳細については公表しないということで合意に至った。一九一〇年三月一八日、彼は大学でおこなった「使用可能な窒素の生成」という演説で初めて、自分の発見を発表した。彼はクルックスと同じように話をはじめた。まず肥料の必要性、チリからの硝石輸入量、植物の窒素固定、新たな人工的な化学合成法の必要性について話す。そしておもむろに、空気から直接、窒素と水素を取り出すという解決不可能に思える問題を、高圧プロセスを使って乗り越えたことを話した。オスミウムとウランを触媒に使ったことには言及したが、最新の鉄の混合物については一言も触れなかった。

ハーバーの演説は「学者にとっては爆弾発言だった」と、ある歴史研究家は書いている。それから数日の間にいくつもの会社や個人から連絡があった。彼らはハーバーと手を結び、助力を得て、利益をあげることを望んでいた。演説をまとめた文書を欲しがる声が多く、増刷が追いつかない状態だった。もっと多くの人に文書を配布するにはどうするのがいちばんよいかBASFの助言を求めたところ、会社はそれを手助けするつもりはないと答えた。「われわれにとっては、今後何年かの間、この方法が世間に広まらず、この技術が成功するかどうかに興味をもつ人々の注目を集めないほうが競争で有利な立場に立てるのです」。BASFはハーバーに書いた。「そしてあなたにとっても、そのほうが好都合のはずです」

成功して世間の注目を浴びていたハーバーは、もっと前へ進みたいと考えた。BASFから報酬を受け取れることを喜んではいたが、彼は自分を会社の歯車ではなく独立した一個の科学者だと思っていた。彼は自由なコミュニケーションこそ科学の進歩に不可欠だと信じていた。ＢＡＳＦと交わした契約書には、研究を発表することについていくつもの制約があったが、何事も公表するのに許可を得なければならないことや、企業秘密は公表してはいけないこと、そして何より、自分のアンモニア研究室に人を自由に出入りさせられないことを苦痛に感じていた。彼はいまや裕福で高名な、世間の尊敬を集める人物だ。ＢＡＳＦでの成功を足掛かりに、彼はもっと大きなことをしたいと望んでいた。一五年間住みつづけたカールスルーエが地方の小さな街に思え、物足りなくなっていたのだ。

その後まもなく新しい道が見つかった。ベルリンに住む裕福な知人、大手電気会社アウアー社の社長であるレオポルト・コッペルが、壮大な計画を立てていることをハーバーに告げた。純粋な化学研究だけをおこなう新しい研究所の建設だ。これはベルリン郊外のダーレムにつくられた偉大なるドイツの研究所の一部になる予定だった。ダーレムは純粋科学界のオアシス、個人の寄付金から始まった名誉ある組織の共同体となろうとしていた。一流の研究者を雇い、工業界との提携を進める。それらはすべて帝国の庇護のもとにおこなわれる。コッペルはハーバーに、カイザー・ヴィルヘルム物理化学・電気化学研究所の創立役員に就任してほしいと頼んだ。

ハーバーは迷わず承知した。ベルリンはドイツの文化、政治、生活の中心地であり、自分もなんとかその街の一員になりたかった。彼はコッペルの誘いを受けた。一九一一年、ハーバーはカールスルーエの友人たちや、ＢＡＳＦの同僚たちに別れを告げ、家をたたんで、不満そうな妻と幼い子を連れて列車に乗った。彼は北へ、そして東へ、ドイツの反対側のベルリンへ、名声へ、そして自らの運命に向かっていった。

10

――ボッシュの解決法――

アルヴィン・ミタッシュはすでによい触媒を発見していたが、さらによいもの、さらに多くのアンモニアを生じさせる触媒を探しつづけた。彼は触媒になりそうな物質を何十、何百、何千と試した。一九一〇年にその研究を終わらせたときには、二万回もの実験を繰り返していた。しかし鉄とアルミとカルシウムの混合物以上によい触媒は見つからなかった。

触媒は重要だが、それは始まりにすぎない。カール・ボッシュには山のような仕事があったが、どれ一つとっても大惨事を招く可能性があった。アンモニア生成のプロセスはすべて固く結びついていて、一つのプロセスがそのまま次のプロセスへと続いていくので、どこかで不調があるとすべてがだいなしになってしまう。原料となる気体が、ヒーター、リアクター（反応装置）、循環システム、冷却器へと至る過程の、すべての接続、バルブ、ポンプ、測定器、密閉や調節のための部品のすべてが、一日二四時間年じゅう休みなしに、高温高圧で動きつづけなければならない。その要となる装置は、既存のものはほとんどなく、一からつくらなければならなかったのだ。

プレッシャーはすさまじかったはずだが、ボッシュはそれをあえて無視して、必要に迫られていることだけに専念した。彼の次の問題は原材料である気体の状態の窒素と水素だった。新しい触媒は不純物が混ざって効果がなくなってしまう（「被毒」される）可能性がある。原料の気体に不純物が混ざってはならない。窒素は比較的、純粋なものを手に入れやすい。空気から純粋に窒素だけを大量に抽出する方法はあった。それはアイルランドの酒飲みのおかげだ。フリッツ・ハーバーがアンモニアの研究に取り組む一五年前、ダブリンの醸造会社ギネス社がドイツ人の発明家に、酒を冷やしておくための機械をつくるよう依頼した。できあがったのは、気体は膨張すると温度が下がるという自然の法則を利用した冷蔵庫だった。その発明家がつくった冷蔵庫は非常に強力で、酒を冷やすだけでなく、屋内アイススケートリンクをつくること、そして空気を冷やして液体にすることさえできた。液体空気は科学者にとってまったく新しい発明であり、それによって純粋な酸素と窒素をつくることが可能になったのだ。物質が液体から気体に変わるときの温度、つまり沸点は元素によって違う。液体空気を慎重に熱していくことで、ある温度で酸素が気体になり、また別の温度で窒素が気体になるというように、分離することができるのだ。液体空気を使って、ボッシュは純粋な窒素を欲しいだけ手に入れることができた。

アンモニアのもう一つの成分である水素はそれほど簡単ではなかった。空気中に水素はごくわずかしか存在しない。大量に手に入れる最も簡単な方法は、水（H_2O）から取ることだが、ＢＡＳＦは想像を絶するほどの量を必要としていたため、それを工業的につくれるシステムは存在しなかった。ボッシュはこの問題を解決するためのチームをつくった。水に電気を流すと分子が分離して、水素が気体として飛び出してくることは知られていた。ＢＡＳＦの研究者たちは、まず塩水に電気を流してみたが、反応が遅く、コストも高かった。そこで彼らは水蒸気改質法という、別の方法に切り替えた。これは熱した石炭に水蒸気を吹きつけて水素をつくる方法だ。残念ながら、この方法では一酸化炭素という有害ガスも発生してしまう。しかしボッシュのチームの一人がこれを大きく改良し、大量の水素を低いコストでつくると同時に、一酸化炭素の発生も減らすことに成功した。

そこで発生した水素は完全に純粋というわけではなかったため、研究者たちは背の高い給水塔を使って混じり込んでいる他の気体を除き、得られた水素をさらに活性炭を用いた精製システムに通して純度を高めた。

気体は扱うのが難しい。ずいぶん改良されたとはいえ、ボッシュの水蒸気改質法でも相当な一酸化炭素が発生し、実験者にとっては危険だった。ボッシュは有害ガスを取り除いてきれいにすることのできる、銅を含む溶液があることを聞いていたが、その溶液は鉄を腐食させることがわかった。彼らの機械にはあらゆる部品に鉄が含まれている。最初は小さなことと思われていた一酸化炭素の問題がいつのまにか大きな障害となり、ボッシュにとってはありがたくない干渉を招くことになった。ハインリヒ・フォン・ブルンクは相当な額を投資しているが、ＢＡＳＦの取締役会全員が窒素固定というギャンブルに賛成していたわけではない。一酸化炭素の問題は、これがいかに複雑な作業か、そしてどれほど費用がかかるかを物語る一つの例だった。ボッシュはコストが上がりつづけていることを上級マネジャーたちに責められた。意気消沈した彼は、その問題をチームのなかでもとくに優秀な若い化学者カール・クラウフに任せ、鉄を腐食させることなく銅の溶液を使う方法を考えるよう命じた。数か月後、クラウフが見つけた解決策は、驚くほど単純だった。少量のアンモニアを加えればいいのだ。

これで触媒と純粋な気体がそろった。ボッシュは次にリアクター（反応容器）の改良に取り掛かった。これは機械の中心部となる高圧の容器であり、この中で熱い窒素と水素を触媒の上に吹きこんで高圧をかけるとアンモニアができる。ここでも事実上すべてのものを、新たにつくらなければならなかった。ハーバーの小さな試作品はあくまで一つの目標、満たすべき条件を示すものであり、本物の装置を建設するためのヒントにすぎなかった。ボッシュは「工業的な進歩に先例があった試しはない」と言ってチームを引っ張った。

ほんとうに問題となったのは、リアクション・チャンバー（BASFの社員はオーブンと呼んでいた）の設計にあった。第一に圧力。この作業で求められる圧力をかけるには、これまでになかったほど大きくて強いコンプレッサーが必要だった。チームが既存のものを調べてみたところ、過去最大のコンプレッサーは空気を鉱山の奥深くに送るのに使われるものだったが、それでもパワーが不足していた。そこでもう一度、空気を液体化するのに使うコンプレッサーに目を向けた。これは大きなものはつくれても、アンモニア生成に必要な条件下では操作できない。たとえば冷却用コンプレッサーは、接続部を接着するのに銅を使っていた。ボッシュのオーブンは高温になるので、銅が柔らかくなって接続部分が破裂してしまう。冷却用コンプレッサーは、中身が漏れることもある。ボッシュの機械では水素という爆発性の気体を扱うので、できる限り密閉度を高くしなければならない。そこで冷却用コンプレッサーをたき台として、ボッシュのチームは並はずれた圧力に耐えられるよう、熱に強い合金を使い、金属のジョイントをつなぐ新しい方法を開発して、独自のコンプレッサーと部品を調達した。

彼のリアクション・チャンバーには、蒸気機関のボイラーの二〇倍もの力がかかる。しかも鉄が真っ赤になるほどの高温で機械を動かさなくてはならない。入念に計算された量の水素と窒素（気体）を入れ、外からつねに監視する必要がある。それはつまり、圧力から気体の濃度、そしてアンモニアの生成量まで、あらゆる要素を監視して調整する方法を見つけなければならないということだった。新しい測定器とバルブも必要だ。気体を送りこんだりアンモニアを取り出したりする方法も見つけなければならない。チャンバーをどのようにして熱すればいいのか。何でつくればいいのか。圧力をどのようにして保つのか。

　ボッシュのチームは機関車、ガソリンエンジン、そしてルドルフ・ディーゼルが開発した新しいエンジンなどを調べて、設計のヒントを探した。ボッシュとエンジニアはドイツの鉄鋼産業にかかわる人物に会い、ベッセマー製鋼法〔溶銑を転炉に入れて空気を吹き込む製鋼法〕について学び、クルップ社の代表と大砲の設計や冶金分野の新発見について話し合った。彼はいくつものチームを組み、部品をつくらせた。高速バルブ、自動開閉式バルブ、スライド式のバルブ。大小のピストン式ポンプ、循環型ポンプ。圧力平衡器。濃度記録計、非常停止装置、比色計、高圧パイプの接合。すべて頑丈で、中身が漏れることなく、高圧、高温での操作が可能でなくてはならない。オーブンは小さな爆弾のように、爆発する可能性がある。ボッシュは装置に何かおかしなことが起こったらすぐ止まるよう、監視機能をつけたかった。完璧な信頼性と、電光石火のスピードが欲しかった。彼が望んでいたのは、相撲取りの強さと、短距離走者のスピードと、バレリーナの優雅さを兼ね備えた装置だった。

　彼は助手のエンジニアをつぎつぎと雇いつづけたため、ＢＡＳＦのエンジニアの数は数年で倍になった。ボッシュはそのプロジェクトにとりつかれたように、昼夜を問わず働き、チームの社員をあおり、全貌を頭に入れつつ、装置が装置のなかに設置されるのを見ながら、巨大な機械を組み立てる。誰かがコストや仕事の遅さを批判すると、彼は「これが何十億マルクになる。わが社全体の未来が、彼らの努力にかかっている」と答えるのが常だった。

　大小を問わずいくつもの成功があったので、社員の士気が落ちることはなかった。触媒は重要だった。新しいバルブや監視装置も役に立った。ミタッシュの試作品における設計ミスを一つ修正して、爆発を防いだら、そのたびに一つ勝利を得る。プロジェクトにかかわった人々の多くは、染料業界のベテランだった。画期的新発見には何年もかかることがあると、彼らは理解してくれていた。彼らは奇跡を期待してはいなかった。

ところがボッシュはその奇跡を起こしたのだ。ハーバーの機械が動きはじめてからわずか一年後、ボッシュはもっと大きな機械の製造に取り掛かった。それは向こう見ずとも思える行為だった。触媒は別として、何も完成していなかったのだから。すべて開発の途中だった。現在のオーブンが高圧にもちこたえられるか、誰にもわからない。しかしボッシュは待てなかった。効果的な触媒があり、純粋な気体も容易に手に入る。それにミタッシュの試作品での実験で、たとえリスクがあっても勝負に出るべきだと判断した。もっと大きな試作品をつくることが、あらゆる人の目を引きつけ、チームを効率よく動かし、問題を明らかにするための鍵となる。

最初の二つのオーブンは鋼鉄製で、高さ八フィート（二メートル四〇センチ）を超える円柱形をしており、厚さ一インチ（二・五センチ）もあった。それをつくったのはドイツ最大の大砲メーカー、クルップ社だった。これは外部からガスの炎で熱するタイプだったが、そこに不安の種があった。事前のテストですでに、熱と漏れ出した水素で自然発火する現象が起きている。ボッシュは万が一のために、その装置を強化コンクリート製のケースに入れた。これがうまくいけば、一日何百ポンドものアンモニアを生成できる。彼のチームはそれを大型トラック《ビッグ・リグ》と呼んだ。

彼はそれを稼働させた。コンクリートに穴をあけて厚いガラスをはめこんだのぞき窓から、明るい青い炎が唸りを上げてシリンダーを熱するのを見つめる。温度が上がっていく。助手がコンプレッサーのスイッチを入れ、水素と窒素を送りこむ。そして測定し、監視し、記録を取りはじめる。そしてついに、アンモニアが流れ出しはじめた。ビッグ・リグは動いていた。もちろん期待通りの運転ぶりとはいかず、彼らが望んでいたほどのレベルではなかったが、それでも動いていたことには変わりない。

三日後、二台とも爆発した。

ボッシュはそれを分解して原因を分析した。問題は密閉性でも接続でもなかった。もちこたえられなかったのは内壁だけだったのだ。一インチもある鋼鉄にひびが入っていた。ボッシュは失望を隠し、触媒にオスミウムを使っていなかったのはよかったと冗談を言った。世界に存在するすべてのオスミウムを、一回の実験で失ってしまうところだった。彼は粉々になったシリンダーの破片を顕微鏡で調べた。ＢＡＳＦのような化学会社では金属組織学に詳しい人はほとんどいないのが常だが、ボッシュは冶金をよく知っていた。何が悪くてどう修正すればいいか知らねばならない。彼はＢＡＳＦ内に、金属研究のための研究室をつくった。

顕微鏡のなかに見えたものが何かはすぐにはわからなかった。シリンダーの外部、アンモニアからいちばん離れた部分の破片はとくに問題はなかった。しかし高温高圧にさらされるシリンダー内の鋼は膨張し、髪の毛のように細いひびが入っていた。強度テストをおこなったところ、内部の金属は弾力がなくなっていた。乾燥したパンのようにもろくなっていたのだ。ボッシュはさらに研究を進めるよう命じた。彼が脆弱化《ブリトリゼーション》と呼んだ現象は内壁表面から始まり、プロセスの進行とともにゆっくりと浸食が広がって残った鋼が薄くなり、そこに高圧がかかると爆発する。これは以前には起こらなかった。ミタッシュが触媒の実験のために製造したいくつもの小さなオーブンは、何か月動かしていてもリアクション・チャンバーがもろくなるということはなかった。

原因は熱のほうかもしれない。彼らは容器に炎を吹きつけ、外部から熱していた。それで内部と温度の差が生じ、金属にひずみがかかるのではないか。そこで加熱システムをあれこれ工夫し、熱源をオーブンの内部に移動させてみたり、冷却方法を変えてみたり、断熱材を増やしてみたり、送りこまれてくる冷たい気体を予熱するための、熱い排ガスの使い方を変えたりした。加熱システムはより効率的になったが、鋼にはやはりひびが入った。

では問題はアンモニアのほうなのか。アンモニアは熱した鉄と反応して、鉄窒化物になることがある。これがヴィルヘルム・オストワルトの機械を葬りさった物質だ。鉄窒化物はもろい。おそらく彼のオーブンには、それが付着していたのだろう。ところが化学的検査をしたところ、損傷した金属に窒化物はそれほど見られなかった。これはボッシュにとってはやや意外だった。

彼のチームは調査を続けた。オーブンの壁はクルップ社の最高最強の炭素鋼でできている。炭素鋼は鉄と炭素の合金だが、ボッシュの調査で、内壁で最も損傷の大きい部分では、鋼のなかから炭素が消えてしまっていることがわかった。炭素がなくなると柔らかい鉄だけが残るが（鋼に比べるとはるかに弱い）、内壁は柔らかくなったのではなく、もろくなっている。鋼が純粋な鉄ではなく、何か他のものに変わったのだ。もろくなった金属にひびが入った原因をようやく突き止めた。問題は窒化物ではなく、思いもよらぬものだった。それは水素である。どうやらオーブンのなかの気体の水素がどういうわけか金属内部に入りこみ、鉄と何らかの反応を起こし、弱らせることでひびが入ったらしい。

「私たちはそこでジレンマに陥った」。ボッシュがのちに振り返って、彼らしい控え目な表現でこう言っている。そのような化学反応が起こるなど誰も想像できなかったし、ましてやどうすればそれを防げるかわからなかった。ただ一つわかったのは、水素が問題の原因であるということだ。化学的に解明するには何年もかかるだろうが、ボッシュはそれを待っていられなかった。現実的な解決策をすぐに見つけなければ、すべてがむだになってしまう。

問題は高温高圧という条件下での水素のふるまいにかかわっていることは間違いない。しかし温度（窒素分子を分離するのに必要）を下げたり、圧力（アンモニア生成を推し進めるのに必要）を変えたり、水素を排除したりすることはできなかった。水素はオーブンの中のいたるところに存在する。それを取り除く方法はない。

残された選択肢は二つしかない。水素に反応しない他の金属を見つけるか、使用している鋼を保護する方法を見つけるかだ。ボッシュにとって、新しいリアクション・チャンバーを何でつくるかは難問だった。問題は強度とコストだ。プラチナをはじめとする貴金属は高価すぎる。途方もない圧力がかかることと、オーブンのサイズを考えると、一九一〇年当時に、現実問題としてこの作業に耐えることができたのは炭素鋼だけだった。ボッシュが雇った金属専門家は、水素と反応しにくい炭素鋼をつくる方法を研究し、モリブデン、タングステン、クロムなど、少しでも品質改良できそうなものを加えてみた。これらの新しい合金のなかには、多少、腐食が遅いものもあったが、最後には水素がすべてをだめにした。

彼らにとって最後の望みは、内壁を保護することだ。高圧のかかった水素がなかに入りこまないよう表面に保護材をつける。彼らはその材料を探しはじめたが、何を試してみても水素を通してしまうか、それ自体が腐食してしまう。小さな水素原子は高い圧力がかかると、何にでも入りこんでしまうようだ。オーブンの内壁を純金でめっきするという案もあったが、これは実行されなかった。たとえうまくいっても、高価すぎて実際には使えない。

ビッグ・リグの爆発から六か月、ボッシュはまだ解決策を見つけられずにいた。いまは何十人もの科学者とエンジニアがその問題に取り組み、何百人もの助手と労働者がそれを助けていた。そのなかの誰も答を出せなかった。実験用のオーブンはすべて数日で爆発した。

ある金曜日、ボッシュは仕事が終わるといつものようにボウリングとビールで楽しんでいた。それは彼のただ一つのぜいたくだった。週末にはチームの面々と仕事を忘れて遊びに行ったり、仕事の話をするにしても、軽い調子で話をしたりするのが好きだった。それはチームのリーダーたちの人となりを知り、士気を高める役にも立った。また彼はほんとうにビールが好きだったのだ。

翌朝、彼はまったく見当違いのことをしていたと気づいた。自分たちは鋼を変える、あるいは鋼を保護することばかり考えていた、もう水素は金属に害をなすということを認めてしまうべきではないか。それに打つ手はない。高圧高温の水素は金属の溶剤のようなものだ。結局はどんな金属にも入りこんでしまう。その事実を受け入れると、ボッシュは別のことに気づいた。彼らは自分たちがつくったオーブンの内壁に二つのことを求めていた。まず高い圧力に耐えること、第二に気体、とくに爆発性の水素の漏れを防ぐことだ。

この二つを別々に考えてみたらどうだろう?

ボッシュはすぐにいくつかのアイデアを書きとめた。彼は高圧のかかった水素が、どのように金属に入りこむのか考えた。新しい保護材、水素が入りこむのを止めるのではなく、ただ吸収させるだけのものをつくったらどうだろう。水素の前に強い鋼の壁を守るための生贄を差し出すのだ。

水素がその保護材に入りこみ、変化させ、弱らせるのに任せる。何であれそれを通り抜けたときには、圧力はずっと低くなり、その外側にある鋼の壁に害をなすことはない。保護材は美しかったり、強かったり、高価であったりする必要はない。ありふれた、柔らかい鋼のようなものがよい。それを鋼のシリンダーの内側にしっかりはめる。それはもろくなっても構わない。保護材と外の容器がぴたりとはまっていれば膨張する余地がないので、大きなひびが入ることはない。それで数か月はもつだろう。保護材の寿命が尽きたら、取り出して新しいのをはめる。これなら簡単で安価にできる。

はたしてそれがうまくいくだろうか。ボッシュとチームは実験をはじめた。ボッシュは厚い炭素鋼の壁に溝を掘り、保護材と壁の間にまで入りこんだ気体が、循環して取り除けるようにした。彼はまだ水素が集まって爆発するという考えに苦しめられていた。ある朝、彼が歩いて職場に向かっているとき、もう一つの答が頭に浮かんだ。水素を出してしまえばどうだろう。これまでは気体と圧力を閉じこめたまま、外側の壁に浸食させないことばかりを考えていた。しかし問題は水素が漏れるかどうかではなく、どのくらい漏れるかである。漏れるのがごくわずかで、ゆっくりと広い場所に出ていくのなら、危険なレベルにまで濃度が上がることはない。この前におこなった、内側に保護材をはめるという考えは悪くないと思える。保護材が気体と圧力を閉じこめておく助けとなる。それはつまり……。

彼は枠組みの近くに座り、厚い壁に一列に穴をあけたところをざっと描いてみた。穴は壁の強度を保つと同時に、保護材と壁の間に残った水素が逃げられるくらいの大きさにする。彼はそのイラストを特許事務所にもちこんだ。これもローテク、ローコストのボッシュ流解決法だった。彼の部下たちは炭素鋼の壁に、鉛筆の太さくらいの小さな穴をいくつもあけた。彼らはそれをボッシュ・ホールと呼んだ。

保護材とこの穴は、安価で簡単、スマートな解決法であり、しかもうまくいった。圧力も下がらなかった。出ていく水素も最小限に抑えられた。ボッシュのチームはフルサイズのオーブンの製造と実験に着手した。

まだときどき、気体に火がついたり、連動しているシステムのどこかが故障したりといった問題が起こった。オーブンが爆発することもあったが、めったになくなっていた。ボッシュはＢＡＳＦに充実した材料実験室をもち、最新の高性能の装置をぜいたくにそろえていた。鉄鋼業界最高の研究室さえしのいでいた。金属に何か問題があると、すぐに分析することができた。ほとんどの金属は三〇〇℃を超えると（アンモニア生成用オーブンの内部の半分の温度）強度が落ちはじめ、五〇〇℃で強度はほぼ半減することを、ボッシュの下で働く研究者たちが突き止めた。オーブンの内壁は六〇〇℃で、外側にいくにつれて温度は低くなるため、鋼にかかるストレスは相当なものになるだろう。研究者たちは、できるだけ熱を均一に広げ、ストレスを減らす方法を見つけようと、炎や電気を使って反応させる方法を改良したり、熱くなった反応物を取り出すスピードを上げたり冷却方法を改良したりした。他には熱交換器の研究に取り組むチームもあった。熱交換機には銅管がついていて、これがやはり水素で破壊されてしまう。そこで窒素ガス（N_2）を使い、管と外側の壁から水素を追い出す方法を見つけた。またエネルギー効率を高めるチーム、気体のロスを減らそうとするチーム、どんどん複雑になる気体の流れをコントロールし追跡するための、新計測器やバルブの開発に取り組むチーム、そしてパッキンやフランジの改良を担当するチームもあった。すべての部品がつねに点検され、すべてのシステムがたえず改良されていた。

しだいに故障の回数が減り、アンモニアの生成量は少しずつ増えていった。ボッシュのチームは自分たちの機械のことを熟知していった。一九一一年末には、試作品のオーブンが長時間止まることなく動き、一日何トンものアンモニアをつくれるようになった。しかもコストは市場に出ている他のものより安かった。研究は高くついたが、問題をつぎつぎと解決してたどりついた最終的なシステムは、とても効率がよくなっていたのだ。ボッシュの解決法はコストもかからないし、理想の追求とも無縁で、理論的に一分の隙もないというものでもない。それは実際的な修正を重ね、それをうまくしっかりとつなぎ合わせた結果である。それがうまくいったのだ。

一九一一年初め（周囲の人ほとんどが思っていたより早く）、ボッシュがつくった仮工場では、一日二トン以上のアンモニアを生産していた。そこからさらにアンモニアを肥料にする過程を加え、農家向けの商品をつくる計画だった。その計画は最後の段階へ突き進んだ。さらに大きなオーブン、実際の工場、そして実際の利益。ＢＡＳＦは工場建設予定地を探しはじめたが、水素をつくることを考えると、できれば水辺が望ましかった。社員が近隣の田園地方を車で回り、ライン川に沿った広大な農地を歩いた。彼らはルートヴィヒスハーフェンにある社の中央工場から数キロほど離れたオッパウという村にちょうどよい土地を見つけ、世界初の合成窒素工場建設のための、細かい計画を立てはじめた。

ボッシュは彼の研究チームをさらに増員した。それは彼自身が「これほどの数の研究者がたった一つの問題に取り組んだことはないというのは認めざるをえない」というレベルだった。ボッシュの指揮の下、ＢＡＳＦが取り組んでいた窒素研究は史上最大の科学的偉業となった。第二次世界大戦時のマンハッタン計画に匹敵する。

そして一九一一年九月、窒素固定に関する基本特許は無効であるという知らせがＢＡＳＦに入った。ライバル会社であるヘキストが、それを無効にする訴えを起こしていたのだ。ハーバーの申請した方法は決して〝新発見〟ではないというのが、ヘキストの主張だった。圧力をかけると窒素と水素が結合し、アンモニアができることは、ハーバーの発見の一年以上前に、ネルンストが実証している。オストワルトもこれについて、ヘキストに助言していた。その事実はきちんと記録されていると。ヴァルター・ネルンストとフリッツ・ハーバーがその数年前に、ブンゼン協会の会合で討論している。しかしＢＡＳＦ

はオッパウ工場の計画をそのまま進め、訴訟についても弁護士のチームを組んだ。

二か月後の一九一一年一二月四日、ボッシュの友人であり、指導者であり、上司であり、ＢＡＳＦの窒素生産の賭けの最大の支援者であったハインリヒ・フォン・ブルンクが死んだ。

突然、すべてが白紙に戻ったように見えた。

11

――アンモニアの奔流――

訴訟は巧妙な手だった。ドイツの大手染料化学会社の一つであるヘキストは、ＢＡＳＦが苦労の末に生み出した商品の息の根を、世に出る前に止めようとしていた。それにはハーバーの特許を無効にして、確実に利益を生む方法を独占する権利をライバル会社から奪うか、ＢＡＳＦを裁判に引っ張り出し、窒素研究の貴重な情報を吐き出させるかのどちらかだ。何が起ころうと、ヘキストが優位に立てる。

ＢＡＳＦはボッシュの窒素研究をできるだけ表に出さないよう進めていた。一九一〇年にフリッツ・ハーバーが口にして以降、公にされたものはない。しかしヘキストはＢＡＳＦの動向から目を離すことはなかった。ヘキストにすれば、ＢＡＳＦが莫大な利益が見込めるまったく新しい分野を独占するのを、手をこまねいて見ているわけにはいかなかったのだ。

ハーバーは一九一一年九月初めには、訴訟の動きに気づいた。カイザー・ヴィルヘルム物理化学・電気化学研究所の長という地位に就いた直後のことだ。ベルリンに向かうにあたって（彼が行くのを熱望していた土地）、彼は相当の給料と、自分と家族のための屋敷、ベルリン大学での地位、プロシア科学アカデミーへの入会、三万五〇〇〇マルクの研究室維持費、三〇万マルクの運営費などを交渉した。彼の願いはダーレムに科学者のエデンの園をつくることだった。皇帝の名のもとに、自由な研究と開発に没頭できる場所。カイザー・ヴィルヘルム研究所（ＫＷＩ）の構想は科学の世界では、比較的新しいものだった。政府が資金を出す研究所（他はほとんどが個人が支援していた）として優秀な研究者を集め、家と生活費を支給して、学会の義務やビジネスの制約に縛られずに研究に集中できる場を提供するための施設。アメリカのカーネギー研究所も、ＫＷＩの一部をモデルとしている。それは崇高で愛国的な施設であり、ドイツの科学レベルの高さと、ドイツ国家の栄光を強調していた。ハーバーのようなユダヤ人にとっては、軍人として出世する（ユダヤ人にこの道は閉ざされていた）代わりに、国家への忠誠を示せる場でもあった。ドイツの人口に占めるユダヤ人の割合は一パーセントにすぎなかったが、ＫＷＩの創設資金の三五パーセントは、ユダヤ人の出資によるものだった。とくにハーバーの研究室では、他の大学に比べ、ユダヤ人が（キリスト教の洗礼を受けているかどうかとは関係なく）高い割合で雇われていた。ダーレムにあるこの研究所では、科学の分野で、ユダヤ人がドイツ文化とドイツの進歩に貢献するチャンスが与えられていたのだ。そこには人種は関係ないと証明するチャンスがあった。そして将来があると思えた。ダーレムで働いていた科学者の多くが「ＫＷＩは学術界における皇帝の近衛連隊」と考えていた。ハーバーのように、そこで重い地位に就くことは、たいへんな名誉だった。

ハーバーと妻のクララ、そして息子のヘルマンは、真夏にベルリンに到着した。彼をよく知る友人の一人が、のちにこう書いている。「フリッツ・ハーバーは偉大なる研究者から、偉大なるドイツ人への転換を完了した」。息子のヘルマンは彼について「ドイツ化学界のロマンチックで疑似英雄的な側面の体現者であり、国民としてのプライドと純粋な科学の進歩がないまぜになっていた」と述べている。窒素研究の成功によって、彼の名声は一気に高まった。すでにノーベル賞受賞の呼び声も高まっていた。研究所で彼は自らの名声によって、誰を雇うか、どんなプロジェクトをおこなうか、自分で自由に決めていた。そして特許申請に関するすべての決定をおこなう力をもっていた。産業界からの希望があれば、有料で助言の求めにも応じた。そして（まだ健康問題があったため）必要なときはいつでも何度でも、仕事を休んで温泉保養地に療養に行く自由も得た。

ハーバーはダーレムで成功した。研究所の中心人物であり、押しも押されもせぬドイツ人愛国主義者となり、それは息子をして「異例づくしだった」と言わしめたほどだ。「あの排外的な愛国主義が吹き荒れた時代でさえ……父については誰もが目をつぶっていた」と言う。ハーバーはドイツ政府にも頼りにされ、意見を求められ、その専門知識については誰も異論を差し挟まなかった。いつなんどき宮廷に招かれるかもしれないと思い、彼は宮廷でのマナーを仕事場で勉強した。一度、ハーバーが自分の部屋で、王族の前から退くのにうしろ向きに歩く練習をしているとき、高価な花瓶にぶつかって割ってしまったのを、同僚の一人が覚えていた。

特許の無効の訴えは、ちょうど彼が新しい生活に慣れてきたときのことだった。ハーバーはどうするべきか、すぐＢＡＳＦに尋ねた。それに対してＢＡＳＦは、他の窒素関連の特許をすべて譲渡するように求め、ハーバーがそれに応じた。そしてＢＡＳＦは、ハーバーのかつての敵であり、ヘキスト側の訴状で名前が挙がっていたネルンストとの交渉をはじめた。ネルンストがＢＡＳＦの研究所に招かれ、ボッシュの開発したものは特許の取得ができるかどうか、ネルンスト自身に判断してもらおうというのだ。ＢＡＳＦはネルンストに、研究所の実験室、装置、化学物質を自由に使える待遇を与えた。

この問題は一九一二年三月初旬、ライプチヒの国立裁判所で議論されることになった。その二日前、ボッシュはハーバーとネルンストとＢＡＳＦの研究部長であるアウグスト・ベルントゼンに会った。彼らはこの裁判で自分たちがどのような状況にあるか話し合った。楽観はしていなかった。ある歴史家はこの会合の記録をもとに「彼らは自分たちの立場は弱く、望ましいものではないと判断した」と書いている。

逆にヘキストの代理人は楽観していた。裁判手続きが始まると、彼らはヴィルヘルム・オストワルトの意見を掲載したレポートを読みこんだ。そのなかで、かの偉大な化学者は、ハーバーの実験結果はすでに知られている考えの延長であり、一九〇〇年ごろに彼自身がおこなった、圧力を高めるという操作の応用にすぎないとして退けていた。この分野の以前の研究、とくにネルンストの実験によって、ハーバーが新発見といっていることは「科学的に可能性があるというだけでなく……科学的に確かめられる」ことになったのだ。これがヘキストの主張だった。ハーバーがしたことはすべて、ネルンストがすでにおこなっていることだ。したがってハーバーの特許は無効であると。彼らは時間をかけて、自分たちの訴えの正当性を示す根拠を山と並べた。ＢＡＳＦが反論する番になったが、ベルントゼンがほとんど何も言えないのを見て、ヘキスト側はほくそえんでいた。

そこへドアが開き、ネルンストがハーバーと腕を組んで現れた。二人はまるで大親友のようだった。そしてヘキストの訴えの中心人物ともいえるネルンストが、そこにいた人によれば「情熱的な演説」をはじめた。ネルンストは、自分が以前におこなった研究は、ハーバーが開発した技術と深いかかわりがあるわけではないと述べた。ハーバーは自らの手で、高圧という新開地を開いたのだ。ネルンストは自分がおこなった新たな研究により、ハーバーの特許は「まったく新しいタイプの実験結果を扱っており、たいへん重要な技術の実験的基礎を築いている。こうした理由により、問題となっている特許に示されている彼の発明は特許によって保護されるべきものと私は考える」に至ったと述べている。

彼が話しているとき、ヘキストの代理人は弁護士のほうに身を乗り出して、こうささやいた。「われわれは退散したほうがよさそうだな」

ある歴史研究家は「ネルンストが手厳しい批判派から、ハーバーに好意的な支援者に変わったことは驚きである」と述べているが、それほど不思議なことではない。裁判の数週間前に、ネルンストはBASFの顧問役に就く謝礼として、年間一万マルクを受け取る五年間の契約を結んでいたのだ。

その日の午後遅く、ボッシュとBASFのチームは本社に電報を打った。「ヘキストの特許無効の訴えは却下され、彼らが裁判費用を払うことになった」

ハーバーとBASFがもちつづけていた懸念は、これですべて消えた。ヘキストの訴えが退けられたことで、BASFの取締役たちの反発を抑える役にあったハインリヒ・フォン・ブルンクの死後、窒素生産計画への疑問が再浮上する可能性も弱まった。さらに重い意味をもっていたのが、生産面での進歩だった。試作品の装置で何トンものアンモニアが生成されている。システムもうまく動いている。ブルンクの催促がなくても、取締役会は本物のアンモニア工場の建設にゴーサインを出すしかない。これまでの巨額の投資を考えれば、他に選択肢はなかった。

ボッシュは工場建設の責任者となり、一九一一年五月七日、オッパウの建設現場で初めて土が掘り返された。ボッシュは設計と建設のあらゆる面を監督し、複雑なプロジェクトのそれぞれ違った部分をつなぎ合わせて、最初から最後まで総合的に計画するシステムをつくった。オッパウにないものはなかった。機関車サイズのコンプレッサー、試作品であるビッグ・リグの四倍の大きさのオーブン、空気から取り出した窒素を冷やし、蒸留して精製するための小工場、さらにアンモニアから肥料をつくる工場、何マイルも続くパイプやチューブ、自家発電機がついた完全な電気系統、車両基地つきの出荷センター、一八〇〇人の研究者と一〇〇〇人の助手を擁する研究所、一万人を超える労働者のための家と交通機関。それぞれの過程が次の過程を動かし、人や力や材料がたえず流れつづける。ボッシュは一つの町のような機械をつくろうとしていたのだ。

彼は外見にはこだわらず、その働きだけを重視した。しかしできあがってみると、驚くほどモダンな建造物となり、一九一一年ではなく一九五〇年代の産業デザインのようだった。単純で明確なライン、広々とした区画、自然の光と風を取り入れる大きな窓。

オッパウは建設開始からわずか一六か月の、一九一三年九月に始動した。試運転中に故障や遅れはあったが、ボッシュの優秀なチームの手に負えないことはなかった。それまでの三年間の進歩をすべて注ぎこんだ大型オーブンは、見事に働いていた。一年もたたないうちに、オッパウでは一時間に何トンもの肥料を生産できるようになった。彼らはそれにチリ産と競合できる値段をつけて、つくったらできるだけ速く売ろうとした。その事業が軌道に乗ると、巨額の利益が転がりこんできた。

ブルンクとボッシュのアンモニア生成がうまくいくことがはっきりすると、ＢＡＳＦは他の窒素固定プロジェクトすべてから手を引いた。オットー・シェーンヘルの電弧法の炉の開発を中止し、ノルスク・ハイドロとの契約も破棄した。高圧法は他のどんな手法より優れていた。オッパウの工場で使うエネルギー量は、電弧法を用いているノルウェーの炉よりはるかに少なく、電力の入手を滝に頼らずにすむ。そしていくらでも規模を大きくできる。ボッシュは効率を最大限に高め、生産コストをできるだけ削減するため、できることはすべておこなった。オッパウのオーブンはアンモニアができるときに放出される熱の大部分を再び取りこむため、それ以上のエネルギーは必要としなかった。いったん熱したら、あとはほぼ自給自足で稼働する。工場の建設には巨額の資金が必要だが、資本コストを払ってしまえば、アンモニアの生産コストはごくわずかだ。最もコストがかかるのは、やはり純粋な水素をつくることだ。ボッシュはこの問題にも取り組んでいた。

オッパウ工場がフル生産体制には届いていなかったころから、ボッシュは拡張を計画していた。彼はオッパウを開発過程の最終地点ではなく、さらに大きなことへの一段階にすぎないと思っていたようだ。オッパウのオーブンは大きいが、ボッシュはエンジニアたちに、もっと大きく、背が高く、幅の広いものが欲しいと言っていた。「われわれはドイツ製鋼業の限界を極める必要がある」と彼は言った。

一九一三年当時の限界は、二〇フィート（約六メートル）の長さのシリンダーにあった。それは巨大な鉄パイプのように見える。ドイツの製鋼会社でも、それ以上大きいものはつくれなかった。そこでボッシュは接続部が圧力にも耐えられる方法を見つけ、二つのオーブンをくっつけて二倍の大きさ（そして生産量も二倍になる）のオーブンをつくろうとした。それなら鋳物工場に新しい注文を出さずにすむ。

最大限の大きさのオーブン、最高の触媒、他の付随的なプロセス、気体と肥料の生産、あと必要なのは労働力だった。ボッシュはオッパウ工場で働く従業員を、二年で二〇パーセント増やした。彼は工場を二四時間体制で稼働し、従業員は一部労働時間が重複する、九時間交代のシフトで働いた。オーブンが停止するのは、定期点検、修理、内壁保護材交換のときだけだった。

彼はさらに住居を建て、離れたところに住んでいる何千人もの従業員たちの通勤が楽になるよう列車のダイヤを調整した。アンモニアの生産量は小さな流れから奔流と呼べるほどに増えた。

ボッシュがつぎつぎと計画を実現していくスピードは、ＢＡＳＦの役員から見ても驚くほどだった。高圧での化学的作業が産業レベルで大規模におこなわれたことはかつてなかった。それはボッシュと彼のチームにとっても未知の領域だったため、問題解決には新しい方法、新しい装置、新しいアイデアが必要だった。それを彼らは仕事を進めながら開発していった。その結果、オッパウはたんなるアンモニア工場以上のものになった。それは高圧化学という、まったく新しい技術の誕生の瞬間だった。ＢＡＳＦはすべてを特許化し、あらゆるものに適用した。オーブン、触媒、高速作動式の磁気バルブ、連続流量計、高圧ガス濃度測定装置、新しい熱交換器、循環システム、ガスケット、リストはえんえんと続いた。世界じゅうでこの仕事をできるのはＢＡＳＦだけだった。

ボッシュはまた別のことを考えはじめた。高圧技術でアンモニアができるなら、他に何がつくれるだろう?

一九一三年夏、ネルンストとドイツ物理学界の陰の実力者マックス・プランクは、チューリッヒへの夜行列車に乗った。彼らの目的は、当時の最も偉大な理論物理学者にして変わり者の天才アルベルト・アインシュタインを、ベルリンに呼び戻すことだった。アインシュタインはドイツ生まれだったが、故国の軍国主義的な文化に反発して（そして兵役義務を避けるために）、若いときに国を出た。彼らの望みはアインシュタインをドイツに戻らせ、故国の生え抜きの研究者を集めたＫＷＩの大黒柱になってもらうことだった。それでまたドイツ科学の偉大さを示すことができる。

チューリッヒで二人はアインシュタインが断れないような申し出をした。もし彼が故国に戻れば、相当な額の給料と研究助成金を得られるばかりでなく、プロシア科学アカデミーの最年少メンバーとして迎えるというのだ。アインシュタインは友人にこう語っている。「二人はまるで、珍しい切手をなんとか手に入れようとしているマニアのようだった」。彼はドイツに対して何の敬意ももっていなかったが、オファーされた地位に就けば、チューリッヒでの教職から解放され、思索に費やす時間が増える。それにドイツにいるいとこのエルザのそばに住むことができる。アインシュタインの結婚生活は崩壊しかかっていて、彼はそのいとこに夢中だった。

ベルリンに着き、アインシュタインはフリッツ・ハーバーと知り合った。ハーバーがアインシュタインをドイツに連れ戻すよう、強力に主張したのだ。彼はアインシュタインの優秀さを、おおいに評価していた。しかし彼らは違いすぎるほど違っていた。ハーバーは完璧なドイツ人に変身を遂げていた。軍隊賞賛、皇帝賞賛、妥協のないプロシアスタイルの愛国者だ。アインシュタインは何者にも縛られない思想をもつ、辛辣な語り口の世界主義者、ボヘミアンな平和主義者であり、まさにハーバーが体現しているものをばかにしていた。

アインシュタインにはハーバーのしだいに高くなっている鼻をへし折る力があった。「あいにくハーバーの写真がそこらじゅうで目に入る」。アインシュタインは一九一三年、ＫＷＩに慣れたころ、友人に宛ててそう書いている。「それを思うたびに胸が痛む。残念ながら、それさえなければすばらしい男が、自分の虚栄心に屈してしまったと認めざるをえない。しかもとても趣味がよいとさえいえない種類の虚栄心に」。ただし二人は科学者としては尊敬しあっていた。国で最も傑出したユダヤ人という点も共通していた。実績とは関係なく、彼らはどちらも永遠のアウトサイダー、永遠の二級市民だった。アインシュタインはその事実を理解し、嫌悪していた。ハーバーは受け入れられようとして、なおも奉仕を続けた。

それでも二人は固い友情で結ばれた。アインシュタインはハーバーの息子に数学を指導し、ハーバーは破綻した結婚生活をおくるアインシュタインを支えた。アインシュタインの最初の妻が、いとこにのぼせあがった彼に愛想を尽かして出ていったとき、ハーバーは彼について列車の駅まで行った。アインシュタインが妻と二人の息子に別れを告げたあと、ハーバーは嘆き悲しむ若い科学者に一晩じゅうついていた。「ハーバーがいなければ、私はそんなことに耐えられなかっただろう」とアインシュタインは語った。

アインシュタインは、当時の世界情勢についても嘆き悲しんでいたのだろう。家族との別れの前日、オーストリアがセルビアに宣戦布告した。その数日後、ドイツがロシアに宣戦布告した。妻が去った日の夜、アインシュタインはハーバーに、ドイツ人の軍国主義や、戦争の狂気について話した。しかしハーバーはすでに軍役に志願していた。

12

——戦争のための固定窒素——

ボッシュは一九一四年の前半を、オッパウの工場を軌道に乗せることに費やした。故障や欠陥を修正し、システムの微調整をおこない、最大限にまで生産量を増やすことを目指した。夏が来る前、戦争が始まるまでの数週間、工場はこれ以上ないほど効率よく稼働していた。彼が何より心配していたのは肥料の市場であり、それを制覇するためにまた別の調査チームをつくった。これは肥料の効きかたと、どうすれば効果の高いものをつくれるかを専門に研究するチームだ。彼は製品のテストと改良のために、オッパウ工場の近くに実験農場と研究所を建てた。アンモニアからできる肥料でいちばん簡単にできるのは、化学用語でいうと硫酸アンモニウムである。農業の世界ではまだ、長年使われてきたチリ産の硝酸アンモニウムを好む人が多かった。ボッシュは自分たちがつくった肥料が、昔ながらの肥料より優秀とは言わないまでも、同じくらい優れていることを証明したかった。

オッパウ工場ができたことで、肥料を人工的につくるという概念が確立した。それを可能にした方法は、最初の開発者と工業的なレベルにまで引き上げた研究者の名を取って、ハーバー・ボッシュ法と呼ばれるようになった。ハイフンでつながれたこの名称は科学の世界における変化の象徴でもあった。二〇世紀に入り、科学研究の産業化、あるいは産業応用の重要性が増しており、産業界の研究者が学術研究者と肩を並べるくらい重視されるようになったのだ。

ハーバー・ボッシュのシステムは前途遼遠だった。一九一四年には効率的な工場が一つあるだけで、生産量はドイツ国内の需要を満たすにも足りず、ましてや世界的な需要にはとても追いつかなかった。固定窒素の量からいえば、チリ硝石（継続して入ってくるかぎり）やノルウェーの電弧法で生産される肥料には、はるかに及ばない。ドイツのビジネス界の有力者や銀行家のグループが、大量の電気を使って窒素分子と炭化カルシウムを高温で反応させ、カルシウム・シアナミド（これも窒素を含む肥料）をつくる技術に大金を出して支援していた。アメリカでは巨大化学会社であるアメリカン・シアナミドがこの技術を使っていた。同社はナイアガラの滝で生じさせた電気を潤沢に利用できた。ドイツでは投資家の団体が政府に対し、もっと多くのシアナミド工場に投資するよう働きかけていた。それに対抗するため、ＢＡＳＦはさらに多くのハーバー・ボッシュシステムの工場をつくる必要があった。

どんな種類の工場にも需要はあったが、ＢＡＳＦは自分たちの技術が最高だと考えていた。そしてそれは正しかった。オッパウ工場ではすでに大きな利益をあげていたが（ＢＡＳＦは窒素で一九一三年から利益をあげていた）、肥料の需要がたいへん大きいので、つくったものはすべて売れ、さらに多くの要求があった。ボッシュはすぐオッパウ工場を拡張したがったが、建設コストが高いため、ＢＡＳＦの取締役会はためらっていた。

そのうちに戦争がはじまった。ドイツはすぐにパリを陥落させられると考えていた。手持ちの爆弾とその原材料（おもに備蓄されていたチリ硝石）で約六か月はもつと思われた。六か月分の弾薬があれば十分と判断していたのだ。

フリッツ・ハーバーも戦いは長く続かないと思っていて、終結する前になんとか軍役に就こうとした。

しかし彼は銃をもつには年齢が高すぎ、ユダヤ人であったため正式な軍人にはなれなかった。それでもこの戦争で、彼は別の方法で国家に奉仕し、ドイツにとって自分が不可欠な人間であることを示して、王宮に近づいて皇帝に助言をすることができた。彼は政府の科学顧問という役割を担い、科学研究が軍隊を助けることを強調した。そして戦争継続期間の予測が誤りで、もしさらに数か月も戦闘が続くことになったら、ドイツは深刻な爆弾の原料不足に陥ることに気づいた。その原料とは硝酸であり、軍事工場がトリニトロトルエン（TNT）やニトログリセリンを生産するのに使っている。硝酸は武器製造のために最も重要なものだ。それはチリ硝石とシアナミド法で、わりと簡単につくることができるが、アンモニアからはつくれない。八月の終わり、ハーバーはBASFに手紙を書き、同社が彼のアンモニアを大きな規模で硝酸に変えることができるか尋ねた（「彼の」というのは、ハーバーがまだアンモニア一キロあたり数ペニー受け取っていたという意味である）。BASFは、そんなこと「できるわけがない」と答えた。しかしボッシュをはじめとする何人かは、それについて考えはじめた。硝酸はとてつもなく貴重な品になろうとしている。ハーバーの手紙がきっかけとなって、BASFの上層部で議論が始まった。ボッシュと取締役会は肥料のためではなく、爆弾のために固定窒素をつくることを考えはじめたのだ。

窒素不足はすぐに深刻な状況になった。ドイツは比較的防備の手が薄かったベルギー国境からフランスへ侵攻した。ベルギーが中立国だったため、この策は国際的な非難を浴びた。ドイツ人兵士が中立国であるベルギー国民を蹂躙する図が、それからずっと戦争プロパガンダとして使われた。ドイツにとって計算外だったのは、イギリスの支援軍とともに、フランス軍が激しく抵抗したことだ。戦争が始まって数週間後、連合軍はパリ近くのマルヌ川でドイツを足止めした。電撃戦ですぐに終わるはずだった戦いは塹壕で泥沼化し、ドイツの侵攻は遅遅として進まず、夏が秋になって冷たい雨に苦しめられるようになった。どちらの陣営も要塞を破壊するために大砲を撃ったり榴散弾を塹壕にまいたりして、何トンもの火薬を燃やした。ドイツ軍はチリ硝石を求めて国じゅうを探し回り、工場の在庫を没収し、倉庫を襲い、農家の備蓄を略奪した。さらに中立国から買えるだけの量を買った。ベルギーのアントワープを占領して何千トンものチリ産肥料がぎっしり詰まった倉庫を発見して、ようやく一息ついた。それだけあれば当面は十分だが、それも長くは続かないだろう。一九一四年一一月、推定によれば、戦闘中のドイツ軍が使う火薬を供給するのに必要な固定窒素は、年間二九キロトンだった。一年後、まだ戦争は続いていて、二九キロトンの火薬が一〇週間でなくなるペースで使われた。さらに一年後には同じ量が五週間で使い果たされた。固定窒素を多く手に入れた側が勝利を手にするはずだ。

そうなると化学者の存在がとても重要になる。政府はシアナミド業界と取引をはじめ、火薬を入手するため、資金を出してその工場を拡張させた。ハーバーはそれは間違いだと思った。その理由は少なくとも二つある。まずその方法はハーバー・ボッシュ法に比べて効率が悪く、一トンの固定窒素を生産するのにより多くの労働力とエネルギーを必要とする。第二に、それでは彼自身には何の利益もない。戦争時に彼が利益を得る唯一の手段は、ハーバー・ボッシュ法でできたアンモニアを工場規模で硝酸に変える方法を見つけることだ。ハーバーはBASFとそのことについて話し合った。方法はある。数年前プラチナを触媒として使った方法を、ヴィルヘルム・オストワルトが特許化していたのだ。しかしそのための市場があまりなかった。ドイツでは彼らの知るかぎり、アンモニアを酸に変える工場は小さなものが一つしか稼働していなかったはずだ。触媒として使われるプラチナの価格が高いため利益はあまり見込めず、オストワルトの方法で大儲けするのは難しいと思われた。しかし硝酸の需要が高まっているいまこそ、ボッシュはもっと効率的な方法を見つけたいと思った。ミタッシュはすべてが揃った彼のチームに、プラチナの代わりになるもの、しかも質がよいだけでなく安価なものを見つけるよう指示した。彼らはすぐにそれを見つけた。それは鉄の化合物で、ビスマスを促進剤として使っていた。BASFには触媒がある。しかし戦争が泥沼化しはじめた九月末にボッシュが国防大臣と会ったとき、あったのはそれだけという状態だった。BASFは何らかの手を打たなければならなかった。政府は火薬を必死で探し求め、シアナミド業界はそれに応えるべく熱心なロビー活動を繰り広げていた。彼らは火薬をシアナミド法でつくることがどれほど容易かを繰り返し強調した。それはほんとうだった。アンモニアを転換するもっとよい方法が見つからないかぎり、シアナミドを使うのが最も効率的だろう。政府はそれに大いに興味を示し、資金を出してもっと多くのシアナミド工場をつくることを考えはじめ、それを実行するための計画が進められた。その間もボッシュはアンモニアから硝酸を安くつくる方法を探していた。

それは不可能に思えた。時間はどんどんなくなっている。ところがそのとき、彼は別の方法を思いついた。アンモニアを直接硝酸に変える必要はない。アンモニアを一回、別のものに変えてみればどうだろうか。彼はオッパウのアンモニアを、硝酸と同じくらいすぐれたものに変える方法を知っていた。それはドイツでヴァイスザルツ（ホワイトソルト）と呼ばれているチリ硝石だ。南米から船で輸入していた硝酸ナトリウムと同じものである。これなら変化させる方法はすでに実証され、必要な装置もつくることができる。ヴァイスザルツへの変換のための工場には大金がかかるだろうが、いまは戦時下であり、間違いなく政府の支援が得られる。BASFも皇帝の戦時費用を利用することができるだろう。そうなればシアナミド工場との競争を続けることができる。オッパウの拡張費用まで賄えるかもしれない。

郵便はがき

料金受取人払郵便

本郷局承認

6392

差出有効期間
2025年11月
30日まで

113-8790

東京都文京区
本郷2丁目20番7号

みすず書房営業部
行

通信欄

（ご意見・ご感想などお寄せください．小社ウェブサイトでご紹介させていただく場合がございます．あらかじめご了承ください．）

読者カード

みすず書房の本をご購入いただき，まことにありがとうございます.

書　名

書店名

・「みすず書房図書目録」最新版をご希望の方にお送りいたします.

（希望する／希望しない）

★ご希望の方は下の「ご住所」欄も必ず記入してください.

・新刊・イベントなどをご案内する「みすず書房ニュースレター」（Eメール）をご希望の方にお送りいたします.

（配信を希望する／希望しない）

★ご希望の方は下の「Eメール」欄も必ず記入してください.

（ふりがな） お名前　　　　様		〒
ご住所　　都・道・府・県	市・郡	
	区	
電話　（　　　）		
Eメール		

ご記入いただいた個人情報は正当な目的のためにのみ使用いたします.

ありがとうございました．みすず書房ウェブサイト https://www.msz.co.jp では刊行書の詳細な書誌とともに，新刊，近刊，復刊，イベントなどさまざまなご案内を掲載しています．ぜひご利用ください.

国防大臣との会合で、ボッシュは六か月以内にBASFのオッパウ工場をつくりなおして、月に五〇〇〇トンのヴァイスザルツを生産できるようにすると請け合った。ヴァイスザルツは（チリ硝石がそうであるように）簡単に火薬につくりかえられるし、また別の過程を経れば硝酸にもなる。そして自分たちのやり方のほうが、シアナミド業界のやり方より安価である理由を、とうとうと説明した。

それは簡単に請け合えるようなことではなかったが、BASFは大きく出る必要があった。政府の助成金があれば工場拡張の助けとなる。そして競争から脱落しないためには拡張が必要だった。BASFは自分たちがつくっている、肥料の原型とも言える硫酸アンモニウムは、チリ硝石に比べるとまだ農家にとって魅力は少ないことを知っていた。アンモニアを肥料に変えることができれば、武器市場への参入への道が開けると同時に、戦争が終わったあとにも新しい製品を提供することができる。チリ産と同じものを自国でつくれるようになれば、ドイツは南米との貿易に頼らずにすみ、（オストワルトが望んでいたように）そのリスクからも解放され、BASFは莫大な利益を手にすることができる。

ハーバーが困難を乗り越えて軍部とわたりをつけたおかげで、ボッシュはドイツ政府といわゆる「硝石契約」を結んだ。BASFはチリ硝石と同じものをつくりはじめる。最初は月五〇〇〇トンからはじめ、まもなくそれを七五〇〇トンに増やす。その代わりに政府はBASFに、オッパウ工場と生産の拡大、そしてアンモニアを肥料に変えるのに必要な工場建設のため、六〇〇万マルクの助成金を出す。

正式に契約が交わされると、BASFは軍事産業に組みこまれ、たんなる化学工場ではなくなった。ボッシュはそれを気に入っていたわけではない。彼のチームはその皮肉をわかっていた。自分たちは長年、人間を養うための技術を完成させるため必死で働いてきた。それなのに同じ技術が人間を殺すのに使われる。ボッシュはそのことについてあまり口にしなかったが、心のなかでは感じていただろう。ボッシュの助手の一人が、硝石にかかわる交渉の間、ボッシュが「この下劣なビジネス」と口にしたのを聞いている。契約が成立すると、彼は酒を飲んで「何もわからなくなるほど酔っ払う」と言った。

しかし新しい工場が始動するまで、ドイツは硝酸塩を南米からの輸入に頼るしかなかった。それが第一次世界大戦中、めったにない事態を引き起こした。一九一四年一一月一日、最初の大きな海戦が始まった。ドイツとフランスのちょうど裏側のチリ沖でのことだった。それは短く激しい戦いだった。闇に包まれた荒れた海の上で、マクシミリアン・グラーフ・フォン・シュペー提督率いるドイツの最新の軍艦を揃えた艦隊は、古いが装備の優れたイギリスの艦隊をいくつか沈めた。月明かりのなかで戦いは続き、ドイツはイギリス船の上で燃えている火を目標にして追いかけた。イギリス側は二隻の巡洋艦と一六〇〇人の水兵及び将校を失った。ドイツは船も失わず、けが人が二人出ただけだった。それはナポレオンの時代以来、英国海軍にとって初めての大敗だった。

イギリスの誇りを傷つける以上に重要だったのは、その現実的な結果だった。ドイツは最初の重要な数か月で英国海軍を南米西海岸から追い払い、少なくともその時点ではチリからの硝酸塩のもち出しが自由にできた。シュペーが全面勝利をおさめたため、イギリスが硝酸塩をもち出そうとすればドイツに襲撃される危険があり、保険会社はイギリスの硝酸塩輸出船に保険をかけるのを拒否した。イギリスも火薬と爆弾の製造をチリとの貿易に頼っていたため、ドイツの包囲網が効果を表しはじめ、じわじわとイギリスの戦闘能力は奪われていった。当時のアメリカの軍事専門家が評したように、「連合軍の硝酸塩供給への攻撃で、フランス軍は機能不全に陥った。軍艦を失ったことより、硝酸塩の輸送船を破壊されたことのほうが、連合軍にとっては打撃だった」

それでドイツは一息つくことができ、その間に政府は急いで自国の硝酸塩生産工場を始動させようとした。しかしそれも長くは続かない。数週間もしないうちに、連合軍はシュペーを追って強力な艦隊を送りこんできた。自分たちより強い艦隊が向かっていること、そして故国からの助けを待っていては間に合わないことがわかっていたので、提督は帰れるうちにドイツに帰ろうと考え、船を率いてホーン岬を回り、大西洋北部へと向かった。途中で燃料が必要だったため、フォークランド諸島にあったイギリスの石炭貯蔵庫を急襲する。これはイギリスが予測していた行動だった。一九一四年一二月八日、イギリスが戦いの火ぶたを切り、ドイツ軍を海上で撃退した。死んだ二〇〇〇人のなかには、シュペーとその息子二人もいた。

その戦いのあとは、チリの硝酸塩貿易は連合国が支配権を握りつづけた。連合国の輸送船の数はあっという間に二倍になった。その一方でドイツは、武器と作物用肥料の原材料から、完全に切り離されてしまった。自国での生産が以前よりはるかに重要な意味をもつようになったのだ。

シュペーが急いでドイツに戻ろうとしているとき、ドイツの野戦司令官たちは、西部戦線での戦いが危うくなっているのは火薬の不足が原因だと政府に訴えていた。火薬と爆薬を手に入れるため、できることはすぐにやらなければならない。

政府からの資金援助を受け、ボッシュはチームを集合させ、エンジニアたちとブレーンストーミングをおこない、一九一四年一〇月二四日にはアンモニアをチリ硝石に変えるシステムを建てはじめた。政府の資金のおかげで、新しい世代のアンモニア生成オーブンを設計し、つくることができた。それは前のモデルの二倍の大きさで、高さはほぼ四〇フィート（一二メートル）、しなやかな鋼製で、ボッシュ・

ホールが点々と空いている。そこにはさらに進歩した高圧テクノロジーが詰めこまれていた。オーブンが大きくなるほど効率はよくなる。ボッシュの新しいオーブンは、彼の技術が窒素を固定するための最も効率のよい方法だということを示していた。

一九一五年五月、硝石契約を結んだわずか八か月後、契約書に書かれたとおりに事が運びはじめた。一日に一五〇トンのヴァイスザルツがオッパウ工場でつくられるようになったのだ。ＢＡＳＦはこの成功を最大限に活用し、政治家や軍人をオッパウの広大な工場に招き、巨大なオーブンやコンプレッサー、科学者のグループ、何千人もの労働者の間をめぐり、ドイツの勝利のために昼夜を問わず働いていることを訴えた。プレスリリースが発送され、会議が開かれた。オッパウは国民の誇りとなり、政府高官やトップクラスの経営者たちがこぞって訪れた。その施設の大きさ、力強さ、効率に、誰もが圧倒された。空気と水からつくったもので戦う（連合軍にはその技術はない）という考えは強烈だった。ボッシュの巨大なオッパウ工場は、それ自体が広告塔だった。オッパウをモデルとして使い、ＢＡＳＦはシアナミド関係者を出し抜き、ハーバー‐ボッシュ法こそ支援に値する窒素固定システムであるというイメージを、政府内やマスコミに刷りこんでいった。

そして彼らの言い分は正しかった。それは爆薬をつくる最高の方法だった。まもなくシアナミド法は一トンあたりの固定窒素をつくるのに、ハーバー‐ボッシュ法より多くの電気と労働力を必要とすることが明らかになった。一九一五年以降、ドイツ政府はシアナミド法への投資はやめて、ハーバー‐ボッシュ法への支援だけを続けていた。オッパウでの生産量が増えるにしたがって、市場でのシェアも大幅に増えた。しかしオッパウは手はじめにすぎなかった。

オッパウの誰も空中からの攻撃など予想していなかった。航空機による戦闘はそれまでまったく例がなく、技術もまだ未熟な段階だったため、敵がドイツに飛んできて工場を攻撃するとは想像もよらぬことだった。しかし一九一五年五月二七日、木と粗布でできた小さくて弱々しいフランスの戦闘機隊が唸りを上げてオッパウ工場上空に現れ、建物や、労働者の乗った列車や、労働者たちの上にも小さな爆弾を落としはじめた。オッパウには空中からの攻撃を防ぐ術がなかったが、そのときの被害はわずかだった（それはおもに爆撃技術が未熟だったからにほかならない）。しかしこの出来事が、戦闘員ではなく工場を空から攻撃するという新しい形の戦争の始まりを告げた。

オッパウ工場の外にはマシンガンが配備され、さらにサーチライトと高射砲も加わった。ＢＡＳＦはオッパウの近くに偽の化学工場を建て、敵をそちらにおびきだそうとした（しかし敵がだまされることはなかった）。攻撃は続き、月が照っているときは夜間にも爆撃された。工場を一つの統合された装置にしたボッシュの工夫は、効率面では利が多かったが戦時には不利に働いた。オッパウの工場は狭い範囲に建物が固まっているため、爆弾の落ちどころが悪ければ、いっぺんにすべてが吹き飛ばされる。損傷自体は小さくても、オーブンや熱交換器、コンプレッサーなどの電源を一回切って再始動することを繰り返すことで、大きな損失を生む可能性がある。戦争中、オッパウ工場は敵の爆撃よりも、自分たちでおこなう修理で苦しんでいた（戦時中なので鋼の質もよくなかった）。戦いはやまず、戦闘機が上空を飛びつづけ、工場は疲弊していった。何か手を打たなければならなかった。

攻撃を止める方法はない。それは地理的な問題だった。オッパウ工場は（ルートヴィヒスハーフェンにあるＢＡＳＦの他の工場と同様）フランスに近いライン川の西側にあるため、フランスの戦闘機に狙われやすいのだ。ドイツにとっては、オッパウ工場を失ったり、大幅に生産量が落ちたりするのは致命的だ。一九一五年九月、皇帝の政府はBASFにもう一つ取引をもちかけた。ドイツの国益のため、同社はライン川から離れたところに、オッパウ工場の二倍の規模で第二の工場を建てる。ボッシュはドイツのほぼ中心で石炭と水の手に入りやすい場所を提案した。交渉はハーバーを仲介役として、何か月も続いた。BASFはそれほど大きな工場をつくったら、戦争が終わったときアンモニアの市場が飽和状態になるのではないかと心配していた。同社は政府にすべてのコストを肩代わりしてもらうことを望んでいた。ドイツ政府はBASFの提案に対し、工場をドイツの国立施設とし、BASFを運営責任者として雇う形にするという条件を出した。しかし弾薬の貯蔵量がどんどん減っている状態で、政府は値切っている暇はなかった。結局、BASFが工場を所有することで話がついたが、その建設費は、生産が始まってから返すという条件で、BASFが政府から三〇〇〇万マルクを借り、さらに他の支援も受けることになった。最終的に契約が結ばれたのは、長く凄惨なベルダンの戦いの最中だった。

建設現場も決まった。新しい工場はフランスの戦闘機が飛んでこないくらい離れた、ライプチヒ近くのロイナという小さな町につくることで合意した。

ボッシュとBASFの目はすでに、戦争後に平和が訪れた時代に向いていた。弾薬のための硝酸ナトリウムの需要は減るだろう。そうなるとアンモニアをチリ硝石に変える事業に投資するのはリスクがある。そのときはまたアンモニアが主要商品になる。しかし巨大なロイナ工場が完成すれば、大量のアンモニアができる。それにオッパウでの生産量が加わると、戦後は価格が下がり、BASFの工場がアンモニアであふれかえる不安があった。

しかしそれも悪いことではないのかもしれない。政府から支援を受けて建てた工場が利用でき、固定窒素全体の価格が急激に低下すれば、ライバル（シアナミド製造会社やチリからの輸入）を市場から追い出せる可能性がある。ハーバー - ボッシュ法でつくられたアンモニアと、それを使った製品（ＢＡＳＦの硫酸アンモニウム肥料のような）の価格を大幅に下げることができれば、自分たちが世界の市場を支配できるかもしれない。ＢＡＳＦはすべての特許をもっていたので、市場に参入しようとする者は、まずドイツと交渉しなければならない。つまり世界じゅうから使用許諾料が入ってくることになる。少なくともロイナ工場ができれば、ボッシュのチームはオッパウ工場で学んだことをすべて実践に移すチャンスをつかめる。修理の途中のものをすべて仕上げ、最新の大きなオーブンを完成させ、できるだけの効率化をおこなう。すべてがいまより大きく、すべてが順調に動くようになる。ボッシュには、オッパウ工場がまるで試作品にように見えてきた。ロイナは大傑作となるだろう。

ドイツ軍部からすると、新しい工場はすぐに必要なものであり、将来を左右するものでもあった。その工場は二通りの使い方があった。平和時には肥料として。戦時には爆薬として。どちらも重要なものだ。とくにいまはチリとの貿易が止まったままだった。農業用製品が簡単に軍事用製品に切り換えられるロイナ工場は、平和時にはドイツ国民を養い、戦時には国民を守る、秘密兵器のようなものになるだろう。硝石契約の交渉のときＢＡＳＦが提案したように、取締役たちは「終戦後まで続く永続的な協定を結び、それから何年かは軍部との取引を確保することを」望んでいた。ロイナ工場があれば、ドイツはいつでも好きなときに、爆弾や弾薬をつくり、戦争をはじめることができるようになるはずだった。

しかしそのときはまだ、弾薬と肥料の間での綱引きだった。爆弾に回す固定窒素の量が増えるほど、農家へ回す分が減る。戦時は当然ながら軍が優先された。しかし一九一五年の春から夏まで戦闘が長引くと、ドイツの農業従事者たちから、肥料不足への不満と不作への懸念の声が聞こえはじめた。農家の訴えに背中を押され、政府はハーバー・ボッシュ工場へ、さらに巨額の投資をおこなった。アンモニアからつくったヴァイスザルツはＴＮＴの原料であると同時に、肥料としても使える。ハーバー・ボッシュ法がさらに広がれば、それは戦争の他に農業に投資することにもなる。これらの理由からロイナ工場建設が押し進められたのだ。

ボッシュと彼のチームがロイナのプロジェクトに没頭している間、ハーバーは新たなことをはじめた。戦争での勝利こそが彼の目標だった。彼はドイツの爆薬不足の解消に手を貸したが、爆薬があれば勝てるとは思っていなかった。彼は別の武器の開発に目を向けていた。爆薬に頼らず、それでいて破壊力が大きく、敵を恐怖に陥れる武器だ。

第Ⅲ部　SYN

13

――ハーバーの毒ガス戦――

フリッツ・ハーバーは皇帝に尽くし、栄光を熱望していた。頭には科学をドイツの勝利に役立てるためのアイデアが詰まっていた。彼は仕立て屋を雇い、自分でデザインした軍服を身につけた。出来上がったものはたいへんエレガントで、彼の友人によれば「司令部にかなりのセンセーションを巻き起こした」という。彼はそのころには、さらにプロシア的になっていた。何事にもきちんとして、疲れを知らず効率的。頭をそり、口ひげをきれいに手入れし、服はしみ一つなく、つねに片めがねを用意していた。このころハーバーの存在は「国家の見識を無批判に受け入れること」で回っていたと、彼の息子の一人がのちに書いている。

それは多くのドイツ人にとっても同じだった。近代ドイツが生まれたのは一八七一年という、ハーバーやカール・ボッシュが生まれたのと同じころで、当時はまだ若い国家だった。第一次大戦前のドイツには、思春期の不安定さと自己中心性、虚栄心と激しさ、尊敬を得たいという渇望と短気が混在しているようだった。ドイツが複雑なのは、もっと老練で強力な兄弟ともいえるフランスとイギリスが存在していたからだ。世界の目はこの二国に向いていた。ドイツは世界に出るのが遅く、巨大な植民地帝国主義を築くことができなかったため、国内の強化に力を入れ、工業技術、教育、軍隊、科学の発展を目指した。

同時に、ドイツ人は自らの文化にロマンチックな考え方をもっていた。外からは執拗で粗野な国民性と見られることが多かったが、国民は自分たちの国は「詩人と思想家の土地」であり、ゲーテ、シラー、ベートーベン、バッハ、カント、ニーチェを生んだことを誇りにしていた。ドイツはどちらかといえば土地もやせていて、天然資源も乏しいが、国民のプライドは高かった。歴代の政治指導者はそれを利用し（鉄血宰相と呼ばれたビスマルクはとくに）、競い合っていた王国と都市国家の寄せ集めを、一つの国にまとめあげようとした。その役に立ったのが、つねに周囲の敵と戦わなければならないという危機意識であり、その顕著な例がオーストリアとフランスとの戦争であった。ドイツは大国への道を歩んでいたが、生き残るためには強力な軍隊が必要だった。そして強力な王が必要でありその王に従う必要があった。

あいにくなことに、国民が従ったヴィルヘルム二世は狂人だった。その一方で彼はヨーロッパきっての優秀な指導者、妄想にとりつかれた王、ドイツ史上最も栄誉ある皇帝という人もいる。それは誰と、いつ話すかによって変わる。いずれにせよはっきりしているのは、ヨーロッパで最も進んだ技術をもっていた国家の絶対君主は、彼を知っているすべての人から見て、イギリスのサリズベリー卿が言ったとおり「正常とは言えなかった」ということだ。

皇帝はその勢力、想像力、すばやく状況を把握する能力で、周囲の誰もを感嘆させたかと思うと、次の瞬間にはかんしゃくを爆発させ、激しい非難をはじめる。彼の左腕は出生時の病気のせいで萎えていて、ほとんど使うことができなかった。彼はそれを隠すため、手袋をもって歩いたり、手を剣の柄に添えたりしていた。そして力強い右腕を使って他人を傷つけた。あるときは幼いドイツの王子を小突いたりつねったりして泣かせ、またあるときは宮廷のレセプションでブルガリア王の尻をひっぱたいた。彼は悪ふざけや狩猟、軍のなかで荒っぽい連中といるのが好きだった。彼はつねに何か娯楽を必要としているように見えた。

彼を楽しませ、かんしゃくをなだめるため、取り巻きはあれこれ工夫をした。廷臣の一人が王家の集まりで、プードルの着ぐるみを着てヴィルヘルムに吠えて見せた。政治危機のとき、ヴィルヘルムの気をそらそうと、軍事閣僚の一人がチュチュを着て頭に羽飾りをつけた。その閣僚は王の前で踊っているとき、心臓発作で死んだ。

楽しいことがないときの皇帝は危険人物になりかねなかった。軍を巡回しているとき、皇帝が何気なく下級士官をばかにした。するとその若者が皇帝を叩き、そこにいた全員を震え上がらせた。彼は地下室に連れて行かれ、自決の機会を与えられ、実際にそうした。時がたつにつれ、皇帝の感情爆発は異様になり、予測をつけにくくなった。側近たちは不安を感じはじめ、外国の大使の間にも噂が広がった。イギリス外務大臣は政府に（その頂点に立っていたのはヴィルヘルムの祖母であるビクトリア女王だった）、〝ウィリー〟（バッキンガム宮殿での彼の呼び名）は「舵のない戦艦が、蒸気を盛んに噴き出してスクリューをフル回転させているようだ」と伝えた。ドイツはそのような男に国の行く末をゆだねていたのだ。

一八九〇年代には、この常軌を逸した王を倒そうとする動きがあった（ヴィルヘルムが帝位に就いたのは一八八八年）が、うまくいったことはない。皇帝は自分の地位を固めるくらいの知恵があり、年老いたビスマルクから宰相の地位を取り上げ、まわりを忠実な従者で固めて、選挙で選ばれた議員に明け渡していた権力の一部を君主の側に取り戻した。政府高官たちは心配したが、強さを誇示したヴィルヘルムに国民は感銘を受けた。彼は自分が神聖なる王であると信じ、その役割を演じていた。彼が剣を振り回して世界に存在をアピールすればするほど、ドイツ人は彼を敬愛するようになった。皇帝の批判派ですら、おとなしい指導者よりは強い指導者のほうがいいと認めることになった。

ヴィルヘルムの政策と気まぐれによって国が戦争に向かっているとき、ほとんどの部下は彼を讃えてついていった。ドイツはその偉大さを、もう一度、証明しようとしていた。

第一次世界大戦はのちに化学者の戦争と呼ばれるようになった。それはまさにドイツにあてはまる。テクノロジー重視の教育レベルの高い君主制国家であり、アインシュタインやマックス・プランク（二大近代科学の父）、そしてヴィルヘルム二世の誕生地。皇帝の強大な力にもかかわらず、ドイツは一枚岩とは言いがたかった。選挙でドイツ帝国議会に選ばれた議員には、リベラル派、社会主義者、労働運動家、保守派、君主制擁護派がいた。議論は活発で、貴族権威主義者から社会主義理想主義者まで、あらゆる見解に対して寛容で、科学に対しては誰もが敬意を払っていた。科学は政治より上に位置し、とても開放的で平等であること、そして実際的な意味で産業や国家のニーズに貢献していることによって、敬われているようだった。科学は富を生み、ドイツに力を与えてくれた。たしかに成功してドイツ科学会最高峰の地位にまで昇りつめたのは、ドイツ国家の目標と密にかかわってきた人物であることが多いが、科学の世界ではどんな政治思想をもつ人物であれ（女性でも）、民族的背景がどうあれ、ユダヤ人であるハーバーやアインシュタインのように栄誉が与えられ、功績によってふさわしい地位が与えられる。ヴィルヘルム二世皇帝も、熱狂的な科学信奉者だった。カイザー・ヴィルヘルム研究所に、自分の名前がつけられたことを誇りにしていた。ユダヤ人でありながらプロシア風の愛国者であるハーバーのような科学者がいることも誇りであり、ビジネス界のトップと親しくしている科学者にとくに敬意を払っていた。

ハーバーは皇帝に認められようと熱心に働いた。戦争が始まって数週間、彼は研究所、官庁、軍司令部、企業の役員室を行ったり来たりしていた。閉ざされていたドアが、彼に向かって開きはじめた。彼は最高顧問という、枢密顧問官《ゲハイムラート》に近い存在となった。ベルリンではどこへ行っても尊敬され歓迎された。戦争は彼の尽きることのない精力のはけ口となり、活躍の場を与え、つねに何かを探している頭脳に、目的と意義をもたらしてくれた。彼は一心に研究に打ちこみ、彼の研究施設を軍事専門研究センターに近いものに変えてしまった。彼は何が必要かを考え、政策をあれこれ頭のなかで組み立て、取引を手配し、契約を結び、できるかぎり例の軍服を身に着けていた。科学者が平和主義だと誤解をしている人も、ハーバーを見ればそれは間違いだとわかる。「ハーバーの行為は、人は知識をもつと穏やかになるというモンテスキューの信念を裏切りつづけている」と、ある同僚の科学者が言った。「彼は大きすぎる野望のために、戦争に勝つことばかりを考えるようになったのかもしれない」

彼が戦争にこだわるのには、もう一つ動機があった。彼はすでに改宗していたが、まだユダヤ人と思われることが多かった。ドイツに住むユダヤ人が戦争に熱心だったのは、皇帝のために戦えば、自分がドイツにとって価値のある人間になるという感覚があったからではないだろうか。「少なくとも戦争中は平等だ」と、あるドイツに住み戦争に志願したユダヤ人がそう書いている。その人物はそれからすぐに殺された。

ハーバーが戦争に入れこめば入れこむほど、妻は孤独を深めていった。クララ・イマーヴァールはフリッツ・ハーバーと同じく、ブレスラウの成功したユダヤ人家庭に生まれた。クララもフリッツと同じように野心に満ち、聡明で、化学に情熱を注いでいた。二人の違いは、フリッツの情熱がすべて表に出ていたのに対し、クララの情熱は内にこもっていたということだ。彼らが初めて会ったのはクララがまだティーンエージャーのときだった。彼女がブレスラウの大学に入学して再会を果たした。彼女は才気があり魅力的な学生で、フリッツ・ハーバーはようやく自分のキャリアのめどが立ったところだった。二人はクララが化学の学位を取得した数か月後に結婚した。彼女は三〇歳だった。

ハーバーは最初は彼女に心を寄せているように見えたが、やがて彼がほんとうに気にしているのは科学と国家のことだけだということがはっきりわかった。クララはお腹に子どもができる前から、結婚生活に不満を感じていた。一九〇二年に息子のヘルマンが生まれたとき、罠にはまり身動きがとれなくなってしまったように感じた。子どもが生まれたほんの二、三週間後、ハーバーがアメリカの科学施設の見学に、四か月の旅に出たとき、さらにその思いは強くなった。二人の結婚生活は二度と元に戻らなかった。家に戻ってからというもの、彼はクララから距離を置くようになった。冷淡に接していると感じることさえあった。クララは大学の指導教授に手紙を書き「こんな苦しみを味わうなら、博士論文を一〇本書いたほうがましです」と訴えている。

ハーバーの問題は、博士号をもつ才能あふれた女性と結婚したのに、彼女に伝統的なドイツの妻になるのを求めたことだ。彼は夫の面倒をよく見て、キンダー、キュッヘ、キルヒェ（子ども、料理、教会）の活動に専念し、居心地のよい家庭をつくろうとする妻を期待していた。結婚したら妻は科学を捨て、家庭に入るのが当然と思っていた。それ以外は彼の想像の外だったようだ。「私にとって女性は美しい蝶のようなものだ。その色や輝きを愛でるが、それ以上のことはない」

クララは完璧な妻にはなれず、息苦しさを感じるようになった。夫がアンモニア生成装置を完成させようとしているころ、彼女は友人への手紙で心情を吐露している。

フリッツがこの八年間で成し遂げたことの分を、私は失いました。それ以上を失っているかもしれません。手元に残ったものといえば不満ばかりです……家庭の外での状況や私自身の性格にも悪いところはあるにしても、いちばんの原因は間違いなく、家庭と結婚生活のなかでフリッツが自分のことしか考えていないことです。彼に対して彼以上に強く自己主張できない人は、人格をひどく崩壊させてしまいます。まさに私自身がそれです。知性が高いからといって、他人より価値があるというものなのか、そして出会った男性が悪かったために、だめになってしまう私の一部は、電子理論より重要ではないというのか、私は自問自答しています……誰もが自分自身の人生を生きる権利をもっていますが、自らの〝気まぐれ〟ばかりを大事にして、他人や平凡な生活への侮蔑を露骨に示す――たとえ天才といえども、そんなことは許されるべきではないと思います。孤島で一人で暮らすのでないかぎり。

ハーバーが研究所で高い地位を得てベルリンに移ったことは、事態をさらに悪くしただけだった。クララは自分の世界に引きこもり、気分の波が激しく、うつうつとして不安にさいなまれるようになったが、表面的には家庭の仕事をこなしていた。このころを知る人の記憶では、彼女は「目立たなくておとなしい、灰色のねずみに変わってしまった」。目の粗いウールの服に白いエプロンをつけ、エネルギーのすべてを息子に注ぎこみ、「私たちが冗談の種にするほど、息子を過保護に甘やかしていた」と、親戚の一人が書いている。クララは家を空けるのを嫌がった。彼女は生気を失い影が薄くなっていった。

その一方でフリッツ・ハーバーは、社交の場によく顔を出していた。盛況な晩餐会やパーティーで才気をひらめかせていた。彼はよくベルリンのクラブで夜を過ごしたが、そのときは夜会服に身を包み、楽しく飲みながら他の会員と話をする。あるとき彼はクラブのビジネス・マネジャーから、シャルロッテ・ナタンを紹介された。彼女は話し好きで、服の着こなしかたもよくわかっていて、愛想もよかった。頭の回転が速く、容姿の美しいユダヤ人で、ハーバーよりはるかに若かった。クララがねずみなら、彼女は蝶だった。ハーバーがクラブで夜を過ごす日がさらに増えていった。

戦争がはじまって数か月、ハーバーの研究所は大きくなり質も変化した。政府の助成金で潤い、何百人もの職員を新たに雇った。周囲には鉄条網がはりめぐらされ、入口には警備の兵士が立っている。なかではハーバーとその助手たちが、秘密の武器の研究に取り組んでいた。彼は塹壕戦では、うまく塹壕に隠れた敵を倒すことはできないと思っていた。そのような戦いでは、爆弾や集中攻撃では勝てない。勝つには何かこれまでと違うもの、何かもっと破壊力のあるものが必要だと、彼は考えた。

「戦争というのはどれも、兵士の体ではなく心を攻めるものだ。新しい武器が兵士の士気をそぐのは、それまでまったく経験したことのない新しいものに恐怖を感じるからだ。われわれはもう銃弾には慣れてしまった。大砲では敵の心をくじけさせることはできない」と、ハーバーは言った。

研究中の武器は試験管のなかにあった。それはひそかに地をはい、塹壕にもぐりこみ、敵を窒息させる。体だけでなく心まで崩壊させる武器。止めることのできない武器。

毒ガス戦の概念は新しいものではない。かなり以前からあったため、ドイツをはじめ他の多くの国々が、どのようなガスであれ戦闘で使用してはいけないという協定（ハーグ条約）を、一八九九年に結んでいた。禁止されたもののなかには、「窒息性ガスや有害ガスを散布することだけを目的とした投射物」も含まれていた。

その協定を最初に破ったのはフランスで、第一次世界大戦が始まって間もなく、原始的な催涙ガスを含む爆弾をドイツに向って発射した。目的はドイツ人を殺すことではなく、その場所から追い払うことだった。これに対してドイツも刺激性のガスで応酬したが、威力が小さすぎて連合軍は気づきさえしなかった。イギリスもガス爆弾の製造法を研究しはじめた。しかしまだそれほど大きな威力をもつものは開発されていなかった。

ハーバーは自分なら通常兵器を超えるガス兵器を製造でき、ドイツを勝利に導けると信じていた。その熱意が買われ、彼はプロシア陸軍省に新たに設立された化学部門長に任命され、人々の羨望を集める大佐の地位を与えられた（これは一種の名誉職で、ふつうの軍の階級ではなかったためユダヤ人にも授与することができた）。

ハーバー大佐はその超兵器の製造に取り組みはじめた。それにはいくつか解決しなければならない問題があった。ほとんどのガスは、空中であっというまに散ってしまい、あまり周囲に害をなさない。彼はもっと重く、地上霧のように地面をはって塹壕に入りこむガスをつくりたかった。大砲で撃つのは、ガスの量が多くなりすぎるため、最適の方法とはいえない。ハーバーは大きな円筒形の容器（キャニスター）に空気より重いガスを詰めて、前線に並べることを考えた。それらを同時に開くと濃い雲状のガスが出てきて、風向きがよければ敵に向かって流れていく。そのガスを吸った敵は苦しくなって逃げ出すというわけだ。しかしハーバーが望んでいたのは催涙ガスではなく、殺人ガスだった。死の恐怖は兵士の士気をそぎ、パニックを誘発し、敵を大混乱に陥らせる。それを防ぐ手立てはない。敵は武器を捨てて逃げ出すだろう。さらにこの方法ならば協定違反にはならない。キャニスターを前線で使うことは、毒ガスを詰めた投射物の使用を禁じた一八九九年のハーグ条約に違反してはいない。これは専門的なことだが、ドイツにとっては重要だった。ハーバーが考えた方法なら、投射物は使わないのだ。

ハーバーの研究所は数多くのガスを検討し、ようやく理想的と思えるものを見つけた。それは塩素だった。薄緑色の気体の塩素は、空気よりやや重く、毒性が非常に高かった。そして塩素は染料をつくるのに使われているので、いくらでもあった。ＢＡＳＦは染料を大量につくっていたが、戦争で染料の市場が大幅に縮小され、塩素製造機は使い道がなくて遊んでいる状態だった。他の染料会社でもそれは同じだ。

ハーバーは一九一五年の最初の数か月で、頭のなかにあったものを完成させた。彼はとくに優秀なエンジニアと科学者を選り抜いて、この仕事にあたらせた。その集団のなかには未来のノーベル賞受賞者が三人も含まれていた（グスタフ・ヘルツ、オットー・ハーン、ジェイムス・フランク）。彼は前線に一五マイル（二四キロメートル）にもわたり容器を並べ、特別に訓練した部隊に、風向きがよいときいっせいにガスを放出させるという計画を立てた。戦意を喪失した敵の部隊はばらばらになって逃げ出すだろう。毒ガスのうしろから、防毒マスクをつけた何千というドイツ軍兵士が進撃し、敵の戦線を突破して勝利する。それまでは一発の銃弾も発射されない。ハーバーのつくったガスがパリ侵攻と勝利の扉を開けるのだ。同僚の一人が、毒ガス戦は国際協定に抵触するのではないかと懸念を示すと、毒ガスはすでにフランス軍が使っているとハーバーが反論した。いずれにしろ、塩素による攻撃がうまくいけば戦闘はすばやく終結し、「何人もの命が救われるのだ」とハーバーは主張した。

この計画が実地試験に移されると、ハーバーが自分のデザインした軍服で実験場を大股で闊歩し「冷静で恐れを知らず、最前線で死に真っ向から対抗している」ところを、部下の一人が見ていた。彼は水を得た魚のようだった。クララが一度、実験場に同行し、夫の武器の働きを見ていたが、騎兵の一人が見たところによると「女性は落ち着かないようすで、夫が新しいガス部隊とともに、前線に出ようとするのを必死で止めていた」という。危険があったのは間違いない。あるとき、馬に乗ったハーバーがガスの霧に近づきすぎ、あやうく窒息しそうになった。

ハーバーはすばやくこの毒ガス兵器を完成させたが、ドイツ軍の司令官たちは、あまりそれを使いたがらなかった。ほんとうに効果的なのか証明されていなかったし、毒ガス戦という考え方に対し、将校の多くが嫌悪を感じた。あるドイツ軍司令官は、妻へ宛ててこう手紙に書いている。「これは世界的なスキャンダルになるのではないかと思う。それに対して連合軍もすぐ、同じくらい悪魔的な兵器を手に入れるだろう」。彼はさらに「戦争は騎士道とはかけ離れたものになった。文明が高度になるほど人間は卑しくなる」と書いている。

個人的な感情はまた別として、この司令官は実際的な問題を心配していた。ハーバーの秘密兵器は配置するのに時間がかかりすぎて、何をしているのか敵に悟られやすく、相手の不意を突くという要素は失われる。しかし戦争の犠牲者数が増加するにつれて、反対意見はすべて退けられた。そして泥沼化したイープルの戦いが長引いて、とうとうそこで毒ガス攻撃をおこなう許可が下りた。ただし規模は縮小して、配置する距離も短くする。ドイツ側はそれを〝殺菌作戦〟と呼んだ。一九一五年三月、ハーバーの毒ガス部隊は敵に悟られないよう、夜の闇にまぎれてキャニスターを並べて土に埋めた。作業をしていたのは海のそばで、とても理想的とは言いがたかった。風はたいてい海から、ドイツ軍に向って吹いている。しかしそれは始まりだった。ハーバーはキャニスターを隠し、風が変わるのを待った。毒ガス攻撃は何週間も取り消されることなく、人が配備されたままだったが、天気がどうしても味方してくれず、結局は中止された。望んでいた方向と逆の風ほど悪いものはない。ドイツ軍司令官たちは、この作戦は時間の無駄だと思いはじめた。兵士たちも作戦が延期され、結局は中止されたことに不満をもらした。敵の銃弾や榴散弾が、隠したキャニスターのタンクにあたって塩素が漏れ、皇帝の軍隊にダメージを与えることもあった。この計画全体の危険がつぎつぎと発見された。攻撃が遅れるにつれて、ドイツ軍の不満も高まっていった。キャニスターのそばの塹壕にいた部隊を率いていた、バイエルンのルプレヒト王子は、こんなことにまったく意味はないと訴えた。連合軍はきっとこの毒ガス作戦をまね、ドイツに同じことを仕掛けるだろう。そうなれば風がうしろから吹いている連合軍のほうがはるかに有利だ。ドイツの最高司令部は、この作戦への信頼を失いつつあった。

ハーバーは内心じりじりしながらも、敵が報復しようとしても同様の武器をつくるには数か月かかると言い張った。他国の化学者はドイツに比べ、能力の面でも、こうした戦いへの備えもはるかに遅れている。他国が自ら開発したガスを使えるようになるころには、おそらく戦争は終わっているだろうと。

四月半ばには五五〇〇個のガスを詰めたキャニスターがドイツ軍の前線の塹壕に配備され、二〇日に攻撃が予定されていた。しかし作戦が遅れたため、ハーバーは支援の一部を失っていた。ドイツの司令官たちは、毒ガスのうしろから敵に襲いかかることになっていた予備軍の多くを引き上げる命令を出し、人員が不足している東部戦線に送りこんだ。計画の最高決定をおこなう司令部では、壮大だが効果の証明されていないハーバーのガス攻撃は、敵の目をくらますもの、連合軍の前にちらつかせて、物珍しさによって他の部隊の動きを隠すためのものとみなされていた。ガス攻撃で多少なりとも戦いが有利になればそれでよし。しかしこのユダヤ人科学者が考えた軍事戦略をあまりまじめに受け取るべきではない。そして二〇日に予定されていた攻撃も、まだ海から風が吹いていたため再び延期になった。

攻撃は改めて、一九一五年四月二二日の朝におこなわれることに決定した。何千人もの兵士が再び集められる。しかしまた風に協力を拒まれる。朝から午後にかけてずっと、風はドイツ戦線に向って吹いていた。日が傾きかけたころ風向きが変わり、ガスを放出する命令がようやく下った。午後五時、ハーバーのガス部隊はいっせいにキャニスターを空けた。四マイル（六・四キロメートル）に及ぶ塩素ガスの霧が、ゆっくりとフランス軍へ向かっていく。

作戦はハーバーが予測したとおりに進んだ。ガスで敵はパニックに陥った。現場から数マイル離れたところに駐留していたイギリス人兵士の一人は、そのときのことをこう語っている。おかしな黄灰色の雲のようなガスが迫ってきて、空気は変なにおいがした。そして「突然イゼール運河から、馬の集団が疾走してきた。騎手は狂ったように馬の背を棒で突いてあおっていた。それがつぎつぎと押し寄せ、やがて道いっぱいに馬があふれ、舞い上がった砂ぼこりがそこらじゅうをおおった」。馬は口から泡を飛ばし、騎手は目を大きく見開いていて、一頭に二人か三人乗っていることもあった。そのうしろに何千という歩兵が続いていたが、そのほとんどは、仏領アルジェリアから来た兵士たちだった。暴走した集団はできるだけ速く遠くへと逃げ出し、ライフルや荷物、軍服の上着まで置いていった。

ハーバーが望んでいたとおり、この攻撃で連合軍の防御線に大きな穴が空いた。しかしそのチャンスをドイツ軍は活かすことができなかった。ガスが残っているのを恐れ、兵士たちが前進をためらったのだ。薄闇が迫るなかで一時間、兵士たちは荒れて薄気味悪い風景のなかをおそるおそる進んでいた。とくに抵抗はなかった。しかし進む速度があまりに遅すぎた。ドイツの兵士が手探りで前に進んでいる間、毒ガス攻撃場所の脇に待機していたカナダ軍が、ドイツ軍めがけて横から銃撃してきた。周囲が暗くなったドイツ軍は前進を止めた。戦線突破を確実なものにするため、予備兵が送られる。しかしその夜、戦線の穴を埋めるため、多くの連合軍の兵士たちが進軍してきた。ドイツ軍は広範囲な土地を占領したが、戦争に勝つチャンスを逃してしまった。

それでもドイツは少ない犠牲で大きな収穫をあげた。連合軍のほうの犠牲者も、ごく少なかった。翌日、ドイツが敵の死者を数えてみたところ、毒ガス攻撃で死んだのはせいぜい二、三百人だった〔九〇〇万人以上の兵士が戦死したといわれる第一次世界大戦においては、これは比較的兵員の損失率が低い戦闘といえた〕。ここでもハーバーの思惑通りにことが進んだ。毒ガスは大量殺戮ではなく、敵に恐怖を与えるという効果をあげたのだ。この知らせにドイツ軍司令部は湧きたち、皇帝もそれを聞いて大喜びして、司令官を三度も抱きしめ、前線の部隊を率いる連隊長のためにシャンパンを注文した。ハーバーもとうとう、皇帝の前に呼び出され鉄十字勲章を授与された。

しかしお祝いムードは長く続かなかった。連合軍は最初の驚きを乗り越えると、兵士たちに十分な知識を与え、濡れたハンカチでつくった即席防毒マスクを配った。二日後、前ほど大規模ではなかったが、ドイツ軍は再び塩素を放出した。攻撃対象となったカナダ軍は少し後退したが、壊滅するようなことはなかった。やがて連合軍も毒ガス攻撃を計画しはじめる。五か月後、イギリス軍がルース（フランス）で塩素ガスによる攻撃をおこなったが、これは失敗に終わった。途中で風向きが変わって、自軍のほうに流れてきたのだ。その日、ドイツの兵士と同じくらいの数のイギリス人兵士が死んだと推測されている。その後、両陣営とも、もっと扱いやすくて破壊力のある毒ガスの開発を目指すことになる。

クララ・ハーバーは家で夫を待ちながら、絶望的な気分だと友人宛の手紙に書いている。前線から届いたのは、化学物質が兵器として使われたというひどい知らせだった。ほんの二、三か月前、ハーバーの研究所で働いている友人の一人が、化学実験のさいの爆発事故で亡くなりショックを受けたばかりのときだった。それなのに夫は、化学物質で何千人も殺す計画を指揮しているのだ。彼女は化学を愛していた。その化学を決してそんなことに使ってはいけない。

イープルでの成功は限定的なものだったが、ハーバーがベルリンに戻ると、どこでも祝福され尊敬された。彼はすぐに東部戦線で、ロシアへの毒ガス作戦の準備をするよう命じられた。出発前、彼は家でパーティーを開いた。招待客のなかには、ハーバーがよく行くベルリンのクラブの若いビジネス・マネジャー、シャルロッテ・ナタンの姿もあったという。

クララの伝記を書いた作家によると、その夜彼女は何通かの手紙を書き、夫の軍役用のリボルバーをもって屋敷の庭に出た。一二歳だった息子のヘルマンは、二発の銃声を聞いた。彼は庭に走って出て、母親を見つけた。彼女は胸を撃って出血がひどかったが、まだ息はあった。ヘルマンは父を呼ぼうとしたが、そのときハーバーは睡眠薬を飲んでいたといわれている。フリッツ・ハーバーが来たときは、もう手遅れになっていた。

二発のうち一発は、試し撃ちだったのだろう。最後に書かれたという手紙は一通も残っていない。

数日後、ハーバーは東部戦線へ向かう列車へと乗った。

クララの自殺を政治的な抗議だと考えるのはたやすい。ハーバーの友人であり、毒ガス開発の仕事を手伝ったジェイムス・フランクは、のちにクララについて「善良な人で世界を変えたいと願っていた。夫が毒ガス戦争にかかわったという事実が、彼女の自殺の一因であるのはたしかだ」と述べている。しかし彼女は自分の人生に絶望してもいた。「私はいつも、自分がもつ能力をできるだけ伸ばし、人間が到達しうる最高の高みを経験できなければ、人生に意味はないと思っていた」と、何年も前に彼女は書いている。彼女が主婦という立場で、押し潰されそうになっていたのは間違いない。またハーバーの輝かしいキャリアを羨んでもいた。さらに彼女はうつ状態になりやすかった。彼女の姉妹を含め、家族のなかに他にも自殺をした者がいる。彼女が絶望する理由はいくつもあり、夫が毒ガス開発にかかわったことだけが原因とは言えない。

妻の死後、息子を置いてすぐに家を離れたハーバーの反応も、一口に説明できるものではない。彼がクララの遺書を廃棄したか隠した可能性はある。しかし歴史研究者のフリッツ・スターンはこう主張する。「ハーバーが妻の死に対して冷たいとか、無関心だったとかいう指摘は何度も繰り返されているが、それは間違いだ」。彼が東部戦線に向けて発ったのは命令されたからであり、また彼は仕事に没頭する以外、心の傷を癒す方法を知らなかったのだ。ハーバーは妻を理解してはいなかったが、それは愛していなかったということとは違う。「一か月間は、自分が耐えられるかどうかわからなかった」。ハーバーが前線で書いた手紙にはそうあった。「しかし戦争の悲惨な光景と、つねに目一杯の強さを求められることで気持ちが落ち着いた」

ドイツを思う強い熱意から、彼は一九一四年一〇月に他の九〇人あまりのドイツ知識人とともに、「文明世界への声明」という浅薄な声明書に署名をした。「ドイツ科学界、芸術界の代表として、我々は文明世界へ向けて、我々の敵が我々についての嘘と誹謗中傷を繰り広げ、生存をかけた戦いのさなかにあるドイツの名誉をおとしめようとしていることに異議を表明する。我々はその戦いを強いられている……ドイツが軍国主義を掲げなければ、ドイツの文明ははるか以前に根絶させられていただろう。我々を信じたまえ！　我々はこの戦争を文明国家としてまっとうすると信じてほしい。ゲーテ、ベートーベン、カントの遺したものを、信念や家庭と同じように神聖なるものとしているこの国を」。署名した者のなかには、マックス・プランク、ヴィルヘルム・オストワルト、パウル・エールリッヒ、ヴァルター・ネルンストなど、すでにノーベル賞を受賞した研究者や、未来の受賞者も含まれていた。

これは完全に裏目に出た。この声明は、ドイツの最高レベルの頭脳集団ですら、救いのない好戦的愛国主義に染まっていることを示すものとして、他国では痛烈な批判の的となった。これはただ反ドイツ感情をあおっただけの結果に終わった。これに署名したことで、ハーバーは自由思想をもつ科学者ではなく、言いわけがましい卑屈な人物というイメージが連合国の間でできあがった。のちにイープルで毒ガス攻撃を指揮したのが彼だということがわかると、彼に対する批判はさらに高まった。多くの人が彼を戦争犯罪人とみなした。

ハーバーは固定窒素のおかげでベルリンに出てきて、塩素ガス開発の機会を得た。カール・ボッシュもまた、固定窒素によって人生が決まった。ハーバーが戦争に入れこんでいたとき、ボッシュはロイナに巨大な工場をつくることに専念していた。それは世界最大の、最も革新的な工業施設となるはずのものだ。小都市ほどもある一つの装置を、何もない土地の上に建てるのだ。それが可能になったのは、軍が爆薬を必要としていたからだ。一九一六年四月に政府と結んだ契約で、BASFはおよそ一年以内に一か月五〇〇〇トンの硝酸塩を生産し、一九一七年八月までにそれを七五〇〇トンまで増やさなければならなかった。これは無茶なスケジュールだった。しかし戦争でドイツは苦戦を強いられ、フランスの戦線は泥沼化する一方、オスマン帝国やオーストリア＝ハンガリー帝国といった同盟国は弱体化していた。陸軍は未曾有の勢いで爆薬を使っていた。戦争を続けるためには、ボッシュの新しい工場がどうしても必要だったのだ。

BASFのチームは懸命に働き、オーブン、酸化装置、アンモニアを硝酸塩に変えるためにつくられた新しい部門、さらに大きな熱交換器、最新のガス生産ユニット、鉄道システム、水道設備、電力系統、労働者の住居、交通機関、資材倉庫、輸送設備、事務設備、何千もの小さな計画、何百万もの細かな点をつなぎ合わせてまとめようとした。

地元の農家からただ同然の値で買い上げた二・五平方マイルの牧草地や畑が平らにならされ、そこで驚くほどの数の建設作業員が働いていた。その多くはBASFの熟練労働者だったが、ボッシュが望んだほどの数はいなかった。一九一四年の時点で、従業員の半分が軍に徴用されていた。ロイナ工場建設のために、不足分は兵士、戦争捕虜、強制連行された何千人ものベルギー人、そして会社史上初の女性労働者によって埋められた。道具を使える者はすべて、そこに送りこまれているようだった。その宿泊場所として、一時的に兵舎のような住居がつくられた。

彼らの仕事ぶりにはボッシュさえ目を瞠った。五月の着工から七か月で、鉄鋼の枠組みは巨大な建物となり、装置を入れる準備ができていた。ボッシュは自ら監督をしていたが、実際の仕事の手配は、優秀な助手たちがおこなっていた。ボッシュがとくに信頼していたのは、若い化学者兼エンジニア、オッパウでの腐食問題を解決する方法を考えたカール・クラウフだった。問題が起きたとき解決するのはおもにクラウフだった。一九一七年の初め、悪天候と鉄の不足で計画が頓挫しそうになったときも、うまくいく方法を考え出したのはクラウフだった。彼は社員を昼夜問わず働かせ、期限内に仕事を終わらせているかどうか確かめた。

一九一七年四月二七日、アンモニア生成オーブンが初めて点火された。翌朝、鉄道のタンク貨車が、ロイナ工場でつくられたアンモニアで満たされた。その横では一人の労働者が、「フランス人に死を」と落書きしている。ロイナ工場はアンモニア生成のためにつくられたのではない。少なくともそれが最大の目的ではなかった。ほしいのは爆薬の原料である硝酸塩だった。予定からは少し遅れたが、それもたいした遅れではなかった。まったくの更地が一年足らずで、完全に機能する生産設備となったのだ。生産量は最初の年間三万六〇〇〇トンから急速に増加し、戦争が終結するころには年間一六万トンになり、さらに年間二四万トンの生産が可能になるよう、工場を拡大する計画ももち上がっていた。もちろんときにはオッパウと同じく、故障や修理の必要も生じた。ロイナでは一つの過程がそのまま次の過程につながっているので、一つの部分が故障すると、システム全体が止まることもある。しかしこの巨大工場はうまく設計され、注意深く運営されていたため、故障はすぐに修復された。

ロイナで生産された硝酸塩は、ほぼすべてドイツ軍部に送られた。一九一七年七月、陸軍参謀総長のパウル・フォン・ヒンデンブルクも同社の重要性を認め、当時たいへん価値のあった署名入りの自分の写真をＢＡＳＦの役員に送った。そこにはこう記されていた。「時勢は厳しいが、勝利はわれらが手のうちにある」

ロイナ工場によって、ＢＡＳＦは染料会社から硝酸塩生産会社へと変貌を遂げた。これでボッシュの能力は誰もが認めるものとなり、彼はあっという間に昇進をした。ここまで生産量が増えると、シアナミド法や電弧法といった他の窒素固定技術は出る幕がなくなった。これでＢＡＳＦは政府と固く結びついた。

一九一八年、ロイナ工場はドイツ工業界の奇蹟となった。フォードの工場より大きく、他の誰も真似のできない技術を使っている。おかげでドイツは戦争を続けることができた。もしハーバー＝ボッシュ法で爆薬に必要な硝酸塩がつくれなかったら、第一次世界大戦は一年か二年、早く終わっていただろうと推測する歴史研究家もいる。

ドイツが戦争で負けたのは、硝酸塩をつくる技術とはあまり関係がない。イギリスが海上封鎖を強化したことと、アメリカが敵のリストに加わったことが大きな要因だった。ドイツの科学者が成し遂げたことより、フランス戦線に加わったアメリカの力が大きかったということだ。一九一八年にドイツの最後の攻撃が失敗に終わり、同盟国のブルガリア、オスマン帝国、オーストリア＝ハンガリーがつぎつぎと降伏しはじめた。その年の秋には、連合国に講和を求めていた。戦争で疲弊したドイツの兵士、労働者、左翼、反君主主義者たちが蜂起をはじめ、それが革命へとつながった。皇帝の側近たちは、連合軍が数日のうちに、フランスのドイツ戦線を突破して侵攻してくるだろうと予想した。敗北がはっきりしたとき、皇帝は退位してオランダに逃走した。一九一八年一一月九日、一人の敵も国境を越えないまま、ドイツは包囲された。ドイツでは戦争前の人口の一〇分の一が命を落とした。

14

——敗戦の屈辱——

戦争に負けたことは、圧力釜のふたがなくなったようなものだった。何もかもが噴き出してくる。皇帝が退位してから一年以上、ドイツは無政府状態に近い状況にあった。戦争末期に労働者や兵士が起こした反乱が、大規模な革命となった。短期間であったが、ベルリンにソビエト連邦の共和国が立ったこともある。過激派の暴動は、退役軍人で組織される義勇軍の手で鎮圧された。義勇軍が右翼革命に参加すると、中立勢力が抑えにかかった。そうした混乱のなかで、まがりなりにも政府が組織された。それは中道派民主共和国を築く試みだった。議会がおこなわれた都市の名を取ってヴァイマル共和国と呼ばれた。

ヴァイマル共和国は建国当初から山のような難題に直面していた。左翼と右翼の両方から圧力がかかり、弱腰で決定力に欠けていたため、人民の支持をあまり得られなかった。世界じゅうが同国を罰しつづけているようだった。戦勝国の反ドイツ感情はすさまじく、アメリカをはじめ連合国内で、ドイツ人が所有する工場は閉鎖されるかオークションで売られ、産業機密は奪われた。ドイツの化学技術の特許はどの国にとっても垂涎ものだった。何しろ先の大戦で、ほとんどの国がドイツに大きく遅れていることを見せつけられたのだから。

これはＢＡＳＦにとって運命を左右する重大な瞬間だった。戦争が終わると、もともとドイツの土地だったライン川までの地域は戦勝国に占領された。そこにはオッパウのアンモニア生成工場や、染料工場があるルートヴィヒスハーフェンも含まれる。たとえ特許を敵国に差し押さえられても、それだけでは窒素固定の技術を再現することは難しい。しかし工場を奪われ、その仕組みやオーブンを細かく調べられれば話は別だ。そうなればアンモニア生成の秘密が漏れる可能性は高く、ＢＡＳＦは競争力を失ってしまう。政治的に混乱が続いていても、ビジネスはビジネスである。

フランスが占領したのは、ライン川までだった。問題はＢＡＳＦの工場と、その貴重な材料である化学物質がライン川西部、フランス側にあったということだ。ラインラントと呼ばれるこの土地は何十年もドイツのものだったが、フランスはここを古くからのライバル国である二国間の非武装中立地帯とするべきだと主張していた。カール・ボッシュにとって大問題だったのは、そんなことになれば彼の三つの工場のうち二つが、いつまでとは知れずフランスの支配下に入ってしまうということだ。少なくともドイツ内部に位置し、占領地から離れたロイナは安全だ。一九一八年一二月六日、フランス軍が侵攻してくる前に、ＢＡＳＦはできるだけ多くの在庫を橋の向こうから運びこんでいた。大量の在庫を動かすだけの時間はあったが、やはり全部というわけにはいかない。残ったものはフランスが没収し、彼らの母国に運んだ。ＢＡＳＦの推定によると、それで一〇〇万マルク以上の価値があったという。

オッパウにフランス軍が到着する前に、ボッシュはオーブンを閉鎖し、進駐軍が去るまで作動させないつもりでいた。装置を動かす石炭が不足しているからと説明したが、それはほんとうだった。しかし現実的な理由は、オーブンが動いているところをフランス人に見せたくなかったということに尽きる。フランスがオッパウ工場を稼働するよう求めたとき、ボッシュとＢＡＳＦの弁護士は、自分たちには装置を停止させておく権利があると主張した。フランスが肥料生産の産業機密を狙っているのは明らかだったからだ。和平のための取り決めによれば、進駐軍は原材料と製品についての質問への答を要求する権利はあるが、あるものを別のものに変えるプロセスを答えさせる権利は与えられていないとドイツは主張した。連合軍が戦争に勝ったからといって、ドイツの技術を盗んでいいということにはならない。

しかしフランスはそうは思っていなかったようだし、オッパウ工場にやってきたイギリスの監査チームも同様だった。彼らはオッパウ工場を軍需工場とみなし、肥料生産工場とは思っていなかった。前者は正しいが後者は誤りだ。オッパウはどちらでもあった。進駐軍がドイツの兵器（爆弾の製造に不可欠な材料も含む）を調査し、解体せよという命令を受けたことをたてに作業を進めようとする一方、ドイツは平和時の所有権を主張して、決してそれを渡そうとしなかった。

ボッシュはあらゆる法的な技を駆使して、彼らが自由に工場に近づくのを阻止し状況が好転するまでの時間稼ぎをした。一九一九年にベルサイユでおこなわれることになっていた和平交渉の結果によって事態は大きく変わるはずだった。その間フランスは自分たちの力を誇示しようと、オッパウに駐屯地を置いた。そして化学物質の在庫、備品、原材料などの記録と、製造法に関する資料のすべてを提出するよう求めた。さらに彼らは、まるで囚人にするようにＢＡＳＦ従業員の写真を撮り、殴ることもあった。そのときは木の格子に頭を入れさせ、一人一人の顔がよくわかるようにした。長いコートを着ていたり、山高帽をかぶったり、軍服を着ていたりするフランス人監査官が、工場のどの場所にも顔を出した。その多くは企業に雇われた化学者やエンジニアだった。彼らはオッパウとルートヴィヒスハーフェンにあるすべての装置の大きさをていねいに測り、サンプルを集め、材料をテストし、社員を尋問し、はしごに昇り、パイプや容器をのぞきこみ、指を染料で紫色に染めながら、（ＢＡＳＦ従業員の一人に言わせると）「どこにでも入りこんできた」。

フランス人監査官が現れるとＢＡＳＦの社員は道具を下に置き、機械が動いていれば（アンモニアの生産はストップしていたが、他のものの生産は続いていた）、スイッチを切った。そしてフランス人が立ち去るまで見つめていた。建物に入った監査官は、あるべきはしごが取り外されてなぜか見当たらないという経験をする。少なくとも一度は、上まで続く階段すべてがなくなっていた。重要な計測器が消えてしまったり、目盛の部分が黒く塗られていたりした。

アンモニア生成用のオーブンが動いているところを見なければ、ハーバー‐ボッシュ法がどのようなものかわからない。その技術は複雑で、正確さが求められ、個々の装置がかかわりあっていたため、簡単には理解できないことはわかっていた。工場にやってきたフランスの監査人は、オッパウの門をくぐる前にこう言い渡される。「工場を見ても、同じものをつくることはできない。たとえ同じものができたとしても、うまく動かない」。フランス人が仕事を邪魔されたと文句を言うと、ＢＡＳＦ側はフランス人兵士が地元の少女を暴行したことや、工場の危険な場所で煙草を吸ったり、ボッシュの試験農場でサッカーをしたりしたことを指摘して反論した。

ボッシュは難しい立場にいた。長い目で見れば、連合軍にアンモニア生成の秘密を知られたくはない。しかし短期的には、利益をあげて労働者を忙しくさせておかなければならない。従業員たちが共産主義の労働組合組織者の話に耳を傾けるようになるような事態を避けたかったのだ。オッパウ工場ではアンモニアの生産をやめていたので、何千人もの社員が修理、新しい建築現場、整備などの部門で働き、フランス人がいなくなったとき、最高の状態で再開できるようにしていた。それもまた重大なことだった。フランス軍の駐留がいつまで続くかは誰にもわからなかった。何年も、あるいは何十年も続くかもしれないという噂もあった。オッパウ工場の操業停止で、毎週何千マルクもの損失を出しているとしても（一九一九年の最初の四か月だけで二五〇〇万マルクという推定もある）、社員に給料は払わなければならない。しかしそれでもテクノロジーそのものを失うよりはましである。

それは非常に大きな脅威だった。そのときはすでにハーバー‐ボッシュ法のおかげでドイツが戦争を続けられたということは知れ渡っていた。チリからの輸入が完全にストップしても、武器がなくなったり国民が飢えたりすることもなかった。どの国も自国に同じ工場をつくりたがった。アメリカでは戦時中、数百万ドルかけて同じ施設をつくることが議会で決定したが、その試みはぶざまな失敗に終わった。イギリスでも同じ試みがあったが、この技術は複雑すぎるのだ。秘密を知るのにいちばん早いのは、オッパウ工場をばらばらにして徹底的に調べることだ。

フランスがうまくできなかったことを、イギリスは成功させるつもりでいた。一九一九年春、オッパウ工場にイギリス人の監査グループがやってきた。そのなかにはイギリスの大手化学会社、ブルーナー・モンドの研究者もいた。彼らはサイズにしてもスケールにしても、オッパウほど大きなものを見たことがなかった。（占領地ではない、はるか遠くで操業しているロイナについては言わずもがなだった）。「ここはすばらしい」。あるイギリス人化学者が、オッパウ工場を調べたその日に書いている。ドイツはイギリス人に対しても、アンモニア生成装置を動かすことはできないと伝えた。オーブンを細かく調べたいというイギリス側の要求は断られ、装置の一部を取り外して細かく調べるという案も、丁重に、しかし断固として拒絶された。イギリスはフランスの進駐軍に、自分たちの要求を飲ませるのに手を貸すよう頼んだ。フランスがＢＡＳＦと接触すると、無礼なイギリス人に調査以上のことをさせるなら、工場を完全に閉鎖して、何千人もの地元労働者を放り出すとドイツは言った。その尻拭いはフランスがしなければならない。

イギリスが去るとき、手にしていたのは工場で書いたメモとスケッチだけだった。それは鍵のかかった貨車のなかに保管され、出発まで武装した警備員が守っていた。その夜、誰かが貨車の下に入りこみ、床に穴をあけてすべてを盗み出した。イギリスのチームは公式な報告書を、記憶に頼って書かなければならなかった。

ボッシュはそれからも時間稼ぎを続けた。彼は状況が落ち着いてドイツ政府が力をつけ、自分の会社を助けられるようになるのを、進駐軍とドイツ人の権利にかかわる最終的なルールが決まるのを待っていた。彼は一九一九年三月におこなわれる公式な和平交渉に望みを託していたのだ。

ボッシュはドイツ工業界の代表として、ベルサイユでの交渉に出席することになっていた。ベルサイユに到着すると、彼は牢屋に放りこまれた。安全のために身柄を確保するという名目ではあったが、ドイツ人からすれば高級刑務所でしかなかった。宿泊するホテルの周囲は鉄条網がはりめぐらされ、武装した見張りが立っていた。入口と出口は監視され記録されていた。門限も課せられた。それはドイツ代表団に対する侮辱であり、対等な扱いをするつもりはないという連合軍の意思表示だった。

それは話し合いが始まるとさらに強まった。ドイツ側はそれが交渉の場ではなく、要求を受け入れさせる場だと気づいた。連合軍側は譲歩するつもりはほとんどなかった。どちらもおびただしい数の国民を失った。しかし戦闘によってフランス、ベルギーの広い範囲が破壊される一方、ドイツの領地や工場、家屋などは戦火を逃れ、比較的、無傷で残っていた。この会議はその埋め合わせをする場なのだ。

あらゆる意味で最も被害の大きかったフランスは、昔からの敵国を屈伏させ、もう二度と戦争ができないよう叩き潰そうとしていた。それをあと押ししたのが、戦時中、世界じゅうに広がった反ドイツ主義の世論であり、イギリス、フランス、アメリカのあちこちで見かける、腕や足を失ったり目が見えなくなったりした傷痍軍人たちの姿だった。フランスはドイツの兵器工場すべてを破壊することを求めた。それも火薬、武器、爆弾などの工場だけでなく、爆発物や毒ガスの原料を扱う工場も含めてだ。フランスはオッパウ工場とロイナ工場の閉鎖を望んでいた。

これはかなり過激だが、予想外のことではなかった。もっと心配なのは莫大な額の賠償金だった。戦勝国が被った損害を埋め合わせるためのもので、ドイツは金だけでなく、染料、アンモニアなど、少しでも価値のあるもので支払わなければならないだろう。要求されたのは天文学的な額だった。これを払ったら、ドイツは今後何十年も経済的に浮きあがれない。

ボッシュはドイツの染料や硝酸塩生産工場が連合軍にとっても必要だと主張した。ドイツ国民を飢えから守るのも大事だが、秩序と平和を維持し、ドイツ人を失業させないために必要なのだ。仕事があれば、ボルシェビキの主張に賛同して革命に走る可能性は減るだろう。ロシアのような革命の広がりを抑えたいのなら、ドイツでの広がりをまずは食い止めるべきだ。それにもし工場が閉鎖されたらドイツはどうやって賠償金を払うのか。彼のこうした主張を連合軍はとりあえずおとなしく聞いていたが、ほとんどは無視された。

工場の閉鎖や破壊を避けるには、何か他の手が必要だった。ある晩遅く、ボッシュは夜の闇にまぎれてホテルを取り巻く壁と鉄条網を越え、見張りの目をすり抜けて、ベルサイユの通りを歩いて秘密の会合に出かけた。彼はそこでフランス化学工業界の大物と、お互いビジネスマンとして話をした。それは率直な話し合いだった。ボッシュがフランスに差し出せるものは一つしかなかった。ハーバー・ボッシュ法でアンモニアを生成する工場である。彼はその見返りとして、オッパウとロイナの操業を続けさせるという約束を取り付けようとしていた。もちろん多少の金もからんでいた。フランス政府はフランス領でのハーバー・ボッシュ法の独占権を与えられる。フランス国営企業がＢＡＳＦと同じ仕様で、一日一〇〇トンの生産が可能なアンモニア工場を建て、今後一五年、ＢＡＳＦが開発した技術すべてを利用できる。その代りにフランスはＢＡＳＦに五〇〇万フラン（ボッシュの最初の要求は五〇〇〇万フランだった）と、その工場で生産されたアンモニア一トンにつき、少額のロイヤリティを支払う。

フランスは望みのもの、つまり稼働している工場を手に入れ、ボッシュは自分の工場を動かすことができる。契約は一年めの休戦記念日（一一月一一日）に成立した。フランスによるオッパウ工場の検査はそれから二、三週間で終わり、進駐軍は一九二〇年初頭に引き上げた。オーブンが再び点火され、オッパウ工場はゆっくりとフル生産体制へと戻っていった。

ボッシュは一つの災難を乗り越えた。しかし災難はそれだけではなかった。

フランスとの交渉を成功させた功績によって、ボッシュは会社のトップへと昇りつめたが、それは彼と会社双方が望み、そして恐れていたことだった。彼はＢＡＳＦとともに生きていて、自分がその舵取りをする腕はあると思っていたが、会議が果てしなく続くと思うと耐えられなかった。彼は人事の問題を考えるより、機械をいじるのが好きなタイプだ。しかしいまは彼の使命感を向ける先は決まっている。戦後の厳しい世界でＢＡＳＦの将来を決定することだ。もちろん給料も特別手当（旅費や屋敷も含む）も、彼と妻にとって歓迎すべきことだった。

会社にはまだトラブルが山積みだった。フランスが賠償の一部として没収したドイツの染料を売っていたので、市場には商品があふれ、値段は下落していた。同時に、アメリカ、フランス、イギリスといったかつての敵国が自国に工場を建てたため（ドイツの特許を使うこともあった）、生産量も増加していた。それに対してドイツはなすすべがなかった。

戦争によって、化学におけるドイツの優位性は失われた。連合軍も戦時中に科学者の役割を高く評価するようになっていた。戦時中はドイツから染料や化学物質が入らなかったため、アメリカやイギリスは自国の産業を育てなくてはならなかった。戦争が終わったとき、他国もドイツに追いつこうとしていた。

それらすべてが、昔ながらのドイツ染料産業の最期を早める要因となった。ボッシュは二つの決定をした。アンモニアの生産量を増やし、次の画期的アイデアを探す。ハーバー‐ボッシュ法は、戦争が始まったときよりも、重要性を増していた。それはロイナ工場を建設したためだ。それが最も効率的な窒素固定法であるのは以前と変わらない。戦後の世界には食料が不足している。つまり肥料が不足しているということだ。染料は死んでも、ハーバー‐ボッシュ法は生きている。

同時にボッシュは、いずれはハーバー‐ボッシュのシステムが、他の国で再現されることになると思っていた。フランスとの取り決めは、それを早めただけだ。フランスに工場ができれば、その技術は間違いなく広がっていく。ボッシュはそこで、アンモニア合成と同じくらい大きな物を——できればもっと大きな物を見つけようとした。

ドイツは大きな痛みに耐える日々にあった。一九二〇年代初め、連合国はベルサイユ条約にそってドイツの非武装化を進めた。そのなかには化学工場で軍需品をつくらせないための検査もあった。ボッシュをはじめとするドイツ化学界の指導者は、連合国側がつくった何十枚という質問票に答え、工場の査察を受け入れ、決して積極的にではなく慎重な協力を続けた。ドイツ側の作戦は、実際の軍需品（火薬、爆弾など）については全面的に協力するが、連合国側がアンモニアや肥料など、平和利用を目的とした製品をつくる技術を知ろうとしたり、口を出してきたりしたときは、これまでと同じように断固として拒絶するということだった。ベルサイユ条約の条文には、武器以外の工業製品の企業秘密を明かすよう求めたり干渉したりする権利を連合国はもたないとある。しかしハーバー - ボッシュ法の工場では、簡単に爆薬の材料をつくれる。一九二〇年代には、かつてのドイツの敵だった国の国民の間では、工場を閉鎖するべきだという意見が増えていた。それはたとえばイギリスとアメリカで出版された『ライン川の難題』といった本のためだろう。それはどんな形であれ、火薬や弾薬製造にかかわる会社が操業しているかぎり、ドイツの非武装化は完結しないと主張するものだった。「武器にかかわる化学物質を完全に剥奪する」ことを求める声は高かった。連合国の政治家は、またラインラントに侵攻するという脅しを使って、ドイツのさらなる協力を求めた。ドイツは協力する姿勢を示しながらも、産業機密は守りつづけた。フランスはボッシュとの取引のおかげで、以前ほど強烈にドイツを責めることはなかった。ボッシュは踏ん張り、ドイツを罰しつづけてももう利益はないと連合国側が気づく日がくるのを待っていた。

ボッシュは一心に働き、自分の工場を守ることと、進駐軍との交渉を見守る一方、従業員を満足させ、共産主義に近づけさせないようにした。ドイツの染料産業をできるだけ長く保護しながら、ロイナ工場の拡大に取り組んだ（戦争末期に政府と計画した拡張の仕上げの段階）。さらに会社の経営を維持し、二〇年後までもちこたえられる次の新しい技術、次の大発見を探していた。彼は多大なストレスにさらされていた。

それでも彼は平穏な時間を見つけていた。ある日、ハイデルベルクから来た鳥類学者が、ライン川のほとりでバードウォッチングをしていると、葦原で静かな水音が聞こえた。近くに寄ってみると、男が一人、袖とズボンをまくりあげ、膝まで水につかって、網を水に入れていた。男は川底の泥をすくいあげると、それを手で触りはじめた。彼は淡水に棲むイガイを取っていたのだ。二人はそこで話をはじめた。このイガイを取っていたのがボッシュで、数時間の休みをとってリラックスしようとしていたのだ。彼はまだ野山でハイキングしたり、動物や植物の標本を集めるのが好きだった。運転手に頼んで丘の上まで行くこともあった。仕事を離れられないときは、何か手近に、自然を感じさせるものを見つけた。このライン川の土手には一人で来ることが多かった。そこでは会社のことを忘れて水音と鳥の鳴き声を一心に聞いていることができた。

フリッツ・ハーバーはそれほど幸運ではなかった。

15

——新たな錬金術を求めて——

妻のクララが自殺した二年後、フリッツ・ハーバーはシャルロッテ・ナタンにプロポーズした。驚く者は誰もいなかったが、喜ぶ者もいないようだった。ハーバーが通ったベルリンのクラブのビジネス・マネジャーだった新しい妻はハーバーより二〇歳も年下で「とても魅力的な女性」だったと、ハーバーの伝記作家が書いている。シャルロッテもクララと同じように、ハーバーに強要されてキリスト教に改宗していたので、ベルリン中心部にあるネオ・ロマネスク様式の大聖堂、カイザー・ヴィルヘルム聖堂で結婚式をあげることができた。それは一九一七年、戦争に突入して四年目のことだった。ハーバーは自分でデザインした軍服に、礼装用の剣、そして角兜を身につけた。

一〇か月後、戦争がいよいよ終わりに近づいてきたころ二人の間に新たに子どもが生まれたが、結婚生活は破たんしかかっていた。娘が生まれてすぐに、ハーバーは家を離れて温泉保養所に滞在した。シャルロッテは友人に、ハーバーは仕事中毒で自分のことしか考えていないと不満を漏らすようになった。ハーバーは妻があれこれ要求するのに辟易した。シャルロッテはクララのように落ちこんだり引きこもったりはしない。頭の回転が速くエネルギッシュで、自分の気持ちをさらけだす。前妻とは違う気性の妻を得たからといって自分が幸せになれるわけではないのだと、ハーバーは悟った。彼は最初の妻を理解しなかったように、二番目の妻も理解しなかった。

戦争が終わるころには結婚生活は暗礁に乗り上げ、軍事にかかわる努力は実を結ばず、国家は混乱状態で、ハーバーは精神的にぼろぼろだった。「彼は戦争の結果に打ちのめされていた。数か月は神経の消耗が激しかった」と、彼の知り合いの一人が書いている。倦怠もその一部であり、目的を失い、どうしていいかわからなくなっていたようだ。「雪におおわれた坂道を滑り下りるのが、どんな感じかわかるだろうか」。ハーバーは戦争が終結した数か月後に、友人に宛てた手紙にそう書いた。「いちばん下に着いたとき、手足が無傷なままか、足や首を折ることになるか、着いてみないとわからない。自分にできるのは冷静でいることだけだ」。これが当時のドイツに生きるということだった。彼は軍服をしまいこみ、ドイツが次から次へと襲いかかってくる危機に耐えるのを見ていた。ドイツ陸軍の解体、ボルシェビキに刺激されて起こる反乱、ベルサイユでの侮辱、貧困と飢えと病気の蔓延。

さらにもう一つ、屈辱的な話があった。個人的なことでありながら、国家にかかわることでもある。一九一九年夏、ハーバーは自分の名前がドイツの戦争犯罪人リストに載っているという噂を聞いたのだ。フランスとイギリスの当局が、化学兵器を開発したかどで彼を追っているということだった。ドイツに留まっていれば、逮捕され裁判にかけられる危険がある。ハーバーは妻と一七歳の息子ヘルマン、そして生まれたばかりの娘を連れ、偽造パスポートを買って、スイスへと逃げた。スイス市民権申請手続きを早めるほどの金はもっていなかった。彼は家族とサンモリッツに落ち着いた。彼はあごひげを生やすようになった。

二、三か月もすると、戦争犯罪人をつかまえるという噂は消えていた。あとでわかったことだが、その噂はだいぶ誇張されたものだった。ハーバーの名が逮捕者リストに載っていたことはない。もう研究所が待つベルリンに戻っても心配はなかったが、ハーバーが二つの相反する評判を背負っていたのはたしかだ。世界的な尊敬を集める化学者、そして悪名高き毒ガス攻撃の指揮官。戦争の熱がさめると前者のイメージのほうが強くなった。一九一九年一一月、ベルリンに戻ってすぐ、再び彼に運が向きはじめ、喜ばしいと同時に驚愕のニュースが飛びこんできた。ハーバーのアンモニア合成の研究に対しノーベル化学賞が授与されたのだ。戦時中の彼の悪名と、いまだくすぶっていた反ドイツ感情よりも、科学的業績の重要性、そして許容と和解を訴えようとしたノーベル賞委員会の熱意のほうが勝ったようだ。終戦の翌年、ハーバーを含む、三人のドイツ人がノーベル賞を受賞した。国境のない化学の世界にドイツは再び迎え入れられたのだ。

しかしハーバーの受賞は国際的な非難を浴びた。二人のフランス人研究者が受賞を拒否して抗議の意を示した。アメリカ人受賞者は、ハーバーとマックス・プランク〔物理学賞を受賞〕が一九一四年の知識人による声明文に署名したことを撤回するまで、二人が出席する式典への出席を拒否した。しかしこうした抗議行動も効果はなかった。ノーベル賞委員会の見解としては、むしろハーバーの受賞は遅すぎたのだ。彼は一九一二年から何度もノミネートされていた。一九一九年にも、三人の推薦人が彼をノミネートしている〔訳注　大戦の影響で、このときはまだ一九一八年の受賞者が発表されていなかった〕。アンモニア合成は人間性への大きな一歩であり、平和への福音となりうる。その価値を政治的な理由で無視するべきではない。

しかしハーバーが一九二〇年夏におこなわれたノーベル賞授賞式に出席するころには、科学界の世界的リーダーとしての役割を着々と回復しつつあった。彼はあごひげをそり、物腰は穏やかだが態度は堂々としていた。彼は授賞式で長いスピーチをおこない、気前よくロベール・ル・ロシニョールの貢献と、ボッシュが研究を続けたことの重要性について触れた（オストワルトの名は出さなかった）。「火薬」や「爆発」という言葉は、一言も発しなかった。

その後、彼はドイツに戻って仕事をはじめたが、結婚生活の不満はしだいに高まっていった。彼は仕事に没頭し、研究所の所長という地位にかかわる多くの義務をこなしていたが、そこにまた新しい肩書が加わった。国際的科学組織の代表、ベルリン大学の化学教授、ドイツ化学協会会長。毎日の帰りは遅く、出張も多かった。「私の考えでは、二八歳の女性が……八時半にあわただしく朝食をとり、午後九時や一〇時に、くたくたに疲れている男と一緒に夕食をとりたいなどと思わないだろう」と、彼は若い妻に書いている。

ハーバーは秘密の仕事もしていた。戦後何年か、ドイツ軍で働いて化学戦についての調査を続けている間に知り合った高官たちと連絡を取り合っていたのだ。彼は毒ガスを使うことで未来が開けると信じていた。彼はドイツが再び強大国として返り咲くと思っていたのだ。フランス、イギリス、アメリカなどの戦勝国は、ドイツの軍隊を解体し、ドイツの軍艦を沈め、軍需工場を壊せるかもしれない。しかし化学を止めることはできない。

公的にはハーバーの研究所は、戦争関連の化学物質を廃棄する方法や、害虫を駆除するのに使う可能性を研究していた。しかし内々に、その結果を利用して化学戦の理解を深めようとしていた。彼はイープルでの最初の毒ガス攻撃の写真を額に入れ、自分の書斎の壁にかけていた。彼はドイツ国防省と連絡を取りつづけた。また彼は化学戦のために開発された方法や工場の少なくともいくつかを稼働できる状態に保ち、平和目的の施設に転換し、連合国の検査官の目をかわすために尽力した。同時に戦時中のドイツが成し遂げたことに目をつけた国の秘密の相談役になっていたこともある。彼は不法兵器という裏ビジネスの仲介者のような立場となり、毒ガス戦に関するハイレベルな調査をおこなって、その情報を戦時中マスタード・ガス工場を動かしていた知人に流していた。それに興味をもった国の一つが、北アフリカでリフ人の反乱軍と戦っているスペインだった。スペイン軍とハーバーとドイツ陸軍が接触し、必要な化学物質がドイツからスペインに輸出され毒ガス工場がスペイン領モロッコに建てられることになった。ソビエトも化学兵器ビジネスに参入しようとしていた。ハーバーはボルガ川のほとりに毒ガス工場を建てるプロジェクトのため人を集めるのに手を貸し、トロツキーの特別な指示により、生産されたものはドイツと赤軍とで分けることになった。これらはすべてベルサイユ条約に抵触するが、ハーバーはあまり気にしなかった。機能不全で屈辱に満ちたドイツの、ヴァイマル共和国という新しい世界では、後ろ暗い取引と不思議な協力関係が絡まり合っていた。

ハーバーはドイツを生き返らせ、建て直すためなら何でもするつもりだった。軍事協定に近い取引もその一つだったが、やがてもっと大きな計画に着手した。ベルサイユ条約により、ドイツは一三二〇億マルクを金で払うという、莫大な賠償を課せられた。それほどの額を払ったら、ドイツ自体の建て直しなど不可能だとハーバーは知っていた。そこでかつて空気をパンに変えたように、賠償金を支払うのに必要な金を生み出そうとした。今度は海から――。

世界じゅうの海は薄い塩水で、微量のミネラルと金属が溶けていることは、科学者なら誰でも知っている。その金属には金も含まれていて、ハーバーの計算によれば一トンの海水に六ミリグラムの金が存在している。たいした量ではないように思えるが、海水が何トンあるか考えてみれば、海はまだ誰も所有権をもたない何百万トンもの金の貯蔵庫のように見える。

同じことを考えた科学者は何人もいたが、莫大な量の海水から微量の金を抽出する困難を前に思いとどまった。しかしハーバーは違った。彼は海水中の金について、あらゆる情報に目を通した。どの研究でも一トンの海水に五〜一〇ミリグラムの金が含まれると結論している。そこで彼はその金を取り出す方法を見つけるため、ありとあらゆることを考えはじめた。それは簡単なことではない。化学的手法、おそらく金属を金や銀でめっきするとき用いられるような、電気化学的手法が使えるかもしれない。もっと知識が必要だ。ハーバーは人を集めて、選ばれた者しか近づけない研究室の一角に、半ば秘密の研究グループをつくった。他の人たちはそれがデパートメントM（メーアフォルシュング＝海水調査）と呼ばれているということしか知らされなかった。

ハーバーの計算によると、ドイツの賠償金をすべて払い、なおかつ国の復興用資金を確保するためには、五万トンの金（米国連邦金塊貯蔵所にある量の一〇倍）が必要だった。デパートメントMの科学者たちはそれを海水から集める方法を試しはじめた。彼らがまず必要としたのは、古い研究が正しいかどうか検証し、他より大量の金を含む可能性のある海域の金の濃度を調べるため、海水中にどのくらいの量の金が含まれているかを測定する、並はずれて正確な道具だった。一トンにわずか数ミリグラムしか含まれていないため、海水に溶けている金の量を測るのはきわめて難しい。採取した海水に何かの金属がほんのわずかでも接触したら、測定値が大きく変わってしまう。たとえば測定する技術者が金貨に触っただけで、実験が無効になってしまうかもしれない。彼らは金属を使わない装置を設計し、海水をためておく容器を陶器でつくり、金を含むものが部屋のどこにもないことを確認した。最初の実験は、研究所でつくった塩水に、決まった量の貴金属を入れたものでおこなわれた。何か月もの時間をかけて、彼らは水中にどのくらいの量の金が含まれているか、正確に測定できる装置をつくりあげた。

その後、デパートメントMの研究者たちは、金を取り出す方法を見つけようとした。彼らはまず二酸化硫黄ガスを吹きこんで金と結合させ、容器の底に沈殿させるという古い方法を試したが、それだと金の三分の一しか回収できない。次は酢酸鉛を試した。さらに硝酸第一水銀、硫酸アンモニウムも試した。最後に行き着いたのは、やはり古くからあるキュペレーション（灰吹法）という方法だった。バビロニアの時代からある手法を現代風にしたものだ。酢酸鉛を水中の金を沈澱させるのに使い、生じた鉛と金（と銀）の混合物を焼いて鉛を燃やして取り除き、その後、銀を分離することで純化する。すると小さな丸い純金が現れるというわけだ。ハーバーは次の一手を考えた。海水のサンプルを採取するための船旅である。以前の研究が正しいかどうか、新しい装置を使って確かめる必要があったし、海の金脈ともいえる、他の海域より金が多く含まれる場所が見つかるかもしれない。金の量は海域によって違うようだ。水温や海流など、最高の条件が揃っているところに金が集中していて、集めやすい場所が見つかる可能性もある。しかし調査には金がかかるだろう。船のなかにすべてが揃った研究室も必要だ。他の国から同じことをするチームが現れると困るので、秘密裏におこなわなければならない。彼はすぐにスポンサーを探すべく、多くの知り合いの銀行家や事業家のなかから、数人に話をもちかけた。

一九二三年夏、ハンブルクとアメリカを結ぶ定期船ハンザ号が、九三二人の乗客を乗せてドイツからニューヨークシティへと出航した。乗務員のなかにずんぐりしてはげかかった、ハーバーという名の主計官がいたが、他の何人かとともに、航海中はほとんど姿を見せなかった。彼らは船の主甲板につくられた隠し部屋にこもっていた。それは特別に設計されたもので、独自の電気、水道、ガス系統を備え、コンプレッサー、ガラス製品を運ぶ木枠箱、薬品棚、そして金属との接触を最小限にするようつくられた特別な装置が置かれていた。出発から数日しないうちに、船上ではある噂が立っていた。船に乗った謎の男たちが、船を動かす新しい方法を試している。船を海の真中で止めるために力をコントロールしようとしている。海水から電気をつくる方法を見つけようとしている。腐敗防止の作業に取り組んでいる。それらの噂のいくつかは、自分たちのほんとうの目的から他の乗客の目をそらすために、ハーバーと仲間たちが種をまいたものだった。

秘密の研究室では、三人の化学者が昼夜を問わず水のサンプルを分析し、その間にも船は西に向かっていた。抽出された金は小さな球状にされ、それをハーバー自身が分析し、重さを計り、装置が本格的に動きはじめたら、どのくらいの量を集められるかを計算した。はじめ彼は失望した。採集したサンプルに含まれる金は、驚くほど少なかったのだ。ヨーロッパに近い大西洋の海域は、金の濃度が低いのだろうと考えた。

ハンザ号がニューヨークに到着すると、ハーバーと助手の化学者たちは、船の乗務員たちとともに下船手続をおこなった。上陸許可証を入国管理官から渡されたときも、ハーバーは楽しんでいるように見えた。しかし彼はノーベル賞受賞者であり、よく知られていたため、まもなく周囲の人に気づかれてしまった。記者がハーバーに追い付いて、口々に質問を浴びせた。そのなかの一人が、なぜハンザ号にこれほどたくさんの主計官が乗っていたのかと聞くと「ゼロがたくさんあるからだろ」と、ハーバーはドイツに吹き荒れているインフレの嵐を皮肉って言った。彼はゼネラル・エレクトリックの研究所や、ロックフェラー研究所を訪問した。できるだけマスコミは近づけないようにしていた。ある新聞が彼についての記事を掲載したが、見出しには次のようにあった。「ドイツの科学者が、船を動かす謎の動力を研究中」。

彼は不安を抱えたままドイツに戻った。海水中の金の量が、昔の研究結果の五〇〇分の一と、思っていたよりずっと少なかったのだ。自分の装置が間違っているか、昔の研究が間違っているかのどちらかだ。どちらにしても悪い事態だ。これは一つの海を一回だけ横切って得た結果だと、ハーバーは自分の気持ちをなだめようとした。彼とデパートメントMは調査方法を再確認し、さらに進歩させた。それはうまくいっているように見えた。そして一九二三年秋、今度はさらに進歩した研究室を備えた船で、ブエノスアイレスに向けて南の海へと出て行った。数か月後、彼は南米に向けて三度目の航海に出た。このときは赤道近くの暖流の海水を集めた。

しかし期待していたような結果はやはり出なかった。ハーバーは故国にもどって、もう一度、世界をまたにかけた試みを実行した。半ガロン（約一・九リットル）用の瓶を一万本用意して、世界じゅうの科学者、船長、漁師、博物学者、灯台守、アマチュアのボランティアに送り、海水のサンプルをベルリンに送ってくれるよう頼んだ。デパートメントMはそれをすべて分析した。どれを調べても結果は同じだった。金の量が十分ではないのだ。どの海域でも金の量は、ドイツの復興計画を実現するにはまったく不足している。五年間、調査を続けた末、ハーバーは昔の研究が間違っていたと結論せざるをえなくなった。一九二七年に彼はこう書いている。「積みわらのなかの、あるかないかわからない針を探すのはやめなければならない」。彼はデータを発表しようとさえしなかった。賠償金の問題の解決は、他人の手にゆだねるしかなかった。

カール・ボッシュは、機械のことは理解していた。金属でできたものとは相性がよかったのだが、人間心理を理解する才能にはあまり恵まれていなかった。その性格は、彼が世界最大の化学会社のトップになったとき問題となった。一九二〇年代初め、彼が動かしているのは世界で最も利益の大きな新しいテクノロジーに恵まれていると同時に、世界で最も困難な労働問題と経営問題を抱えた企業なのだと気づいた。彼が社長に就任した最初の年は、危機につぎつぎと襲われる年だった。

それは戦時中、彼がドイツ中心部に建てた大工場都市であるロイナから始まった。皇帝退位後の騒乱のなか、共産主義者や無政府組織がロイナにやってきて労働者をオルグし、工場での労働条件、営利企業の悪行について話をしながら、資本主義はやがて終焉し、労働者の地位が向上すると予言した。大方の事業主と同じように、ボッシュも労働運動全般、とくに共産主義に深い恐れをもっていた。ＢＡＳＦは父親が子どもを世話するように従業員を世話する、ハインリヒ・ブルンクのような男たちがつくった企業である。ドイツではこうした企業パターナリズムが何十年もうまくいっていた。しかし労働者が労働条件の向上や賃上げを求めて経営者に立ち向かい、扱いが悪ければスローダウンやストライキで対抗するようになって、そのような生ぬるい習慣は続かなくなってきた。

ロイナ工場で働く人々が不平をもらす理由はたしかにあった。空気からアンモニアを、アンモニアから硝酸塩を生産するこの巨大な工場は、戦時中に大急ぎで建てられたものだ。間に合わせに建てられた宿舎に住み、危険でさえある機械についていいかげんな説明しかされず、長時間労働を命じられ、何千人もが工場建設中にけがをした。また少なくとも四九人が命を落とした。不満の声は戦争時の愛国主義の波に飲みこまれていた。

戦争が終わると、ボッシュは従業員たちの不満と、しだいに高まるオルグの扇動に直面した。彼は労働理論にやや観念的に興味をもち、社会主義にまつわる本を読んだ。彼は当時まだ珍しかった八時間労働と週休二日制を採り入れた先駆的な経営者の一人となった。ある歴史研究家によると、彼は「労働組合との関係の向上に専心し、かなりの努力をした」という。しかし根本的には彼はブルンク的な経営者であり、社員と交渉するよりプレゼントを贈るほうが性に合っていた。広々として風通しのよい従業員宿舎を新たにつくり、よく働く社員にはクリスマスにボーナスを出した。問題は彼が労働側のリーダーと交渉をはじめてから始まった。ボッシュは長い会議や果てのない話し合いは好きではなかった。労組側の代表は、彼の壮大な機械の複雑さや微妙なバランス、そして人間が自分の役割をきちんとこなさなければならないということを、理解していないようだった。従業員たちは何時間もかけて、不満と要求のリストを読みつづけた。長い会合は実りなく終わった。ボッシュはすぐに我慢できなくなった。

それに対して彼が何をしたかというと、アメリカで新たに生まれた科学的マネジメントを確立しようとしたのだ。ＢＡＳＦは「効率専門家」を雇って、仕事中の社員を監視させた。彼らは機械の歯車がきちんと動いているかを評価するように、社員の動きについて細かくメモをとり、批評を加えた。隣の人と話をした回数、トイレに行った回数を記録した。生産性にかかわる行動をすべて評価した。

当然のことながら社員はこれを嫌った。一九二一年春、共産主義活動家（なかにはマシンガンをもつ者もいた）に組織された何千人ものロイナの労働者が、ボッシュの夢の工場の入口にバリケードを築いて封鎖した。一〇日間、こう着状態が続いた。大砲を使っていた警察が強行突破してなかに入ろうとして、全面的な戦いが勃発した。バリケードが崩れ、工場がボッシュの手に戻るまでに、三〇人以上の労働者と一人の警官が死んだ。武装警官は宿舎の周囲を回り、ストライキに参加した何百人もの社員を逮捕した。

ボッシュと彼の側近はロイナ工場の従業員を例外なく、一度すべて解雇し、一人ずつ再雇用した。トラブルメーカーになりそうな者は除外した。安全を優先し、ＢＡＳＦの経営陣は二五歳未満の労働者は採用しない方針を取った。ボッシュとマネジャーたちは、前の取り決めをいくつか破棄して、労働者たちが勝ち取った団結権の一部を奪った。新しい安全対策も導入された。工場に入る前、従業員はＩＤカードを提示しなければならなくなった。一九二〇年代初め、ドイツの行く末は見えず、経済は脆弱で、国民は仕事を必要としていた。工場はすぐにフル生産体制に戻った。

ボッシュは裏切られたと感じると同時に戸惑ってもいた。彼はブルンクがそうだったように、社員のよき父になりたかったのだ。自分はリベラルで気前がよく、理屈には耳を傾けるタイプと思っていた。彼はどうやら、労働者とよい関係を築けないのが自分の個性のせいだとわかっていなかったらしい。周囲に人がいると落ち着かず、つねに効率にこだわり、どこか機械的で、よそよそしく、他人の目からは無愛想に見える。ロイナ工場での反乱は、ボッシュの欠点を浮き彫りにすることになった。彼は自分を救世主とまではいかないまでも、責任感のあるビジネスマンと感じていたのだろう。ロイナ工場に彼が建てた非の打ちどころのない機械、巨大な装置のおかげで何千人もが雇用され、ドイツ経済を支えてきた。なぜ従業員たちはもっと感謝しないのだろうか。

彼にとっては、機械を動かすより人を動かすほうがはるかに難しいことだった。

一九二一年九月二一日、ボッシュの近くにあった窓のガラスががたがたと音を立て、遠くで爆発の音がした。腹の底に響くような轟音だ。彼はオッパウから一二マイル（一九・二キロメートル）離れたハイデルベルクにいたが、その音がどこから聞こえてくるのか瞬間的に察知し、すぐアンモニア生産工場へ向かった。到着すると、工場があった場所は差し渡し三〇〇フィート（九〇メートル）、深さ六〇フィート（一八メートル）の穴になっているのが目に入った。消滅した建物もあれば、倒壊し、窓が吹き飛び、屋根がはがれおちている建物もある。近くの従業員用の宿舎がある区域は、大砲で攻撃されたような様相だった。人々は通りに出て、家から出した家具の上に座っていた。社員ががれきの山から遺体を引きずりだす。マネジャーから話を聞くと、何百人という人が死に、けが人はもっと多いという。

ボッシュは内心で震え上がったが、動揺を隠して地元の役人と話をした。彼はマネジャーたちと、損害がどのくらいの規模で、原因として何が考えられるかを話し合った。彼はまだ使える自分の事務所に鉛筆と紙をもって引きこもり、オッパウ工場を再び稼働させるための、最も速く、最も効率的な方法を考えはじめた。そして彼はハイデルベルクに戻り、部下がそこに建ててくれた屋敷で、母のミシンに使う糸巻きを一晩じゅう旋盤で加工していた。

翌日、社員たちが爆発現場の片付けと機械の修理をはじめた。工場の一部は跡形もなく消えていたが、ほとんどはまだ動かすことが可能だった。亡くなった者の友人や家族が、爆発で空いた穴のそばに大き

オッパウ工場の爆発の跡。

な木の十字架を掲げ、それを草花で飾った。社員や地域の人々が集まり、花束や思い出の品やメッセージカードを十字架のふもとに積んでいく。まもなくそれは花とカードで埋もれてしまった。ボッシュの部下のマネジャーたちは、計画的に修理作業をおこなわせ、損害の程度について正式な調査をはじめた。

爆発から四日後、ボッシュは工場にいる全員を集め、追悼式をおこなった。彼はまだ動揺が収まっておらず、この災害の悲惨さ（何百人もの社員が死んだことがわかっていた）と、ある意味でそれは自分が引き起こしたのだという感情に押し潰されそうになっていた。彼がつくった完璧だったはずの機械のどこかに不調があり、彼と社員は裏切られた。彼は爆発の金銭的影響、死者やけが人の家族へのケア、そして再爆発についても心配していた。彼は追悼式で立ち上がり、社員たちに向かい合った。

私は重苦しい気持ちを抱えて、今日ここに立っています。オッパウ工場の建設責任者である私にとっては二重の苦しみです。私はこの仕事に人生をかけ、全身全霊で取り組んできました。そして建設当初からその成長を、私についてきてくれた忠実な仲間たちとともに、喜びのなかでも悲しみのなかでも、ともに見つめてきました。

心情を吐露することは、ボッシュにとっては並はずれて難しいことだった。従業員たちの多くは黒い服を身に着け、彼が話すのを何も言わず聞いている。彼は次に、「国民を飢えさせないよう、ドイツが緊急に必要としていた窒素化合物をつくる」ことに成功し、ＢＡＳＦが「一流の科学力と技術力をもっていたからこそ」成し遂げた大きな進歩について話をした。

外から見ているだけでは、私たちがほぼ一三年かけて成し遂げた科学的、技術的な調査と作業が、どれほどの規模で、どれほどの熱意がこめられたものか、想像することさえできないでしょう。それを理解できるのは、実際にそこに参加していた人々だけです。ごくささいな疑問も解決し、自然の力の秘密のあらゆる面を研究しなければ、この仕事に付随する問題をすべて乗り越えることはできなかったでしょう。

ここで彼はおそらく、社員たちは技術的なことではなく、死者への哀悼の意を聞くためにそこに集まっていることに気づいたのだろう。そこから彼にとっては最も話すのが苦痛な、機械の裏切りへと話題を切り換えた。

そのため今回の爆発は、私たちにとってよりつらいものとなりました。目標を達したと信じていた私たち、私をはじめともに働き、全力を尽くしてくれた何百人もの人々にとって、爆発はこれまでの苦労もしょせん人間のむなしい努力にすぎなかったことを、このうえなく残酷な方法で突きつけるものでした。自然はその秘密を人間が道具や機械で暴こうとするのを許さず、私たちは結局、不確実性の門の前にただ立ち尽くすしかないのだということを。悲劇を招いたのは専門家の間違いや過失ではありません。新たに現れた、まだ説明できない自然の性質が、私たちの努力を嘲笑っているのです。私たちの祖国の何百万人の命を養い、私たちが何年も前から生産し販売してきたまさにその物質が、突然、私たちにはわからない何らかの理由によって、冷酷な敵になってしまったのです。私たちのこれまでの努力は灰燼に帰してしまいました。

それこそがボッシュの心を引き裂いたパラドックスの核心だった。彼は物をうまく動かすことに専心してきたのに、いま目の前には、なぜか、破壊の跡が横たわっているのだ。人前で話すことは彼にとってはひどく緊張することだった。しかも技術的なことから人間的なことに話が移るとなおさらだった。

しかしこの事故で奪われた命のことを思えば、それが何ほどのことでしょう。私たちは完全になすべなく、無力の状態でここに立っています。嘆き悲しむ家族やけがをされた人々のためどれほど精一杯の支援をしても、この喪失を埋めるにはとても足りないでしょう。亡くなった社員の皆さんへの同情と感謝の念が募るばかりです。私は役員会の代表として哀悼の念を表します。

ボッシュは社員の心を奮い立たせるため、自分が知っている唯一の手段として、故国への奉仕と、社の経営上の生き残りを訴えた。

太古の昔から、自然の力を相手に人類が闘うなかで、数えきれないほどの命が犠牲になっていますが、そのほとんどは、われわれの目の届かないところで起こっているため、あまり知られていません。しかしここで私たちが目の当たりにした大惨事によって、この戦いは恐ろしい悲劇でしかないことが明らかになりました。この戦いは任意のものではなく、こんにちでさえこれらの墓の前であっても戦わなければならない戦いなのです。この「戦わなければならない」という厳然たる事実により、私たちはすでに義務を遂行する道へ戻ることを余儀なくされているのです。この惨めな状態の私たちを慰めるものがあるとすれば、それは目の前に続く困難な仕事が、われわれの祖国の幸福につながると気づくことです。祖国のための戦いは、戦争の結果が明らかになるにつれて、厳しさを増しています。そしてわれわれが生き残るための重要な要因と条件は、わが社の窒素生産力なのです……今回の悲惨な事故のショックを乗り越えて、社員の皆さんとの信頼が続いていると感じられなければ、目の前の新たな難題に立ち向かうことをあきらめることになるでしょう。亡くなられ、私たちに先立ち黄泉の世界に降りていったかたがたに、私は深い悲しみを抱え、彼らの心よりの協力と仕事への真摯な取り組みを思いながら、その墓前に花を供えたいと思います。

ボッシュの言葉として記録されたもののなかで、最も人間的な感情がこもったこの短いスピーチは、彼を追いたて、追い詰めている逆風への信条表明だった。一方には科学者としてのプライド、人間的な問題を解決する技術への完全なる信頼があり、もう一方には人間の感情、自分の技術がうまくいかなかったときに感じたショックがあった。目の前で悲しみにくれる家族に対し、自分の会社に何らかの責任があることを感じていた。しかし同時に、彼はすべての責任を負うことは拒み、従業員たちを仕事に戻らせた。一方には科学の勝利、もう一方には科学ではうかがい知ることのできない自然の秘密がある。表面的には、彼は冷静で前と変わらず有能だった。しかしこの追悼式のあと家に帰る途中、ボッシュは壊れてしまった。

彼に何が起こったのか、正確に伝える情報はほとんどない。それは身体的なものだったのか精神的なものだったのか。体力の消耗なのか神経衰弱なのか。わかっているのは、彼がその後数か月間は姿を見せず、一九二一年の冬から春にかけて、世間から隔離された状態で過ごしていたということだけだ。またその数か月の間に、深酒をはじめたのかどうか、これもはっきりわかってはいない。わかっていたのは、その後数年間、彼は以前よりも酒を飲む機会が増え、その影響が表に出るようになっていた。

ボッシュが静養している間、ＢＡＳＦの彼の側近たちが、爆発の原因を突き止めようとした。上級管理職は、労働者の扇動やストライキがかかわっているかどうかを知りたがった。労働者たちは、自分が巨大な爆弾のなかで働いているのか、また爆発が起こるのかを知りたがった。フランス人とイギリス人は、オッパウで秘密裏にドイツが軍隊用の爆薬をつくっている証拠ではないかと勘ぐった。フリッツ・ハーバーは爆発時にフランクフルトにいたが、爆発の衝撃はそこまで伝わっていた。地震と同じくらいだったと彼は言い、それは「新たに発見された爆発力ではないか」と意見を述べた。

工場の検査官は、爆発が起こったのは貯蔵用サイロだと断定した。これは基本的に肥料の山である。たいしたことではないと思われていたが、オッパウ工場ができたときから粒状の肥料が貯蔵庫で固まり、空気中の水分を吸収して岩のような塊になってしまうことが問題となっていた。オッパウ工場の従業員は以前から、小さな火薬を使って巨大な肥料のかたまりを壊して輸送していた。これは絶対に安全と考えられていた。オッパウでつくられている肥料の主要製品は硫酸アンモニウムであり、それは大爆発しないことが実験で確かめられていた。そのような小規模の爆発は、何年も前から利用しているが、何も問題はなかった。

硫酸アンモニウムでは安全なことでも、戦時中、オッパウ工場で軍需品としてつくられていたヴァイスザルツ、いわゆるチリ硝石（硝酸ナトリウム）にはあてはまらなかった。いまだＢＡＳＦの硫酸アンモニウムよりチリ硝石を好む農家は多かったため、戦後、ボッシュはヴァイスザルツの生産を完全に止めてしまうことはせず、生産を続けてそれを肥料用の硫酸アンモニウムに混ぜていた。ＢＡＳＦの化学者の実験では、硝酸塩が多すぎなければ、硝酸塩と硫酸塩を混ぜて保管や輸送をしても危険はないという結果が出ていた。

それが間違いだった。おそらく実験室とサイロの奥深くでは、条件が違っていたのだろう。あるいはどこかに純度の高い硝酸塩が混ざらずに固まっていたのかもしれない。細かいことはともかく、塊りを壊すのに使っていた小さな爆発が、大爆発を引き起こしたのだ。ダイナマイトの束に、起爆剤を放りこんだようなものだ。約四五〇〇トンの肥料が爆発し、サイロ全体が吹き飛んだ。どのくらいの爆発力があったのか、測定するのは難しい。小さな原子爆弾に匹敵するという推定もある。ボッシュが回復するまでに、社は爆発による損害をまとめた。死者五六一人、負傷者一七〇〇人、家を失った者七〇〇〇人、そして工場の修理費は五億マルクにのぼる。

ボッシュの片腕である敏腕のカール・クラウフが、ボッシュに代わってオッパウ工場を再びフル稼働させる仕事を担った。彼はそれを三か月で成し遂げた。保険でカバーできたのは、コストの三分の一以下だった。社は法的な責務を負うことを拒否し、爆発によって命を落としたりけがをした正社員には一回払いの賠償金を、そして未亡人には少額の年金を支払うことに同意した。正社員以外の犠牲者（ほとんどは建設現場と輸送会社の契約社員）の家族には、現在の五〇ドル相当にも満たない金額しか支払われなかった。

「この措置がすべての人を満足させることはできなかったため、長く社員の不満として残り、社への信頼が損なわれた」と、会社史にはある。工場が一応の落ち着きを見せた一九二二年、共産主義がオッパウ工場の労働者協議会を牛耳ったが、それは長く続かなかった。共産主義団体の国民労働者会議に出席した三人の労働運動指導者が解雇されると、労働者はストライキをおこなった。数週間後、ストライキが解除されると、社の役員はストライキに参加した一三〇〇人の従業員を追い出し、その後はロイナ工場と同じように、残った社員への締め付けがきつくなった。一九二〇年代前半のオッパウ工場では、抵抗、解雇、ストライキの連続に見舞われ、そしてときには殺人まで起こった。

ボッシュは一九二三年の夏に仕事に戻った。表面的には以前と同じだったが、心の奥底では何かが変わっていた。彼は前から大勢といるのは苦手だったが、エンジニアや機械技師とは気安く話せたし、週末にはボウリングに行って冗談を言っていた。ときには陽気な面を見せ、おかしないたずらをすることもあった。あるパーティーでは生きた金魚をバスタブに泳がせていた。オッパウ工場での爆発以降、彼は冗談を言わなくなった。いつも深刻な顔をして口数も少なくなり、心を閉ざしているようだった。会議を減らし、社の上層部の諮問機関のメンバーを減らし、大きな決定も一二人ほどの側近たちだけでおこなうようになった。彼は側近たちに前よりも大きな権限を与えて、それぞれに決定ができるようにした。そして彼自身はハイデルベルクの家で過ごすことが多くなった。必要なときしか話さず「周囲の人間には、要点だけを話すようしつこく言った」という。一人になると、深酒をするようになったとも言われている。彼はこのとき四八歳だった。

17

——合成ガソリン——

一九二三年五月中旬、カール・ボッシュはフランス軍が再びオッパウ侵攻を計画し、賠償を求めてライン川の工場を占拠して、彼を逮捕しようとしていることを知った。ボッシュには一日しか用意のための時間がなかった。彼はすぐオッパウと、ルートヴィヒスハーフェンの染料工場を閉鎖した。前と同じように、フランス軍は川で前進を止める。つまりロイナは安全だということだ。しかしライン川のフランス側にある二つの工場はそうはいかない。数時間のうちに彼の部下たちが、オッパウ工場の巨大なアンモニア生成装置のオーブンを解体し、船に積んで川を越え、装置の大部分を列車でロイナに運んだ。染料と化学物質でいっぱいだった倉庫を空にし、荷馬車でライン橋を渡った。会社の経営陣とボッシュを含めた役員は、ハイデルベルクに逃げた。工場には三人の代理の役員が残り、占領者たちとの交渉にあたった。

ヴァイマル政府は国家の存続のため、賠償金を払うのを止めたと宣言したのだ。一九二〇年代、ドイツはつぎつぎと経済危機に見舞われ、短期的な解決策として紙幣を大量に印刷するという過ちを犯した。一九二〇年代初めに起こった超インフレによりマルク紙幣があふれて、その価値は一気に下落し、実質的にゼロになったこともあった。労働者は給料を紙幣の束で受け取り、それをトラックの荷台に投げこんで、また物価が上がらないうちに食料を買いこんだ。一ポンドのパンが八億マルク、一ポンドのバターが一〇億マルク。貧しい人々は食べ物さえ買えず、中産階級の貯金や年金は無に帰した。BASFは一時期、社債と在外預金で、社員のためにアニリン・ドルという会社独自の紙幣を印刷した。

この新たな危機を前にして、ドイツ政府は一九二二年末に、インフレが落ち着くまで賠償金の支払いを延期する以外に道はないと発表した。それを受け入れてドイツに問題解決の時間を与えるという国もあったが、フランスは拒否した。フランスはドイツの産業中心地であるルールを占領しようと部隊を送りこみ、最終的にはボッシュの工場のある地域まで占領範囲を広げて、通勤用鉄道、木材供給路、石炭輸送から完成した染料や化学物質まで、あらんかぎりのものを奪った。BASFのオッパウ工場の保管庫にあった肥料はすべてもち去られた。さらにフランスは鉄、鋼、ガラス、セメントを奪いはじめ、フランスに持ち帰って、戦争で破壊された住居の再建のために使った。

ボッシュは最初の占領のときと同じように、工場の操業を停止し、再稼働させよというフランスの命令を拒んだ。フランスは非協力的なBASFの労働運動指導者を追い出し〔占領によって労働側と経営側が一時的に手を組んでいた〕、残ったBASFの役員たちを人質として扱った。そして法律的に認められた当局に協力することを拒み、オッパウ工場で硝酸塩を生産するのに不可欠な電力の供給を拒んだかどで、ボッシュと取締役会を告発した。BASFの役員たちはフランスの法廷で欠席裁判によって裁かれた。全員が有罪となり、罰金や懲役刑を科せられた。ボッシュは八年の刑となった。彼と他の役員たちは、刑が正当であるとは認めず、フランス軍の手の届かない、川向うのハイデルベルクに留まり、そこからマスコミを使って占領軍を嘲弄した。「フランス軍はレンガをつくることはできるかもしれないが〔無駄なことをするという意味〕染料をつくることはできない」。彼は占領中、記者にそう語っている。

一九二三年夏から秋にかけて、こう着状態は続いた。生産が減少し、ＢＡＳＦは大金を失っていた。そしてフランスとしても、価値のあるものはすべて奪ったいまとなっては、占領のコストのほうが高くつくことに気づいた。また他の国が参入してきたこともあった。ドイツの中央銀行は、金ではなく土地を担保にした新しい通貨を発行していた。また、アメリカが新しい賠償金支払い計画に介入しようとしていた。新たに選ばれたドイツ首相は、賠償金支払いの再開を約束していた。

その年の終わりまでに、フランス軍は撤退し、ボッシュは工場を再び動かしはじめた。

超インフレの時期は、ＢＡＳＦにとって悪いことばかりではなかった。同社ははるか以前から、戦時中ロイナ工場を建てるときに政府から借りた何百万マルクもの資金の返済に頭を悩ませていた。インフレが起こると、ＢＡＳＦは巨額の負債を大幅に価値の下がったマルクで支払うことができた。実質的に一ドルに対して数ペニーを払えばすんだ。ＢＡＳＦの製品の多くは外国で販売されていて、価値の高い外貨によって利益を得ていたのだ。マルクの価値が下がったために、外国との競争でも有利な面があった。製品の価格を比較的安く抑えられたのだ。インフレの時期に、ＢＡＳＦは全体的にうまくやっていて、十分な資金力をバックに、賃上げや緊急時援助で社員を満足させ、飢える心配をなくし、共産主義のオルグから遠ざけておくことができた。インフレ時期が過ぎたとき、ＢＡＳＦの状態はむしろよくなった。結果的にはこれがよかったのだ。

一九二四年には、フランス軍は撤退し、インフレも落ち着き、農家が再び肥料を買いはじめ、ＢＡＳＦは記録的な利益をあげる時期に突入する。収入の三分の二は、ボッシュのアンモニア生産工場の製品の売り上げだった。潤沢な資金が研究開発やオッパウとロイナ工場の改良に注ぎこまれた。工場が改善されるごとに生産がスムースになり、オートメーション化が進み、利益がさらに上がった。タイミングもよかった。ボッシュの工場は世界最高のアンモニア工場ではあったが、そのころには世界唯一の工場ではなくなっていた。フランスはベルサイユでのボッシュとの秘密交渉により、自国に同じアンモニア工場を建て、ドイツの助けなしに稼働できるようになっている。いったん外に出た技術は、すぐに他の国にも広がる。イギリスはBASFとライセンス交渉を続けていたが、一九二〇年にロンドンに現れた二人のアルザス人エンジニアと取引したほうが得策と判断した。その二人のエンジニアはロンドンの化学会社ブルーナー・モンドに近づき、自分たちはハーバー・ボッシュ法のすべてを知っていて、その知識を売りたいと申し入れた。「その申し入れが合法かどうかは、控え目に言って〝疑わしい〟」と、あるイギリス人科学史研究家は書いている。それでもイギリスは交渉に応じた。ブルーナー・モンドの記録によれば「KとA」と名乗る二人のエンジニアは、取引が成立するまでパリに滞在し、快適な生活を送っていたという。ブルーナー・モンドの重役たちは、自分たちの社の評判、彼らの申し入れが合法かどうか、KとAが信用できるかどうか検討した。彼らはKとAがドイツからもち出した図と計画をじっくりと見た。そしてBASFとえんえんと続く交渉の展望を考えた。高いライセンス料を考えた。そして盗んだ技術を買おうと決めたのだ。

彼らの取引は成立した。KとAは約束通り、オッパウとロイナ工場の概略図と、詳細な生産コストと他の技術との比較結果を提供した。「その契約でKとAから入手した情報は、私たちにとってこのうえなく貴重で重要なものに思える」と、あるイギリスの化学者が喜びを隠さず述べた。二人のアルザス人には五〇万フラン（約八万五〇〇〇ポンド）がすぐに支払われ、さらにイギリスの工場が完成し、稼働させることができたら七五万フランを払うことになった。それから五か月もたたないうちに、試験工場でハーバー・ボッシュ法によってアンモニアが生産された。一九二三年のクリスマスには二つの工場が稼働していた。社員たちは仮装して「アンモニアはクリスマスにつくられる」と歌い、クリスマスを祝った。しかしBASFには一シリングのライセンス料も入っていない。

ハーバー・ボッシュ法の秘密は広がりつづけた。そのころはアンモニア生成の秘密を知るドイツ人エンジニアは引く手あまただった。アメリカは第一次大戦中、ハーバー・ボッシュ法によるアンモニア生産工場を建設しようと何百万ドルも使ったが失敗に終わっていた。その後、デュポン社がイギリスをまねて、ドイツから一流の技術者を引き抜いた。彼らの助けもあり、アメリカもハーバー・ボッシュ法でアンモニアを生産できるようになった。BASFは大きな賭けに敗北しそうだった。ライセンス料が入ってくるどころか、さらに激しい競争にさらされることになったのだ。世界じゅうにハーバー・ボッシュ型の工場が増えるにつれて、アンモニア（そしてそれからつくられる肥料）の価格は下落した。

ボッシュはベルサイユでの和平交渉以来、いずれこのような日が来ると予測していた。落ちこんで引きこもってもおかしくない状況だったが、彼はまだ一歩先を行っていた。外国の会社がアンモニアをつくろうとしているとき、BASFの化学者は高圧化学を使って新しい製品をつくることを考えていた。最初の大発見は、高圧法でメタノールをつくる方法だった。メタノールはさまざまな化学的工程に用いられる、価値ある化学物質だ。ボッシュの右腕であるカール・クラウフは、すぐロイナ工場でメタノール生産をはじめ、その巨大な工場に新しい収入源をもたらし、さらに拡大する理由もできた。メタノールの生産が可能になったことで、高圧化学がアンモニア生産以外にも利用できると証明された。しかしボッシュはそれだけで満足しなかった。

一九二三年末、ボッシュはアメリカへの長い旅に出た。二国の化学者は互いに関心をもっていた。アメリカの化学者はドイツ留学を、教育における重要な一過程と考え（戦前も戦後も、アメリカ人はドイツの一流化学者の下で学ぼうと、ドイツの大学に集まった）、ドイツの化学者はアメリカを、工業の優位性を争う唯一のライバルとみなしていた。ボッシュはドイツの染料と化学会社を一つの巨大組織に統合することを考えていたので、アメリカのスタンダードオイルのような巨大企業がどのように運営されているのか、自分の目で見たかったのだ。

彼は将来について新しいアイデアを胸に帰路についた。彼が見たアメリカの都市はどこでも、通りが車でいっぱいだった。誰もが車を欲しがっている。アメリカは車に夢中だ。それはおもにヘンリー・フォードが車の大量生産に成功したおかげで価格が下がり、何百万人もの手が届くものになったからだ。自動車は巨大なビジネスになろうとしているが、一九二〇年代のアメリカでは、二〇〇万台の車が製造され、販売されていて、一九二三年にはそれが三五〇万台になると予想されていた。販売数の急増にともない、まったく新しい産業が生まれた。タイヤ製造、道路建設、自動車保険、仕上げ用塗料、メンテナンスをおこなう修理店、バッテリー、ランプ、車内装飾品、まだまだたくさんある。こうした産業のほとんどに化学が何らかの形でかかわっている。より質のよい塗料をつくることから、タイヤのゴムの品質を向上させることまで。しかし研究の余地がたっぷりあるのは自動車の部品とは違うところだと、ボッシュはわかっていた。金脈はそれを走らせるものにある。

将来のカギを握っているのはガソリンだ。スタンダードオイルの社員と話して、彼はその思いをさらに強くしていた。彼はスタンダードオイル社の人々が好きになった。彼らはもともとの石油精製事業を、油田を掘削するところからガソリンを車に入れるところまでの作業を扱う、統合された一大石油会社に変えたのだ。彼らは大きなことを考え、ボッシュも大きなことを考えていた。しかし彼らは心配もしていた。一九二〇年代初め、事実上すべての専門家が、いずれ世界は石油不足に陥ると予測していたからだ。最もよい予想でも、おもな油田が一九三〇年代には枯渇するという予測だった。油田の捜索が世界じゅうでおこなわれていたが、新たに大きな油田は見つかっていなかった。世界は最初の石油危機に直面しようとしていた。

そのときボッシュは、誰にとっても望ましい解決策を思いついた。ガソリンだ。人工的にガソリンをつくればいい。世界はいずれ石油を求めるようになる。それは生活の基本であり、誰もが必要とし、大量に売られ、何より高圧化学を使えば何百万バレルも生産できるはずだと、ボッシュは信じていた。彼はフリートリヒ・ベルギウスの研究についてもよく知っていた。ベルギウスは進取の気性に富むドイツ人化学者で、石炭から新しい製品をつくることを何年も前から考えていた。彼が開発した方法の一つは、石炭をすり潰して未精製の石油と混ぜ、それを熱し、水素とともに高圧をかけるというものだ。その結果生じた「水素添加された」石炭スラリーは化学的に変化して、石炭からつくられるさまざまな製品の収量を上げる。その一つが高品質のガソリンだ。基本的にこの技術で石炭（ドイツに潤沢に存在する）を、未精製の石油（ドイツには油田はほとんどない）に変えられる。ベルギウスは一〇年間、この発見を工場の規模で再現しようと取り組んでいたが、つぎつぎと問題が起こったので、そのうちスポンサーが興味を失ってしまった。一九二〇年代には、発見者本人もあきらめそうになっていた。

そこにボッシュのチャンスがあった。大局的なビジョンが形になりはじめた。石炭からガソリンをつくるベルギウスの高圧技術をＢＡＳＦが完成させれば、社が大きな利益をあげられるだけでなく、ヨーロッパの自動車産業も大きくなり、車の数も増え、さらにガソリンの需要が高まる。世界が石油不足になったら、ＢＡＳＦが急成長する市場を独占できる。自動車会社と契約すればお互いの利益となり、自動車事業に参入する足がかりができるかもしれない。それと同時に、合成ガソリンによって、ドイツは来るべき自動車の時代に、燃料を自給自足することが可能となる。戦時中、アンモニアをつくれたことで肥料と火薬を自給自足できたように。自給自足の重要性を説くことで、少なくとも開発費の一部を政府に助成してもらい、ロイナの拡大を目指すことも可能だろう。

ボッシュの頭のなかではつねにロイナ工場が最初にあった。それをアンモニア工場から、世界初の高圧法によるガソリン合成工場に変えることができれば、自分の夢の工場を生かしつづけられるだけでなく、さらに成長させ、形を変え、新しいテクノロジーの世界の中心にできるかもしれない。

これはあらゆる意味で、アンモニア生産より大きなギャンブルになる。ベルギウスの手法はアンモニア生成と同じ、連続フローと高圧による作業に頼っているが、実行するのははるかに難しい。ただ求められる温度が、アンモニア生成のときよりやや低いのはよいニュースだった。悪いニュースは、他のすべての点で、ガソリン合成のほうが難しいということだ。

理由の一つとして、それが膨大な量の石炭を必要とすることがあげられる。つまりＢＡＳＦは鉱山を買って経営し、工場まで新しい鉄道線路を敷かなければならない。さらに石炭の貯蔵、粉砕、混合、到着した石炭の移動のための、新しいシステムを生みだす必要がある。そのようなインフラ整備にはお金がかかるうえ、ほとんどほぼ最初からつくらなければならない。そして触媒の問題もある。ベルギウスは失敗していたが、その原因の一つはよい触媒を見つけられなかったことだ。それを探すだけでもコストがかかりそうだった。何より大きな困難は、ＢＡＳＦの化学者は気体を扱うのには慣れていたが、ベルギウスの手法で使うどろりとした濃い液体状のスラリーには慣れていないということだった。まったく違った材料を、まったく種類の違うリアクション・チャンバーのなかに入れなければならないのだ。ベルギウスの実験も途中まではうまくいっていたのだが、効率を考えるとＢＡＳＦの理想には程遠かった。どんな問題が現れるのか予想がつかなかった。

しかし研究を進めれば進めるほど、ボッシュは自分のチームならうまくやれると感じはじめた。自分たちはつぎつぎと現れる問題を解決して、アンモニア生成を可能にしたではないか。ハーバーの小さな実験装置をロイナの巨大な工場にまで育て上げたのだ。ボッシュのリーダーシップのおかげで、ＢＡＳＦではいま、世界最高峰の科学者が世界最高の高圧実験室で研究をしている。この一流のスタッフがベルギウスの技術の研究に専念すれば、きっと目標を達成できるだろう。世界に合成ガソリンを供給するのだ。

あと必要なのは資金だけだ。調査だけでも驚くほどの金がかかる。ロイナ工場をガソリン用に転換するのは、ＢＡＳＦの現在の能力をはるかに超えている。自社の力だけではとても不可能だ。政府の支援を受けられるかもしれないが、ドイツ政府はまだ弱く、賠償金の支払いでいまだ戦争のダメージから抜けきれていない。ボッシュが自分のビジョンを実現するには、もっと多くの資金が必要だった。国を問わず、世界有数の企業との取引が必要になるだろう。それだけでなく、ドイツの大手染料会社すべての支援が必要だ。ＢＡＳＦは大会社だが、スタンダードオイルのような会社に比べれば小さい。そうした会社と同等の立場で交渉するためには、財力の面でもっと大きなバックアップがいる。彼は再び、ドイツの染料会社を束ねて超大事業にすることを考えはじめた。それは彼のガソリン合成プロジェクトの資金調達を確実にするためであると同時に、世界じゅうの化学製品市場を独占するためだ。

超大企業をつくることを考えていたのはボッシュだけではない。ドイツの個々の染料会社や化学会社の間では、何年も前から話し合いが持たれていた。ときによって、一時的な協力関係が結ばれていたが、そのほとんどは戦時中のことだった。ヘキストとＢＡＳＦに並ぶドイツ三大企業の一つバイエル社の社長カール・デュイスベルクは、合併案を強く支持していた。しかし古い染料会社は自社の歴史や製品ラインに誇りをもち、特許を保護するため抵抗するのが常で、最後の一歩を踏み出せなかった。

しかし一九二〇年代に入ると、事態が動きはじめた。その理由の一つは技術的なものだ。高圧法でのＢＡＳＦの成功により、戦後の世界では巨大な装置と巨額の投資が必要であるという認識が広まった。広大な新しい工場を建て、高額な新しい技術を導入しようとするなら、企業同士の協力が不可欠だ。イギリスでは戦後、四つの企業が合併してインペリアル・ケミカル・インダストリーズとなった。アメリカでは五つの企業が合併してアライド・ケミカルをつくった。ドイツがこうした国と競争するためには、同じことをしなければならない。ドイツ政府は一九二〇年代に、巨大な事業体をつくることに報いる法律を通しはじめ、合併するにはいい時期だということが明らかだった。

デュイスベルクがドイツ化学業界の指導者すべてを集める首脳会談の場所を提供した。神々の協議会と呼ばれたその会議は、一九二四年一一月にケルンにある彼の私邸でおこなわれた。関係者はすべて集まり、そのなかにボッシュもいた。二日に及ぶ会議の間、部屋には葉巻の煙がたちこめ、すばらしい食事と最高の酒が用意された。合併の詳細にまつわる話し合いは、しだいにデュイスベルクとボッシュの対決という様相を帯びはじめる。バイエルのトップであるデュイスベルクは全面的な合併を主張し、ＢＡＳＦのトップであるボッシュはゆるやかなカルテルを勧めた。デュイスベルクの支持者はビリヤード部屋に、ボッシュ派は屋敷のバーに集まり、それぞれの提案をもって仲介者がその間を走り回っていた。最終的には、出席者のほとんどがボッシュの側についた。正式な契約を交わすまでに細かな調整が必要だったが、全体的な計画は決まった。ドイツの大手染料会社と化学会社は、「利益共同体」をつくり、研究と販売を協力しながらおこなう。事務機能の多くを統合し、世間的には統一された団体となる。しかし製品のマーケティングや販売はそれぞれ以前の会社名でおこなう。一九二五年秋、それがイーゲー・ファルベンインドゥストリーAG（意味は「染料事業利益共同体」）として正式に発足した。名前が長すぎて一般にはIGファルベン、あるいはただファルベンと呼ばれるようになった。誕生したばかりのファルベンは、ヨーロッパ最大事業、世界最大の化学企業、従業員数から見ると（U・S・スチールとゼネラル・モーターズに次ぐ）世界第三位の組織だった。ボッシュはその社長に指名された。

彼のガソリン合成プロジェクトを支えるには、このような構造が必要だった。ちょうどファルベンとしての事業が始まったころ、ボッシュはベルギウスの特許を買い、自分のチームに研究をはじめさせた。

そして彼は新しい地位にふさわしい生活に落ち着いた。一九二一年には、BASFに近いハイデルベルクの丘に巨大な屋敷が建てられていた。そこはネッカー川の谷間を臨み、ハイデルベルク城の廃墟から歩いてすぐのところにあった。その大きな家は産業界の大物の貴族趣味を強調し、優美なパブリックルーム、運転手のための離れ家、手入れの行き届いた芝と庭が備わっていた。ボッシュはそこに自分の趣味をもちこみ、設備の整った機械作業場と、鉱物をはじめとするコレクションを並べる棚が並ぶ書斎、あらゆるものが揃った化学実験室、物理実験室、暗室（写真は当時、彼が夢中になっていた新しい趣味だった）をつくり、さらに天文鑑賞用のドーム型の建物も別に建て、ドイツでは最大級の望遠鏡を、自分のためだけに備えつけた。ボッシュは増えつづける植物や鉱物や動物のコレクションを管理するために助手を一人雇った。そして実験室の管理をさせるためにもう一人、望遠鏡のためにまた一人雇った。

さまざまな気晴らしはあったものの、彼はまだ鬱状態に苦しんでいた。やはり仕事で人と会うのは苦手だったが、世界最大級の企業の社長としては、他の工場に行ったり、会議を開いたり、屋敷で社交の集まりを開いたりすることが、以前よりはるかに増えた。彼はそうしたことが決して得意ではなかった。あるディナーパーティーに遅れていった客の一人は、かなり長いことまわりの人と話をしていたのに、ホストであるボッシュの姿がまったく見えなかったと語っている。さらに時間がたち、ようやくディナーの用意が整ったことが知らされた。客は席についてボッシュを待ったが、妻のエルゼは会話を続けていた。一〇分、二〇分、三〇分が過ぎてもエルゼはまるで態度を変えず、当り前のようにふるまっていた。それからようやくボッシュが現れた。彼は謝罪し、よんどころない事情で遅れたと説明した。その事情とは、ディナーに向かう途中、ホールの大きな振り子式時計の時間が違っているのに気づいたため、時計を分解、清掃しているうちに時間のことを忘れてしまったためだという。

彼はビジネスより、一人あるいは特別に雇った助手たちとともに、コレクションの整理をしたり、実験室であれこれ実験したり、科学者の集まりで化学や天文学や動物学の話をしたりするほうが好きだった。ビジネスの話をしているときは無愛想になることもあった。話が基礎科学のことになると彼は生き生きとする。ボッシュは大きな図書室もつくり、最新の科学文献も読んだ。ヴァルター・ネルンストと友人になるほど最新の化学に通じ、専門が違うとはいえ物理学もよく知っていて、アルベルト・アインシュタインとも対等に話ができた。

しだいに天文学にものめりこみ、夜遅くまで起きるのが習慣となり、晴れた夜には暖房のないドームで毛布にくるまり、毛皮張りのブーツをはいて望遠鏡をのぞいていた。あるとき彼は家に駆けこんで妻を起こし、凍えるような寒さのなか、彼女を外に連れ出して目を瞠るほど美しい三日月形の金星を見せた。「ハイデルベルクの自宅にある作業場で新しい道具をつくっているか、観測所で宇宙物理学の問題に取り組んでいるのでなければ、たいていコレクションの虫や植物を見ている」と、アルヴィン・ミタッシュが不在がちの上司について書いている。

ボッシュもまた、バランスが必要な人物だった。ファルベンでの公的な仕事をするために個人的な時間を必要とした。秩序と静けさによって、物事を決定するストレスや心理的危機を乗り越える。プレッシャーを跳ね返すためにコレクションを眺めて過ごす。彼はそのバランスをファルベンの発足から一九二〇年代を通してずっと保ちつづけた。しかし数年後、それらがすべて崩れ落ちる。

18

――ファルベンとロイナ工場の夢――

そのころフリッツ・ハーバーは、自分の研究所を築くことに専念していた。海水から金を抽出する計画が失敗に終わったあと、研究所こそが彼の人生となった。科学の才能を見抜く特技のあった彼は優秀な研究者を雇い、かなりの自由を与えて、そのとき最も勢いがある有益な化学分野の研究計画を立てさせた。一九二〇年代、彼らの研究によって化学が生物学や物理学に近づき、コロイド、連鎖反応、荷電粒子、気体、炎、爆発などについての重要な発見が相次いだ。ハーバーの研究所は世界じゅうの物理化学者にとって憧れの場所となった。ハーバーは定期的に討論集会《コロキアム》を開いた。そこではゲストである専門家が話をして、その後、研究所のメンバーとゲストが自由に討論したり、アイデアを出し合ったりしながら「ヘリウム原子からノミまで」あらゆることを話したと、出席者の一人が語っている。ハーバーは彼特有のからかうような表情を浮かべ、背筋を伸ばし、大きな葉巻をくわえ、挑発的な態度で鋭い質問を浴びせたり冗談を言ったり理論のあら探しをしたりしていた。彼は家では要求の多い暴君だったし、軍隊のなかでは情け容赦ない兵士だった。しかし研究所では愛想のよい父親のような人物だった。コロキアムでは大きな声が聞こえ、誰もが笑い、新たな考え方を発見する。とくに学生たちは、帰るころにはハーバーの前例にとらわれない破壊的アプローチに心酔してしまうのだ。彼はのちにダーレム精神と呼ばれるようになる気概を体現していた。それはハーバーの研究所のあるベルリン郊外の土地に敬意を表してつけられた名だが、精緻な研究と自由な考え方を兼ねそなえた性質のことだ。ハーバーの研究所をはじめ戦時中に開かれた施設があることから、ダーレムはドイツのオックスフォードとなったと書いている歴史研究家もいる。人里離れた場所にあり、やや風変わりで、完璧を追究する。当時そこを訪れたある人物は「まさに科学の理想郷だった」と述べた。ハーバーはダーレムの中心的存在であり、戦時中の悪名は「気のいい年長の指導者」という新しい立場の前に忘れられていた。研究所のなかの彼は、頭のよい人気者のおじさんだった。はげていて愛想がよく、ジョークや小話をつぎつぎと繰り出すが、科学的問題の核心に迫るとすばやくかつ的確に、まるで「檻を出た雄牛のように問題に襲いかかる」と、イギリス人の科学者が書いている。研究所の外でのハーバーは模範的なドイツ人だった。つねに背筋を伸ばし、シャツの襟はきっちり糊づけされている。科学の進歩と世界をまたにかけたコミュニケーションの擁護者として尊敬を集める。彼は「あらゆる意味で伝説的な人物だ」と若い同僚が書いている。しかし物理学者のリーゼ・マイトナーは、やや違った印象をもっていたようだ。ハーバーは「他の人にとっての親友と神に同時になろうとしていた」というのが彼女の弁だ。

彼は全精力を仕事に注ぎこんだ。夜に家で妻のシャルロッテが見るのはまるで別人だった。深刻な表情、疲れきった体、病気のことを心配しながら人生に不満を抱いている男。一九二〇年代初めにシャルロッテが（一人で行った）旅行から戻ったあと、自分の気持ちを彼に書きつづっている。「この家には暗い影があります。楽しみや冗談の入る余地がありません」。一九二〇年代初めといえば、彼らの間には第二子である男の子が生まれていたが、シャルロッテの疎外感は強まるばかりだった。一九二四年、二人は結婚生活の修復をしようと二人だけで半年間の世界一周の航海に出かけた。シャルロッテは家を離れて過ごす時間を楽しんだが、よいムードはベルリンに戻ってからは長く続かなかった。「私はものごとを自分で仕切りたい。それができなければ放っておく」と、当時のハーバーは周囲に言っていた。これは研究について言ったことかもしれないが、結婚についての言葉だとしてもおかしくはない。

一九二七年にはすべてが終わっていた。「私が君との結婚を危ぶんだのは、性格がまったく違うからだ」。ハーバーはとうとうシャルロッテにこんな手紙を書いた。「君の友人と私は友人にはなれないし、君の趣味を私の趣味とすることはできない。一緒にいるときでさえ、私たちは自分のためだけに生きている。状況を変えようとした君の努力も、私の試みと同じように失敗に終わった。一〇年でもう十分だと思わないか。もうこれ以上、私は耐えられない」。二人はその年の一二月、ハーバーの五九回目の誕生日の三日前に離婚した。ハーバーはそれを私生活における大きな失敗と感じた。二回めの結婚の終焉で「私は消耗し、自尊心がすっかり傷つけられてしまった」と、アインシュタインに書き送り「時間が過ぎるのが遅く、何もおもしろいことがない」という言葉を残している。彼は鬱屈した状態におちいっていた。

そのようなときの常として、彼はまた仕事に没頭した。すでに国際会議や仕事上の義務が重くのしかかっていたにもかかわらず、さらにスケジュールを詰めて身体と心の限界まで働いた。不眠に苦しみ、健康状態は悪化しつづけた。医者は休みを取ってストレスを和らげるよう勧めた。心臓がもう音を上げているのだと。保養所に行ったり、長い休みを取って少し回復するとまた仕事に戻り、数か月するとまた倒れるということを繰り返した。

健康状態が悪くなるにつれ、ハーバーは自分がユダヤ人であることを深く考えるようになった。彼は宗教や民族の問題にはこだわらず、ドイツに同化することを目指した。それでも彼はユダヤ人だった。

つきあいのある社交グループ、親しい友人、妻もユダヤ人だ。彼の工場に資金提供してくれている金融家、レオポルト・コッペルもユダヤ人だ。そこで働く従業員の四分の一から三分の一もユダヤ人。これは世間一般の比率よりも高い。彼は自分の民族についてあまり語ることはなかったが、一九二四年にミュンヘン大学の教授会が、あるユダヤ人を大学に受け入れることを拒んだときは感情をあらわにした。その優れた人物を拒んだことに対する抗議として、ハーバーの長年の友人であるリヒャルト・ヴィルシュテッターはミュンヘン大学の教授を辞めた。ハーバーはすぐにその決断を支持する手紙を書き、それは「世界じゅうの共鳴を呼ぶであろう一撃」であると述べている。彼はさらにあからさまなユダヤ人差別が再び高まっていることにも触れている。「今回のヒトラー主義の横暴には、さすがの君も耐えられなかったのだと僕は理解している」

しかし一九二〇年代、ハーバーにはほかにも心配があった。研究所、健康、そして金銭である。彼はめまぐるしいペースで組織づくりをし、世界を回り、研究結果をチェックし、資金を確保しようとしていた。心臓はさらに弱り、休息に必要な時間はどんどん長くなっていった。離婚後、彼の経済状態は苦しくなった。シャルロッテと子どもたちの生活費を払うことを約束していたからだ。また彼自身も金のかかる生活スタイルに慣れていた。数年前に彼はＢＡＳＦから清算を一括で受け取っていて、アンモニア生成による収入は途絶えていた。

さらに南米で大きな投資に失敗していた。それでも彼はまだ高い給料をもらい、最高級の葉巻を吸い、最高級のレストランで食事をし、最高級のホテルに宿泊していたのだ。しかし金銭的な心配は止まらなかった。

機械技師としてのボッシュの最高傑作とも言えるロイナ工場は、遠くからは一三本並んだ高い煙突を取り囲むようにつくられた小さな都市のように見える。それは実際には統合された一つの機械、長さ二マイル（三・二キロメートル）、幅一マイル（一・六キロメートル）に及ぶ複雑な組立ラインである。一九二一年の労働者の反乱以降は監獄のように警戒がきつくなり、専門の警察が置かれ、周囲にはぐるりと壁がめぐらされて、門には警備員が立っていた。毎日、工場に出入りする約三万人の従業員は、出入りのたびに身分証を提示しなければならない。一日何人かが抜き打ちで身体検査をされ、凶器をもっていないか服の上から叩かれて調べられ、ポケットを空にさせられた。

一九二〇年代その実態を調べようと、冒険心に満ちたあるドイツ人ジャーナリストが従業員のふりをしてロイナ工場にもぐりこみ、長期間をそこで過ごした。「それは背の高い鉄筋の建築物だった。枝を張るように伸び、交錯して金属製の巨大迷宮となり、そこに鉄、石、木、セメントがしっかりと入りこんでいる。それは巨大な鉄の虫を思わせた」と彼は書いている。とてつもなく大きな蒸気パイプ、蒸留器、導管、水道管、コンプレッサー、オーブン、エレベーター、浄化器、濾過器、吸収チャンバー、冷却塔、ガスタンク、ミル、電気系統、ずらりと並ぶ発電機に彼は圧倒された。「まるで何人もの巨人が行進しているようだ」。そして砕屑物の山は「霧の向こうに見える鯨の背のようだった」。あるときは蒸気が耳をつんざくほどの大きな音を立て、ときどき色鮮やかな炎が噴き出す場所で働き、あるときは巨大なパイプや水の垂れる塔やポンプがずらりと並び、なかは「教会の庭にように静かな」工場の一角での仕事を割り当てられた。

彼の目から見たロイナ工場は地獄のようなところだ。生産性を上げるために、従業員の給料は出来高払い、しかも時給ではなく仕事の内容で支払われた。そのため労働者は多くの金を稼ぐために次から次へと仕事をこなし、くたくたになるまで働く。そして数週間おきに仕事を休んで体を回復させるという繰り返しになった。このジャーナリストがまとめた報告書の内容はフリッツ・ラング監督の映画『メトロポリス』を思わせる（この映画は一九二〇年代半ば、ロイナ工場の全盛期に公開された）。

しかし当然のことながら、カール・ボッシュの見方は違っていた。ハイデルベルクの彼の屋敷から見るロイナ工場は地獄ではなく、人間の創意と知恵の勝利に他ならなかった。たしかに従業員は必死で働いている。そうすることで人間の能力を証明しているのだ。彼らは間違いなく世界で最も生産性の高い社員であり、景気がどん底にあるときもきちんと住居を与えられ、適正な賃金を受け取っていた。ロイナ工場は彼が成し遂げた一大事業である。彼が何より望んでいたのは、それをいつまでも稼働させ、拡張することだった。

問題はその巨大工場が、テクノロジーの奇跡という存在ではすまなかったことだ。ファルベンの取締役会の一部にとってそれは永遠の金食い虫であり、一九二〇年代を通じて財政危機を引き起こしかねない存在でありつづけた。

ボッシュがファルベンの形成を推し進めた理由の一つは、ロイナ工場拡張資金を提供できる大きな組織をつくろうとしていたことだ。拡張の最終段階は、第一次世界大戦終結の数か月前に計画されていた。彼はどれほどのコストがかかろうと工場を完成させたかった。一九二〇年代が過ぎるにつれ、ロイナに対するボッシュの執念は強まっていった。

彼と工場は切っても切れないものになった。その理由は一つだけ。ロイナはボッシュの機械技師としての才能の集大成だからだ。彼はさらに、これこそが未来の扉を開く鍵だと信じていた。ＢＡＳＦが一流企業でありつづけるための方法は一つしかない。絶えず新しい発明をすることだ。染料はすたれかけ、固定窒素もピークを過ぎたいま、彼には次の大きな発明が必要だった。それは合成ガソリンになるはずだ。ロイナはガソリンをつくる場所として申し分がない。国の中心部にあり、炭坑が近く、鉄道の接続がよく、水も豊富にある。そして何より高圧作業をおこなうためのインフラが整っている。彼らは固定窒素の収益を高度な研究をおこなう実験室の設備投資に回した。それは合成ガソリンの研究をはじめた自社開発センターだった。自分たちが得るはずの配当が研究室に注ぎこまれていることに投資家が不満をぶつけると、ボッシュはこう答えた。「変動の激しい経済状況や収益に振り回され、金があるときはただ配当に回すというより、いま現在この会社に雇われている多くの男女の生活を守るほうが、倫理的な義務を果たすことになると私は信じている」。ロイナ工場で合成ガソリンをつくることができれば、投資家に分配すべき利益も確保できるはずだ。

ボッシュは成功を信じて疑わなかった。

一九二六年、新たに生まれた巨大企業幹部の最初の会合のとき、ボッシュはファルベンの将来について述べた。ファルベンの成功は合成燃料のような技術的な大発明だけでなく、ファルベンがドイツという殻を破って積極的に世界へ出ていくこと、とくにアメリカへの進出にかかっている。世界にはまだ反ドイツ感情が渦巻いていることは当然、取締役たちもよくわかっている。だからこそファルベンは、ドイツの企業という枠を超えた存在にならなくてはならない。自国の不安定な政治や経済の影響を抑え、外国で利益をあげるために、ファルベンは外国にどんどん支社をつくり、ドイツ以外の国とハイレベルな協力関係を結ぶ必要があると、ボッシュは力説した。

その鍵となるのはやはり合成燃料だ。彼のビジョンはこうだ。ファルベンを構成するそれぞれの企業が、独自の製品をつくって利益をあげる。ただしその中心である企業に十分な資金を提供することで、合成燃料をつくるロイナの、ひいては全社をあげての計画に協力する。これにはもちろん論争があったし内部の不満もあった。しかし結局はボッシュに従った。ロイナ工場に資金が流れこみ、大規模な合成ガソリン工場への転換が始まったのだ。

一九二六年、ボッシュはファルベンの重役たちを率いて再びアメリカを訪れた。いよいよ世界に名乗りをあげて、取引をはじめる用意ができたのだ。彼の最初の目的は化学業界の大物に近づくことだった。彼はすでにブルーナー・モンド社のサー・アルフレッド・モンドをはじめ、イギリスのできたばかりのインペリアル・ケミカルのグループの関係者とは話をしており、アメリカのアライド・ケミカルの代表と連絡もつけていた。ボッシュは彼らに、ファルベンはベルギウスの方法を改良し、すぐに合成ガソリンを大量につくれるようになると伝えた。社内随一の若い化学者がすでに、いままでのものよりはるかに優れた触媒を見つけていた。石炭の準備やリアクション・チャンバーでそれがどう反応するかにかかわる他の技術的な問題も、彼の研究チームが一つずつ解決していた。

ボッシュはハインリヒ・ブルンクがアンモニア生成のときに使った戦略とは、違う戦略をとった。戦前は自分たちが開発した技術に関する情報をできるだけ秘密にして、ライバル企業から使用料を取ろうとしたが失敗した。一九二六年のアメリカ訪問時、ボッシュは完成前の技術まで他社に積極的に伝え、さらによいものになると宣伝して、有利な取引にもちこもうとした。

彼には金が必要だった。彼のチームの研究成果が上がっていたのはほんとうだが、予想を上回る問題が出てきて、コストがかさんでいた。ボッシュは石炭からガソリンや他の燃料を合成することが、二〇世紀最大の利益をもたらす、新しい技術になると信じていた。そこで他の会社に取引をもちかけはじめた。他の大企業が世紀の取引に参加したいと思ったら、現金か株式交換によって参加料を支払って共同事業者となる。ボッシュはその収入でロイナの合成燃料工場完成と、規模拡大にあてるつもりだった。

それはそそられる話だった。イギリスはボッシュの話を聞いてすぐに合成燃料に大いに興味をもった。ブルーナー・モンド社は、盗んだと思われた例の情報を買う前から、ドイツのアンモニア生成法を自分たちの手で再現しようとしていた。イギリス人化学者はドイツの技術力には相応の敬意を払っていて、今回の提携は願ってもない話だった。熱意あふれるサー・アルフレッド・モンドが一九二六年秋にアメリカに船で渡ったのも、おそらくファルベンの燃料合成技術の提携にアライド・ケミカル社を引き入れるためだったのだろう。数週間後にボッシュが到着したら、世界三大化学企業の間で提携契約が結ばれるはずだった。

しかしそれは実現しなかった。最後の最後でアライド・ケミカル社が手を引き、ファルベンのライバル会社であるデュポン社に近づいたのだ。この二社はその後ゼネラル・モーターズとの関係を深める。アライド・ケミカルとの契約がご破算になったことでボッシュは方針を変え、アメリカにいる間スタンダードオイル社とフォード社にアプローチを続けた。スタンダードオイルはとくに興味を示した。同社はガソリン事業で優位な立場にあったが、原油がやがて不足すると予想されていることに大きな不安を抱いていた。ボッシュの技術によって石炭からガソリンをつくる道が拓かれるだけでなく、原油を使った場合のガソリン生産量と品質の向上が見込める。通常の精製法では一バレルのガソリンを生産するのに四バレルの原油を必要とする。ファルベン社の技術を使えば、この比率が一対一に近くなる。この技術があれば、減りつつある備蓄石油の寿命を引き延ばすことができる。

スタンダードオイルは大企業だったが、その大企業の技術部長さえも、一九二六年にラインにあるB

ＡＳＦの工場を訪れたとき度肝を抜かれた。「これまで見たこともないスケールの研究開発の世界に放りこまれた」気分であると、彼は表現している。彼はすぐに社長のウォルター・ティーグルに手紙を書き、ボッシュの合成燃料計画は「非常に重要である。これまで石油業界にとりいれられた化学的研究のなかで最も重要かもしれない」と伝えている。オッパウにあるＢＡＳＦの高圧工場を見学したあとでは、ドイツがアメリカのはるか先を走っていることも認めざるをえなくなった。「彼らの研究にどんな意味があるのか、実際に見るまでわからなかった。彼らに比べると、われわれは赤ん坊のごときものだ」

ティーグルはお返しに、その年の秋にボッシュをアメリカ各地にあるスタンダードオイルの精製所や他の施設を見て回る三週間の旅行に招待した。それが終わったとき、二人の男はお互いの能力を認めあい、協力しようという気持ちになっていた。フォード社との話合いもうまくいった。フォードがドイツに子会社をつくることを決めたとき、ファルベンはその株式の四〇パーセントを購入した。ファルベンがアメリカに子会社をつくったときは、エゼル・フォード〔ヘンリー・フォードの息子で二代目社長〕がその（通称）アメリカンＩＧの取締役会に名を連ねていた。

ボッシュの頭のなかでは、新しい巨大装置が形になりはじめていた。二〇世紀が繁栄の世紀となり、巨大企業がどんどん発売するものを消費者が買うようになるなら、利害の一致する産業界のリーダーは四の五の言わずに協力するべきなのだ。世界的な巨大企業は世界のニーズを満たし、チャンスを探して活用し、さらによい製品を開発するために互いに力を出し合うべきだ。競争のために金を使うのは無駄だというのがボッシュの考えだった。それなら研究に使ったほうがよい。フォードとスタンダードオイルとの提携を例にとれば、消費者がガソリンを入手する手段がなければ車を買わないし、車がなければスタンダードオイルのガソリンを買わない。ファルベンが石炭からガソリンをつくらなければ、そこには何もなくなってしまう。それなら三社で協力しようではないか。

他にも利点があるはずだった。彼は自らの国の将来も考えていた。ドイツには油田がなかった。再び世界の列強となるには自動車革命に加わらなければならないだろう。ボッシュはそれを実現する役に立ちたいと思っていた。新しい燃料合成法を発明し、ドイツでつくられたガソリンで車を走らせるだけでなく、石油の輸入で国外に流出する通貨を減らすことも可能だ。同時にドイツで安定した量のガソリンを生産できるようになれば、ドイツの自動車の需要が増える一助となる（フォード社が興味をもったのもそこに理由がある）。関係者すべてが得をする。

スタンダードオイルも同じことを考えていた。一九二〇年代にファルベンとつぎつぎに結んだ契約により、スタンダードオイルはファルベンの高圧ガソリン製造法を、ドイツ以外のどこでも研究、活用できるという権利を買っていた。その代償としてスタンダードはファルベンに三五〇〇万ドル相当（一億五〇〇〇万マルク）の株式を譲渡した。二社は特許権を共有する合弁企業となった。

ＢＡＳＦにとってはスタンダードオイルからの資金がどうしても必要だった。ボッシュのガソリン合成計画は行き詰っていたのだ。

ファルベンは一九二六年の秋、ボッシュがアメリカを回っている間に、生産予測を発表した。ロイナ工場のガソリン生産量は年間一〇万トン。間もなくそれが可能になる。しかしその六か月後までに生産されたのは、ほんの数バレルだけだった。思いがけぬ技術的な遅れがあったうえに、思っていたよりその方法を完成するのは困難だった。石炭と石油のスラリーは化学的に複雑で、扱うのが物理的に難しく、遅れと問題が積み重なっていった。ボッシュは不安を感じてもそれを頭の隅に押しのけた。ガソリン合成はどうしても成功させなければならない。彼は資金を注ぎこみ、チームの尻をたたき、もっと作業を早めるよう（常軌を逸していると思われるほどのスピードまで）命じて、フル生産体制までもって行こうとした。一万三〇〇〇人の従業員がロイナの燃料合成工場への転換と拡張に注ぎこまれた。ファルベンは一九二七年末には、年間一〇万トンの目標を達成すると発表した。一九二八年には、ファルベンの生産が軌道に乗れば世界のガソリンの五分の一が同社によってつくられたものになるという予測を口にする専門家も出はじめた。

しかし精鋭を集めたボッシュのチームでさえも、それを実現することはできなかった。一九二七年の終わりには、開発にはボッシュが思っていたよりコストも時間もかかることが明らかになっていた。ファルベンの、とくにＢＡＳＦ以外の企業出身の役員たちは、染料や薬品などの化学製品からの利益がロイナに吸いこまれていることへの不満を表明するようになった。

ボッシュは方針を変えようとしなかった。ガソリン合成研究を批判する人々が間違っている、いずれそれがはっきりするとボッシュは確信しているようだった。ブルンクのインディゴ計画の中止の提言や、ハーバー - ボッシュ法の研究開発反対も、間違っていたことがあとになってわかったではないか。たしかに合成ガソリン生産には問題があるが、それは生産規模が大きいために生じるものだ。どんな問題であれそれらはやがて解決するし、これから何が起ころうと、すべて解決できる。

しかしそこで思わぬ事件が起きる。一九二〇年代末、アメリカのオクラホマ州で新しい油田が見つかったのだ。一攫千金を夢見る採掘者たちがそこに集まってきて、間もなくそれが未曾有の規模の油田であることがはっきりする。見つかったのは油田のごく一部で、地下は石油の湖だった。いや湖では足りない。それは石油の海だった。一九三〇年代には、油井がテキサスを越えてルイジアナへと延びていた。そこには巨額の財産が眠っていた。テキサスに石油成金が現れ、一文なしの先住民が一夜明けたらキャデラックを運転しているといった話があふれていた。興奮と大騒ぎのなかで、一つの現実がはっきりしはじめた。世界的な石油不足は起こらない。ガソリンの価格はいずれ一ガロン一ドルになると何年か前にアメリカ上院議員が予測していたが、実際は九セントだった。

これはファルベンにとっては大きな災難だった。ガソリン合成の予算は、原油の供給がしだいに減少するという予測をもとに立てられていたのだ。原油が安くなれば、ロイナ工場で生産されるものは高すぎてたちうちできない。ロイナ工場での生産のめどがようやく立ったばかりだというのに、これは大打撃である。しかしボッシュと会社はすでにこれに賭けていた。もうあともどりはできない。アメリカで広大な油田が見つかったといっても、それもいずれは枯渇するだろう。それで天然の原油は世界じゅうからなくなってしまうかもしれない。いずれにせよ、ドイツが石油を自給自足できるようになれば悪いことはない。ボッシュはそう主張してロイナの合成燃料研究に資金を注ぎこみつづけた。

ボッシュはプロジェクト完成のために、さらに資金が必要だった。彼がドイツの化学会社を合併させた理由の一部には、ロイナ工場の夢を実現するための資金を集めるためだった。彼はできるかぎり外国の企業とも契約を結んだ。それ以上を求めるなら、頼るべきところは一つしかない。それは政府だった。ボッシュは戦時中、アンモニア生産のために政府の支援がいかに重要かを実感した。ロイナ工場は政府支援によって建てられたもので、その分野ではトップレベルの技術を確立した。ファルベンの代表は積極的に政治活動をおこない、政治家をロイナに連れて来ては、その広大さや工場の規模を印象づけ、ロイナ工場のガソリン（ロイナベンジン）を支援することは、ドイツという国家の強化を支援することだという考えを植え付けた。自国で一リットルのガソリンが生産されるごとに、外国からガソリンを買うための金が節約できるのだ。ガソリンの自給自足は国家の利益になる。それを実現させロイナベンジンの市場での生き残りをかけてファルベンは全社をあげて、輸入石油に対する関税の引き上げ（輸入ガソリンの価格が上がることで、自国で生産されたガソリンがドイツ市場で競争力を保てる）と、ロイナ工場への資金提供を政府に求めた。

政府への懇願は一九二九年の夏じゅうずっと続けられた。しかしさしあたって、ロイナ工場に注ぎこまれる資金は別として、ファルベンの経営が良好であることにボッシュは安心していた。窒素製品の売上は、競争が激しくなっていることを考えると驚くほど順調だった。ハーバー・ボッシュ法で窒素を生産する工場は、ファルベン以外にもできていたが、ドイツ製の製品が最高と言われていた。ファルベンはさらに他の国に工場を建てる計画を進めていた。アメリカにはスタンダードオイルとの契約にそれが含まれていたし、他にフランスとノルウェーにも建設を予定していた。ボッシュはドイツ以外の国に、自分の会社の存在感を示そうとしていた。アンモニア生産工場建設にとどまらず、薬品や染料の分野でも営業活動の拡大を目指し、その国の関税がかかるのを避けるのと同時に、会社の知名度を高めるために外国での生産を推進したのだ。

他にもボッシュにとってありがたいことがあった。一九二〇年代の超インフレと、労働者の武装闘争の記憶が薄れていたことだ。賃金も上昇していた。フランクフルトに建設中の、巨大で近代的な中央本部も完成間近だった。合成ガソリンは別として、研究開発に力を入れたボッシュの方針は実を結び、つぎつぎと新しい製品や新しい発明が生まれていた。農業研究所で考案され人気を呼んだ「混合」肥料や、プラスチック製造の第一歩となった研究もある。最も有望とされたのは、合成ゴム生産に道を拓くきっかけとなった研究である。これもまた大きな進歩であると同時に、大きな利益が見込まれた。ゴムはタイヤ、パッキン、ホースなど、あらゆるものに不可欠で、自動車産業の発展とともに需要が急増していた。ファルベンの合成ゴムはブナと呼ばれる種類のもので、まだ欠点があったが、近いうちにそれも解決すると思われた。決して状況は悪くなかった。

ところが突然、最悪の状況がやってきた。

19

——大恐慌のなかで——

ファルベンとスタンダードオイルの間で三五〇〇万ドルの契約が結ばれた数か月後、アメリカ市場で株価が暴落し、世界的な大恐慌に突入した。ドイツはその影響をとくに強く受けた。一九二〇年代初めの賠償金支払いのため経済危機に陥って以来、ドイツ経済はアメリカからの巨額の借金で支えられていた。株価が暴落すると、今度はアメリカ経済の悪化を防ぐために、借金の返済を求められたのだ。しかしドイツには返済の術がなかった。大恐慌が広がるにつれて外国におけるドイツ製品の市場は縮小し、ファルベンなどの企業の収入も減少した。業績は悪化し、労働者は解雇された。ドイツの失業者の数は一九二八年から一九三〇年にかけて四倍になり、次の二年でさらに倍になった。職を失った労働者たちは、共産主義者からアドルフ・ヒトラー率いる国家社会主義ドイツ労働者党（ナチス）まで、右派左派を問わず過激な政治集団の過激な演説に耳を傾けるようになった。ドイツの中央政権は弱体化した。

カール・ボッシュは製品の価格、とくにアンモニアをはじめとする窒素製品の価格が下落して、自らの会社の収入が落ちこむのを目の当たりにした。世界じゅうの誰もガソリンや肥料、化学薬品はもちろん、その他の多くの物を買うだけの金をもっていないようだった。大恐慌の最初の年である一九三〇年、ファルベンの窒素関連製品による収入は前年の三分の一に減少した。それでも次の年に比べたらまだましだった。一九三三年にはさらに半分に減少した。ある会社の社史には、経営状況は「非常に悩ましいというレベルから、存続できないくらい逼迫したレベルへと悪化した」とある。

ボッシュはその多くに耐えた。大恐慌の初期、一九三〇年ごろの写真の彼の顔は、げっそりやせて生気がなく、目のまわりに黒いくまがある。ロイナ工場をめぐる別の懸念で彼の悩みはいっそう深まった。それは会社内部のことだ。バイエルの社長で、〝神々の協議会〟でボッシュと主導権を争ったカール・デュイスベルクは、おおむねボッシュの方針を支持していた。しかし経営危機を前にして、ロイナ工場の問題をめぐり二人の意見が分かれた。デュイスベルクは取締役会内部で、ガソリン合成プロジェクトを中止し、資金を注ぎこむのをやめ、少なくとも大恐慌が収まるまではトラブル続きの技術開発を保留することを主張するグループのリーダーだった。ロイナ工場批判派は、同工場における研究開発の進展状況と将来の展望についての長い報告書に、自分たちの意見をまとめた。これはボッシュにとってはひどい災難だった。一九三一年という大恐慌が最悪の局面を迎えた時期に完成したこの報告書では、ガソリン合成技術を完成するには、さらに四億マルクもの資金が必要と予測されていた。この費用を調達する唯一の方法は、政府の支援をあおぐことだが、それができたとしても問題は解決しそうにない。最も効率よく装置を動かしても、一ガロンあたりの価格はオクラホマ原油からつくられたガソリンのほぼ倍である。彼らはガソリンの値が上がることを前提にプロジェクトに取り組んだ。価格が高ければ、彼らの技術で十分に対抗できる。しかしガソリン価格が史上最安というレベルにまで下がった現在、歴史研究家のトマス・パーク・ヒューズが書いたように「ファルベンは役に立たない物に対する既得権益をもっているように見える」。デュイスベルクの支持者たちは、すぐに計画を中止するよう求めた。

ボッシュと右腕のクラウフは猛烈に反論した。社はすでに巨額の資金を注ぎこんでおり、ガソリン合成計画を続ける以外の道はない。ロイナ工場の操業を停止すれば何千人もが職を失う。建築物と装置にファルベンはとてつもない額を投じている。これはガソリンのことだけではない。燃料合成プロジェクトはファルベンの他の事業の利益にも結びついている。最も大きいのはアンモニア生産だ。堅実な経営のためにはアンモニアと合成燃料の両方が必要なのだ。たとえば水素について考えてみてほしい。どちらの生産過程でも莫大な量の純粋な水素が必要だ。ロイナ工場で水素を大量につくり、それをつくる装置が大きくなるほど単価は安くなる。ロイナ工場での水素生産量が増加するということは、アンモニア生産コストが安くなるということだ。アンモニアとそれを原料とする肥料は、ファルベンの製品のなかで最も利益の大きなものだ。そして合成燃料からファルベンが手を引いたら、スタンダードオイルとの契約はどうなるのか？　ロイナベンジンの生産がようやく軌道に乗りかかっていることを忘れてはいけない。多少なりとも利益も出はじめている。ロイナベンジンで走るトラックの製造や、ロイナベンジン用のガソリンスタンド建設計画も進行している。ロイナベンジンで走るドイツ製の車の数も増えていくだろう。ロイナベンジンの市場での競争力を保つため、政府に対して輸入石油への関税を上げるようプレッシャーをかけることもできる。もう後戻りはできない。ボッシュとその支援者は、ロイナ工場での燃料合成計画を中止すれば、継続するよりコストがかかるという結論を出していた。社の誰もが深いため息をつき、頭を垂れて前に進まなければならない。

少なくともしばらくの間は、ボッシュの思惑通りに進んだ。計画の中止を免れ、年間一〇万トンのガソリン生産という目標も達成した。目標の期限からもう四年がたっていた。遅れたには違いないが、ようやく工場は順調に稼働しはじめたのだ。政治家へのロビー活動も功を奏した。一九三一年半ばには、ドイツの石油への関税はヨーロッパの国々のなかでは最も高かった。しかしそうした彼の努力も大恐慌自体を好転させることはできなかった。ロイナベンジンを買うだけの金をもっている人は少なかった。一九三二年初め、ロイナ工場の稼働率は二〇パーセントだった。ボッシュは工場のいくつかのセクションの操業を停止し、一部をフルスピードで稼働した。一組の装置が消耗すると、交換するのではなく別の一組を動かした。そのときもまだガソリン合成法は完璧とは言えず、何度も修理したり微調整したりする必要があった。そして中止するべきだという議論も残っていたが、ボッシュは決して応じなかった。彼は自分がつくりあげた壮大な機械にとりつかれているように見えた。彼にロイナ工場をストップさせられる者はいなかった。

大恐慌が始まってまだ間もないころ、ボッシュにとって励みになることが二つあった。一九三一年、彼のアンモニア生成研究に対し、ノーベル化学賞が授与されたのだ（石炭からガソリンを生成する方法を発見したフリードリヒ・ベルギウスも同時受賞した）。これは意外な受賞だったが、それはボッシュの研究が重要ではなかったという意味ではない。彼の功績は工業的な応用であり、もともとの方法を発見したわけではなかったからだ。タイム誌は彼を「がっちりとした体格でいかめしい顔をしたボッシュ教授は人の話をじっくりと聞くタイプで、自らは言葉少なく、着るものにはこだわらず、厚いめがねの向こうから彼自身がつくりあげた壮大な機械が動くのをじっと見ている」人物と説明している。その彼がストックホルムでの式にはすべて出席し、正装に身を包み、王と握手をして、やや技術的な長々とした受賞スピーチをおこなった。

もう一つの励みは、不景気の底にあったドイツを混乱に陥れることなく導いてくれるのではないかとボッシュが信じていた政治家のことだった。その政治家の名はハインリヒ・ブリューニング。ドイツの新たな首相となった人物である。

ブリューニングは理性そのものであり、控え目で物静かで学問好き、そして勤勉だった。比較的若く（一九三〇年春に首相の座についたとき、まだ四四歳だった）、兵士として戦い（第一次世界大戦では鉄十字勲章を受けた）、労働組合の指導者や新聞記者の経験もあった。何より重要だったのは、経済学の博士号をもっていたということだ。ブリューニングのリラックス法は、横になって経済学の大書を読むことだという噂もあった。彼は固い信念と理性と経済理論をもって、ドイツを大不況から脱却させようとしていた。ボッシュはこのような人物と心を通じさせることができた。

二人はそれからの数年間、ドイツはとても不安定な状況になるとわかっていた。どちらも政治的には中道で、ドイツは右翼や左翼の過激派の手に落ちることなく秩序を保つことができると、世界に向かって証明したいと思っていた。そして二人とも、国際的なビジネスには国を問わない善意が不可欠であることを理解していた。彼らはとても気が合ったのだ。

ボッシュはある化学者の集まりで自らの政治的見解を話し「われわれの指導力に対する信頼は消えかかっており、ものごとを正してくれると思わせる強い人物が現れるという期待だけが残っている。しかし克服すべき大きな困難に直面しているいま、ただ一人の人間がその身に受けた期待に応えることはほぼ不可能であることを、いまのわれわれは忘れている」と述べた。その一方で、個人の幸福より国家の幸福を優先するべきだという共産主義者の主張も嫌っていた。「個人は全体に従うべしと主張、要求する人々に対し、私ははっきり反対の立場をとる。そのような考え方は人間の本質とは相いれない。進化の先にたどりついた人間の本質は、群れで生きることではなく家族と生きることなのだ」

ボッシュは進歩を善と信じるリベラルなテクノクラートであり、個人の動機を信頼し、人間は自分と家族のために自由に働いているときがいちばんよく働くと考えていた。「国家の目指すところは、収入をともなう雇用を確保し、個人と国の摩擦を最小限に抑えて、共存できるようにすることだ」。人は自由に製品をつくり、金を稼ぎ、自らの利益を追求できなければならない。それ以上、国は個人に介入するべきではない。このような考え方のボッシュはアメリカ向きだったのかもしれない。

ブリューニングが首相になったことは、ファルベンにとって都合がよかった。ファルベンに有利な経済政策をとっていたし（石油への高い関税）、外国からの窒素製品輸入を禁じていた。その結果、ファルベンはドイツでの肥料販売を事実上、独占していたため、不況下でも何とか経営を続けることができた（しかしドイツの農民たちは肥料に高い値段がついていることに不満をもっていた）。ボッシュはブリューニングの政治を支援した。ファルベンの役員の一人は、ブリューニング内閣の閣僚だった。

良好な関係が築かれると、ボッシュはブリューニングに、ロイナ工場と合成ガソリンに資金援助してくれるようせっせと働きかけた。資金があれば時間をかけてその技術を完成させ、ロイナベンジンの生産量を上げて、価格をもっと下げることができる。政府がロイナ工場と合成ガソリン研究に助成金を出すか、他の形での支援をすることが、国家にとって（そしてファルベンにとっても）大きな利益となるとボッシュは信じていた。一九三二年の早春には、それについての話し合いが始まった。しかし四月にはブリューニングはすでに首相ではなかった。おそらく彼はこの時代を生きるには理性的すぎたのだ。失業率は上昇を続け、ドイツ人は違う種類のリーダーを求めていた。それは彼のように穏健なタイプではなく、ある意味ではボッシュの軽蔑する〝強い男〟だ。

ドイツの春の選挙では、ブリューニングの努力にかかわらず、ドイツがばらばらになりかかっていることが示された。過激な言動で知られる反ユダヤ主義のナチ党党首アドルフ・ヒトラーは、このときの選挙に勝って大統領に選ばれた老練なパウル・フォン・ヒンデンブルクに迫る得票数を得たのだ。

ヒトラーとナチ党の人気が高まっていることに、ボッシュは不安を抱いた。ナチ党はビジネスにはマイナスだ。彼らの扇情的な手法は、戦後ボッシュたちが必死で緩和させた外国における反ドイツ感情を再燃させるだろう。ナチの民族差別的言動、とくに反ユダヤ主義は、長年ユダヤ人科学者やビジネスマンとともに仕事をしてきたボッシュにとって忌むべきものだった。ボッシュの私的秘書はラビの息子だった。ナチ党はけんか腰で、道端で左翼と殴り合い、国民の結束ムードを破壊していった。彼らは危険だった。しかし一九三二年の選挙における彼らの躍進により、ブリューニングの政治は終焉を迎えた。ブリューニングは年配のヒンデンブルクを選ぶことで、ヒトラーが大統領の座に就くのは何とか阻止したが、選挙の直後（一部にはナチを懐柔するため）ヒンデンブルクはブリューニングの辞任を求めた。一九三三年一月三〇日、ヒトラーはドイツ首相となった。その一年後、ブリューニングはまずイギリスへ逃亡し、その後アメリカに向かった。彼はハーバード大学で政治学の教授となった。

一九三三年一月にヒトラーが首相に任命されたとき、フリッツ・ハーバーはコートダジュールのフェラ岬で、二か月の静養生活をおくっていた。また心臓の具合が悪くなっていたうえ、働きすぎでもあったが、しだいに悪くなる政治状況から逃げたいという気持ちもあったのだろう。ヒトラーの首相就任も、彼の健康にはプラスにならなかった。「私はしだいに弱っていくなかで四つの敵と戦っている」。ハーバーはリヒャルト・ヴィルシュテッターにそう書き送った。「不眠、別れた妻の経済的負担、しだいに高まる将来への不安、そして人生で大きな間違いを犯したのではないかという意識だ」。改宗したことや、ドイツ人になろうとしたこと、そしてヒトラーの政権下でユダヤ人であるのはどういうことかが、彼の頭をよぎったのだろうか。

ハーバーは研究所に戻り、ナチス政権下で生きることを考えはじめた。ヒトラーが首相の座に就いた四週間後、ドイツ国会議事堂が不審火によって破壊された。国は危機に陥った。翌日、共産主義の若者が放火の罪で逮捕され、ヒトラーは市民の権利を大幅に制限した。数週間のうちに、首相に全権を委任し、好きなように法令を発布することを許可する法案が可決した。中道政党の政治家さえ、ヒトラーが独裁者となるのに手を貸したのだ。

彼はその権力を行使しはじめた。一九三三年三月、国の機関にハーケンクロイツが描かれた新しい国旗が支給された。ハーバーの研究所にもその旗を掲げるよう依頼が来たが、彼は自分から管理人にそれを掲揚するよう指示した。「ハーバーにとっては、強制されるよりはそのほうが威厳が保てるということだったのだろう」と、ユダヤ人の従業員が書いている。旗を掲げて頭を下げていれば、ヒトラー政権は見過ごしてくれるだろうと。一九三三年四月一日、ナチスの指導者は全国的にユダヤ人とのビジネスをボイコットするよう呼びかけた。彼らのいう「ユダヤ人」とは宗教にもとづくものではなく、祖先からその血を受け継いだ者を意味した。改宗したハーバーも例外ではない。ユダヤ人はユダヤ人としてしか生きられない。同日、プロシア州の司法大臣がユダヤ人の裁判官に対し、自発的にその地位を捨てるよう求めた。これはハーバーにとってはとくに大きな不安材料だった。裁判官はドイツのユダヤ人が望みうる最高の名誉であり、ドイツにおけるユダヤ人の地位向上の象徴だった。その地位を捨てろというのは、たんなる法的措置ではない。来るべきものの予言といえた。ハーバーはヴィルシュテッターに、ユダヤ人の裁判官に起こったことはユダヤ人の科学者にも起こりうると手紙を書いた。

一九三三年四月七日、ヒトラーはドイツ政府から非アーリア人を排除するための包括的な法令を発布した。専門職公務員再建法（公職追放令）と呼ばれたこの法律は、すべての政府機関から六か月以内に、非アーリア人（ユダヤ人を含む）および政府批判をおこなう者を、その地位や在任資格にかかわらず排除することを命じたものだ。唯一の例外は第一次世界大戦時に従軍した退役軍人（あるいは父親が従軍した者）だけだ。しかしこれはヒトラーのアイデアではない。この例外を主張したのはヒンデンブルクであった。ヒンデンブルクは戦争で司令官を務め、ヒトラーにとってもまだ必要な表看板だった。

法令の発布を知ったハーバーは驚愕のあまり数日は何も手につかなかった。まるで見知らぬ星に来てしまったようだった。これほど大規模であからさまな反ユダヤ的法律が制定されたのは初めてだった。ハーバーが政治に対して望んでいたものが、このときすべて否定された。それはドイツの夢の終わりだった。

20

――ハーバー、ボッシュとヒトラー――

公職からユダヤ人を排除する法律が発令されたのは長いイースター休暇の間で、フリッツ・ハーバーが所長を務める研究所の職員をはじめ、研究者の多くが仕事を離れていた。研究所が本格的に再開するのはその月末の予定だった。彼のもとには、ハーバー自身も含めて、従業員の家系を細かく尋ねる調査用紙が届いていた。従業員の四分の一、二つの部の長、そしてトップクラスの研究者の多くがユダヤ人だった。この法律が何を意味しているのか、どのような決定がなされ実行されるのか、はっきりとはわかっていなかった。第一次大戦に従軍した退役軍人は特例とされていたため、ハーバーをはじめ、ともに毒ガス開発にかかわった年配の化学者には逃げ道があると思われた。しかし自分の研究室で働いている人々の多くが、ただユダヤ人であるというだけで辞めさせられるというのに、ハーバーが平気で職に居座れるわけはない。

ハーバーが他の選択肢を模索している間に、他の化学者は腹をくくっていた。アルベルト・アインシュタインはアメリカを移動しながら、メディアを通じてナチスを攻撃し、二度とベルリンに戻ることはなかった。ハーバーとともに毒ガス開発の最前線で働いていたジェイムス・フランクは、四月一五日にゲッティンゲン大学の教授を辞めると発表した。「このような状況が自分にとってたいしたことがないような顔をして、学生の前に立つことはできない」と、彼はハーバーに手紙を送っている。「それに退役軍人は対象外とするという、政府が投げた餌に食いつくなどということもできない。自分の地位を捨てたくないという人の立場も尊重し、理解もするが、私のような人間もいるのはたしかなのだ。だから君を敬愛するこのジェイムス・フランクを非難しないでくれ」

ハーバーは悩んでいた。心のどこかではこの騒動が静まること、ドイツ国民が政府を支持しないこと、あるいはヒトラーの政府が分別を取り戻すことを望んでいた。ユダヤ人研究者を追い出すことは、ドイツの科学研究を骨抜きにすることだとナチスは気づかないのだろうか。ユダヤ人研究者は大きな成功をおさめ、世界に認められたドイツの科学技術を支える存在だというのに。彼らがいなくなることで、ドイツの科学は回復不能なほどのダメージを受ける。一〇〇年にわたる成果を、ナチスはなぜ捨てることができるのか。とても信じられることではない。まさに狂気である。

期を同じくしてナチス当局から、新しい公務員法に沿った組織再編をおこなわないかぎり、休暇が明けてもハーバーの研究所を再開させるわけにはいかないと知らされた。カイザー・ヴィルヘルム研究所全体、そしてハーバーの研究所はとくにナチスの標的となった。「ダーレムにカイザー・ヴィルヘルム研究所をつくったことが、科学界へのユダヤ人流入のさきがけとなった」。当時の学生向け全国紙にはそう書かれていた。「カイザー・ヴィルヘルム物理・電気化学研究所は、ユダヤ人であるフリッツ・ハーバーに支配されている。彼はユダヤ人で不当に利益を得ていたコッペルの甥である。同研究所の職はほぼユダヤ人で独占されている」（ハーバーがコッペルと親戚であるというのはまったくの虚偽であり、研究所の職員の四分の三は非ユダヤ人だった。）

カイザー・ヴィルヘルム研究所の他の指導者たちは、とにかくこの場をやり過ごして嵐が過ぎるのを待ち、当局を納得させるために何人かの研究者を解雇して、ハーバーは職にとどまるよう助言した。ショックから抜けきれず、どうするべきか判断をつけられぬまま、ハーバーはその助言に従った。最初に解雇したのは二人のユダヤ人の部門長で、高く評価されていたため、ドイツ以外の国に行けばすぐに仕事は見つかるだろうと思われた（事実、彼らはイギリスで職を得た）。しかしナチスはそれでは納得しなかった。ハーバーのような退役軍人以外、すべてのユダヤ人を排除することを求めたのだ。

彼が解雇しなければならないのは彼自身が雇った男女であり、すばらしい仕事ぶりを見せてくれた人々だ。その人員リストを見ているうちに、錆びた錠前を回す鍵のように何かががちりと音を立てた。ハーバーは辞職を決意した。四月三〇日、ハーバーはプロシア教育省に手紙を書いた。彼は最後までよき公務員として、自分の感情を官僚的な文章の奥底に押しこめていた。「辞職を願い出る私の決意は、私がこれまで慣れ親しんできた研究の慣例が、現在の国家的変革にともなう貴殿および省の代表者の見解の変化と相いれなくなったことによるものです。私はこれまでともに働く人々を選ぶとき、応募者の人種は問わず、個人がもつ資格と専門技術のみから判断し、研究所の地位を与えてきました。六五歳を迎える人間に、これまでの三九年間信奉してきた主義主張を変えさせようとするのは困難です。私は誇りをもって祖国ドイツに終生仕えてきましたが、その誇りが今度は辞職することを命じるのです」。彼は一〇月までその地位にとどまることを願い出た。その間に仕事を片付け、後継者を見つけ、解雇したユダヤ人職員の新たな就職口を見つける手助けをしたいと思っていた。

ハーバーの辞職はドイツじゅうの新聞がトップニュースとして報じた。それは必ずしもナチスが望んだ報道ではない。アインシュタインがヒトラー政権を嫌おうが大きな影響はなかった。彼は愛国者ではなく、変わり者の社会主義者の平和主義者であり、ドイツを捨ててアメリカに渡った大ほら吹きだった。

アインシュタインは悪者として追放することができた。しかしハーバーだと話は違う。彼はドイツでも最高レベルの化学者であったうえに、研究だけでなく国家への強い忠誠心でも知られていた。彼の辞職はナチスにとっても衝撃であり、ヒトラーの新しい法律により科学におけるドイツの優位性が失われると気づいた科学者たちの間で大きな騒ぎとなった。

ハーバーに同情し、ひっそり応援する人々がいたのは間違いない。しかしこの時代、それを公にする人はいなかった。春の終わりから夏にかけて、カイザー・ヴィルヘルム協会会長のマックス・プランクが政府機関に働きかけ、ハーバーが辞めずにすむ妥協点を見つけようとした。それに対してナチスの文化相は「私はユダヤ人ハーバーとの関係を断ち切った」と言っただけだった。五月にプランクは、ヒトラーと直接話をしようと、ベルリンの官邸に首相を訪ね、ハーバーのようなユダヤ人科学者が国を出ていくことが続いたら、ドイツ科学界は自滅すると訴えた。この会話の記録は残っていないが、プランクはヒトラーが、ユダヤ人より共産主義者たちを心配していると言っていたのを覚えている。ただし問題は「ユダヤ人はすべて共産主義者だということだ。ユダヤ人はユダヤ人でしかない。彼らはとげのある植物の実のようにくっつきあう」と、ヒトラーは説明した。この問題を解決する唯一の方法は、彼らすべてを法で罰することだと。プランクが話を科学に戻そうとすると、首相はどんどん早口で大声になり、手で膝をたたき、激高しはじめたので、年老いたプランクは部屋を出なければならなかった。彼の感情の高ぶりが収まるまでしばらく時間がかかった。

妥協点は見つからなかった。ハーバーは自分の手で研究所の解体を進め、彼が解雇したユダヤ人の元同僚たちが生きやすくなるようできるだけのことをした。従業員たちはドイツじゅうの大学職員の国外への大移動に加わった。そしてその間にも彼は衰えていく精力をかき集めた。学生や大学の間でも表だった抗議は起こらなかった。ドイツの学生たちは一般的に、第一次世界大戦の汚名を振り払い、ベルサイユ条約の足かせから解放されたいと望み、ドイツを再び大国にすることを信奉していた。彼らは熱烈なナチス支持者となった。大学の職員の間にも、誰が空いた地位を占めるのかが大きな関心事となった。

ハーバーは打ちのめされた。このときは体の健康や神経の消耗ではなく、自分で築き上げた人生が間違っていたという感覚だった。彼は嘘の人生を歩んできた。彼は仕事を通じて完璧なドイツ人になろうとした。しかしヒトラー政権ではそれが何を意味するのか、彼はようやく理解した。キリスト教への改宗、ノーベル賞、鉄十字勲章、国を救おうとする努力、国際的な名声、軍役、科学での功績、そして人間としての価値。しかし、いま問われているのは彼がユダヤ人であるということだけだった。アインシュタインは古い友人であるハーバーにアメリカから手紙を書き、彼の葛藤を科学研究になぞらえている。「君の内なる葛藤は想像できる。これは人生をかけて研究した理論を捨てなければならないときのようなものだ。私が君ほどの失望を味わわないのは、私がそれを一度として信じたことがないからだ」

ハーバーの返事はもっと感情的だった。「これほど苦々しい思いをしたことはなく、日を追うにつれて耐えがたいという気持ちは強くなっていく」。ハーバーは友人のリヒャルト・ヴィルシュテッターに書いている。「私がいかにドイツ的であったか、いまになってひしひしと感じ、吐き気がするほどの嫌悪をおぼえる」

カール・ボッシュの会社は国の機関ではなかったため、新たな公務員法で従業員の命運が左右されることはなかった。しかしナチスがファルベンをユダヤ人が国際的な力を保つための道具とみなし、プロパガンダで「モロクＩＧ」（モロクはセム族の神。礼拝で、神をなだめるために親が自分の子どもをいけにえにした）と呼んでいるのを知っていた。彼らは動物実験に断固として反対し（ユダヤ教の儀式としていけにえを捧げる行為になぞらえ）、全体としては科学的な事実より、あいまいなゲルマン民族の神話に価値を置いているように見えた。しかしナチスは票を集め、強大な組織になると思われた。ファルベンとしては、何人もの候補者がいる場合、全員を少しずつ支援し、その中の勝者には大きな支援をするというのが方針として望ましかった。一九三〇年代、ボッシュはできるだけ目をつぶって、ヒトラーの政治に耐えた。

ブリューニングが失脚したあと、ファルベンの代表はナチスと連絡を取りはじめた。一九三二年一一月の時点で、ヒトラーはボッシュの部下数人と会い、合成ガソリンの将来について話をしている。三〇分予定が二時間以上に及んだその会議が、その後の運命を決めた。ヒトラーは車マニアであることがわかった。彼はドイツ国民がドイツの〝国民車〟（フォルクスワーゲン）に乗って、ドイツの高速道路（アウトバーン）を走る未来を思い描いていた。ヒトラーはいずれガソリンが必要になること、そしてドイツには天然資源がないので、ファルベンの製品に頼るしかないことをよくわかっていた。またベルギウス法の技術的な面について、驚くほどよく知っていた。彼はロイナ工場を好意的に見ているとファルベン側に伝え、「たとえ犠牲を払っても、ドイツ製ガソリンを現実のものにしなければならない」と言い足した。ファルベンにとっては願ってもない展開だった。役員がその会合についてボッシュに伝えると、彼はこうコメントした。「あの男は私が思っていたより分別があるらしい」

一九三三年二月二〇日、国会議事堂の火事が起こる一週間前、ナチスの高官たちと、ドイツの産業界と銀行業界の指導者一二人による秘密の会合がおこなわれた（ボッシュは出席しなかった）。春の選挙が数日後に迫るなか、大衆の票はさらにナチスに流れそうな状況で、ヒトラーが政権にとどまるのは確実だった。産業界のリーダーたちはヒトラーの側近の一人、ヘルマン・ゲーリングから宣伝とともに政治献金の要望を聞くことになっていた。ヒトラー自身が部屋に入ってきて、周囲の人々と握手を交わして上座に座ると、ひそひそとささやく声が聞こえてきた。多くのビジネスマンたちにとって、彼を間近で見るのは初めてのことだったし、新しい政権の政治、経済計画を細かく聞くのも初めてだった。ヒトラーは一時間半にわたりメモを見ることもなく熱心に話を続け、ドイツを不況から抜け出させるための計画の概要を説明し、共産主義者を攻撃した（聴衆が資本主義者なので受けはよかった）。そして「戦争がうまくいかなければ経済的な繁栄は望めない」と主張し、強いドイツの軍隊を復活させる計画について触れた。次の選挙で圧倒的勝利を収めることの重要性を強調し、もし民主的方法で政権が取れなければ、街なかで実力行使をして奪回する可能性まで匂わせた。彼の側近たちは出席者たちに、ナチスに多額の献金をするよう求めた。業界ごとに目標額が定められた。化学会社は会社ごとに五〇万マルク。ボッシュの部下たちはメモを取り、握手を交わして、あとで報告書を作成した。ヒトラーの演説と献金の要求について聞いたとき、ボッシュは何も言わず、ただ肩をすくめただけだ。

それはあきらめの仕草だった。ナチスが選挙に勝つのは確実になりつつあり、他の企業はすでに多額の献金をしている。そしてファルベンも与党との関係を良好に保つべき時期にあった。ヒトラーが見かけよりも分別のある人物であることをボッシュは期待していた。何が起ころうと、彼があと数年は首相の座にとどまる可能性が高い。ボッシュはロイナ工場のために政府の支援を必要としていた。この会合の数日後、ファルベンは四〇万マルクを政治基金に献金した。そのほぼすべてがナチ党に渡った。それとは別に一〇万マルクを、もっと穏健な政党に献金した。それらを合計しても、ファルベンがいつも選挙の年に出費する額には及ばなかったが、そうすることが重要なジェスチャーだった。ナチ党はその春の選挙で過半数を獲得した。

ボッシュはすぐに投資への見返りを得た。ヒトラー政権の経済省に話を通し、ガソリン合成プロジェクトへの大規模な支援を確保しようとした。大臣はドイツが燃料を自給自足することの必要性を理解しているようだった。状況はファルベンに有利な方向に進んでいくように思えた。

そこでボッシュはヒトラーと面会するという間違いを犯した。

それはハーバーが辞職して数週間もたたないころだった。ヒトラーは政府への勧告をおこなう識者による経済諮問委員会をつくり、ボッシュも参加を依頼されていた。ボッシュを含めた委員候補の一部は、ベルリンで秘密の面接を受けた。ボッシュは用心深くナチスの経済政策を確認しつつ、しだいに過激になるヒトラーの考え方について触れた。彼もまた公職からのユダヤ人追放に衝撃を受けていた。首相は良識的な人物から、突如、危険人物に変わることがあるように思えた。ヒトラーは秘密警察に、ボッシュの政治的見解についての情報を集めさせていた。ボッシュは典型的な南西ドイツのリベラルで、高度な教育を受けてユダヤ人に友好的であるが、イデオロギーより事業と科学を重視しているように思える。ボッシュはナチスに対する不満をもっている。たとえば公務員法についての否定的な見解を、思いあまってカイザー・ヴィルヘルム研究所の職員に漏らしたらしい。そしてファルベンのユダヤ人科学者を辞めさせたくないと思っている。秘密警察は、彼がナチ党に加わる意図がないことを知っていた。ボッシュが一九二九年にフランクフルトの潰れかけたリベラル派の新聞を救ったことも調べられていた。ヘルマン・ビューヒャーと友人であることも知られていた。ビューヒャーはドイツの大きな電気会社の社長であり、ナチスへの反感が強すぎて、友人たちが公の場ではそれを表に出すなと助言したほどの人物だ。新たに結成されたゲシュタポはビューヒャーとボッシュについて、山ほどの情報を集めてファイルしていた。（幸運にもその秘密ファイルの存在について誰かがビューヒャーに耳打ちしていたため、彼は自分とボッシュのファイルをゲシュタポの事務所からなんとか盗ませることができた。彼はそれを家の暖炉で燃やしたと言われている。）

ボッシュとヒトラーの話し合いは、最初はうまくいっていた。ボッシュは合成ガソリンのことや、ロイナ工場拡張の必要性について話した。ヒトラーもそれには賛成していたようだ。そこでボッシュは、公務員法のことを話さないわけにはいかないと思った。ユダヤ人科学者に寛大な措置をとらなければ、ドイツの化学と物理学研究は大きな損失をこうむると。ヒトラーはこのとき烈火のごとく怒った。「貴様は何もわかっていない！」。彼は怒鳴り、ユダヤ人の脅威についてまくし立てはじめた。物理学と化学の世界にユダヤ人が不可欠というなら「これから一〇〇年、物理学と化学なしにやっていけばいい！」と。ボッシュが反論しようとすると、侮辱のためにわざと副官を呼び、客が帰りたいと言っていると告げた。

ボッシュは唖然とした。彼はのちに友人に、ヒトラーは興奮して一種のトランス状態に入りこんでいるようだったと話している。それ以来ファルベンの職員は、ボッシュをできるだけヒトラーに会わせないようにした。二人は二度と、個人的に会うことはなかった。同じ部屋に居合わせたのは一度だけ、ボッシュがヒトラーの経済諮問委員会に出席したときだった。

ボッシュはヒトラーがどんな人間か、以前より理解していた。彼はファルベンの多くのユダヤ人研究者や取締役のことを考えた。そして当時まだ自らの研究所の解体を苦しみながら進めていたハーバーのことを考えた。アンモニア生成の仕事以来、とくに親しくしていたわけではないが、ハーバーの辞職と、ヒトラーとの「面接」の経験から、ある種の親しみを感じていた。彼は次のような手紙を口述させた。「このベルリンで、現在の状況に貴君がどれほど打ちひしがれているかを耳にして、大いに遺憾に思います」と、彼はハーバーに書いた。「私自身、科学者に対する措置を少しでもましなものにしようと骨を折っていたことは、貴君の耳にも入っているかもしれません。個人的な交誼に関連して、昨今の社会的状況が私にどれほど大きな動揺を与えているかは言うまでもないことでしょう……もし貴君に対して私が手助けできることがあれば、何でもいたします」

その手紙を受け取ってハーバーは喜んだ。ファルベンの関係者から連絡があったのはこれが初めてだった。彼は返事を書き、自分にとって辞職は「苦労ではなく、むしろ救済」であり、ボッシュの厚意に感謝しつつ、他の国で新たな地位に就くのを楽しみにしているとボッシュに告げた。「私が頼めば貴君は進んで助けてくれると信頼していますが、頼めることがあるかはわかりません。ただあの悪意に満ちた新聞記事以来、私のことを病んだ老人として貶めた連中の言うことになど耳を貸さないよう願うばかりです」

ハーバーは自ら科学界での職を探しはじめ、イギリス、オランダ、スウェーデン、スペイン、パリ、パレスチナなどに探りを入れた。ハーバーが思っていたほどのオファーはなかった。彼はすでに引退の時期を迎えているうえ、心臓は弱り、また研究より管理の仕事がおもになっていた。戦争犯罪人という評判も後を引いていた。こうした要因が彼を迎えようとする熱意に水を差し、彼は保護を受けるすべを失ってしまった。

ハーバー自身も問題をなかなか解決できなくなっていた。彼は心を決めることができないようだった。いちばんいいのはドイツにとどまることではないかと思うこともあれば、次の瞬間にはすぐ国を出たいと感じる。彼が仕事を探しているうちに、ユダヤ人科学者のシオニズム運動家で、のちにイスラエルの初代大統領となるハイム・ヴァイツマンと知り合った。ヴァイツマンはハーバーを新しい科学センター長として、パレスチナに来るよう誘った。ヴァイツマンはハーバーを「ユダヤ人としての自尊心に欠け、キリスト教に改宗して家族をともに異教へと引きずりこんだ」人物だと思っていたと、彼宛の手紙に書いていた。しかしやがてハーバーの深い悩みと、信仰へ戻る道を見つける必要性を理解するようになった。ハーバーはパレスチナにおけるユダヤ人の祖国回復という新たに見つけた熱意を燃やす対象について、アインシュタインをはじめとして、他の知り合いにも手紙を書くようになった。

ダーレムの研究所をハーバーが去るのは、正式には一九三三年一〇月で、健康状態は悪化していたにもかかわらずハーバーはぎりぎりまでとどまるつもりでいた。八月に彼はある化学会議での講演のため、前々から計画していたスペインへの旅行に出かけたが、健康状態を考えると相当な無理をしていたはずだ。途中でパリに立ち寄り、クララとの間にできた息子のヘルマンを訪ねた。このとき旧友のリヒャルト・ヴィルシュテッターが彼に会いにきて、彼があまりに具合悪そうなことに衝撃を受けた。パリにいる間に、ハーバーはようやく納得できる地位を提示された。それはイギリス、ケンブリッジ大学の研究所職員で、教えることは仕事に含まれていなかった。彼はかつての敵国を新たな祖国にするチャンスを与えられ、すぐに承諾の返事を書いた。とくにイギリス国民となるチャンスを得られることに心惹かれた。「私にとって何より重要な人生の目標は、死ぬときドイツ国民でなくなっていることだ。そうすれば子どもや孫に二級市民としての人生を与えずにすむ。いまのドイツの法律では、祖父母や曾祖父母がユダヤ人であるというだけで、二級市民であることを受け入れ、その地位に甘んじなければならないのだ」。完璧なドイツ人であったハーバーがイギリス人になろうとしていた。その後、彼はスペインの会合に出席し、一晩じゅう講演の準備をして、翌日は息切れと震えに耐え、心臓発作を抑えるためにニトログリセリンを飲んで講演をおこなった。

ドイツへ列車で戻る途中、ハーバーは胸苦しさを感じた。心臓の鼓動は速く、考えがまとまらず、生まれて初めて、自ら組み立てた箱の数々を頭のなかで整理することができなくなってしまった。一つはユダヤ人であること、一つはドイツ人であること、そして家族、自らの研究、天才科学者であること、陰の策士、篤志家、栄光と金の亡者。これらの箱がつぎつぎと割れて、中身が流れ出て混ざり合う。矛盾した感情がハーバーの心にあふれかえった。このときだけは、意思決定をおこなうことができなかった。「私は、いまでは誰も想像もつかないくらい徹底したドイツ人だった」と彼は述べ、それでもかつての敵国での仕事を引き受けた。そうは言っても、その地位にいつまでついていられるかはわからなかった。彼は心のどこかでは、ドイツにいたころと同じような生活を取り戻すことを夢見ていた。ハイム・ヴァイツマンからは、いまだパレスチナに誘われており、その道を完全に閉ざしてはいなかった。アインシュタインから再び手紙が来た。「私がとくに喜んでいるのは……以前のきみの〝金髪女〟への傾倒が少し冷めているということだ。われらがハーバーがユダヤ人、ましてやパレスチナの大義の支持者として私の前に現れるとは、誰に想像できただろう！」。アインシュタインは、ハーバーは二度とドイツに戻るべきではないと思っていた。あの国ではいわゆる知識人が「犯罪常習者の前で何もせずに寝そべり、それどころかある程度までその犯罪者に共感している」。このようなことすべてが、ドイツに向かう列車のなかで彼の頭をよぎった。

彼は国境まであと数マイルという、スイスのバーゼルまでたどりついたが、容体が急に悪化して列車を降りなければならなかった。命は取りとめたが消耗がひどく、旅を続けることはできなかった。心臓がもたないと思われた。

体を休めて歩けるだけの力を回復すると、ヴァイツマンが近くのツェルマットでマッターホルンの景色を楽しんでいることを知った。彼の担当医はこれ以上高地に行かないよう注意したが（ツェルマットは高山リゾートタウンであり、ほぼ一マイルほど高度が高かった）、ハーバーはそれでも行脚を続けた。到着したときは夕食時だったが、ユダヤ人の祖国の重要性について演説をするくらい元気だった。

その夜、ハーバーは自分のことについても話したのを、ヴァイツマンは覚えている。「私はドイツで最も力のある男だった。偉大なる司令官、産業界のリーダーというだけではない。新たな産業の創始者であり、私の仕事はドイツの経済的、軍事的拡大に不可欠だった。あらゆる扉が私の前で開けていたが、いまとなっては何の意味もない。晩年にふと気付けば一文無しになっていた」とハーバーは言った。

大事なのはユダヤ人の祖国だということで、二人の意見は一致した。ヴァイツマンはまたパレスチナの科学研究所の地位を提示し、パレスチナの気候はハーバーの健康にもいいと言った。「きっと平穏な環境で誇りをもって研究できる。そこが君の戻るべき祖国となり、君の長い旅路も終わるのだ」。ヴァイツマンによると、ハーバーはいつかその地位に就くことに同意したという。おそらくイギリスでの生活をいくらか経験したあとのことを考えていたのだろう。山を降りるとき、ハーバーは大きな心臓発作に襲われた。

彼はまだ生きていたが、ほとんど死にかけていた。コンスタンツ湖のほとりのサナトリウムで数週間静養し、ようやくまた動けると感じられるくらいまで回復した。九月が一〇月になり、ダーレムを正式に辞める日が近づき、そして過ぎた。それを告げるのはハーバーの研究所の掲示板に留められた一片の紙切れだけだった。「カイザー・ヴィルヘルム研究所を去るにあたってひとこと申し上げる……私が所長を務めた二二年間、この研究所は、平和時は人類のため、そして戦時中は祖国のために奉仕してきた。その結果について評価するなら、それは科学と国土防衛に有益だったと思う」

これで彼のドイツでのキャリアは終わった。そのころには常時介護が必要だった。妹の一人がその役を担い、スイスで彼の面倒を見ながらベルリンの家や仕事を片付けるのを手伝った。一〇月半ば、ハーバーは家を失った。イギリスに行くだけの気力はあり、一〇月末にケンブリッジに移って妹と二人でユニバーシティ・アームズホテルの部屋に落ち着いた。彼は大学の研究所と、ドイツ人の助手と、研究課題を与えられた。それは過酸化水素の触媒による分解だった。彼はそこになじむ努力をした。ある意味では幸福な時間だった。クリスマスの直前、多くのカイザー・ヴィルヘルム研究所の助手を含め、同業者の一団がやってきて、ホテルの一室で非公式なハーバー・コロキアムが開催された。「そのとき始まった科学討論は、誰の想像をも超えるほどすばらしかった」と、そこにいた一人が書いている。「心配事、困難、プレッシャー、そのときはすべて忘れられた。そしてハーバーの影響でケンブリッジにダーレム・サークルが新たに生まれたが、残念ながらごく短期間しか続かなかった」

しかしたいていハーバーは「具合が悪く、沈鬱、孤独で、かつての自分の影のようだった」と、彼を訪問したドイツ人は言う。イギリス人はそれなりに彼を歓迎していたが、塹壕での戦闘体験がある、あるいはそうした体験をもつ知り合いがいる技術者たちは彼を避けていた。イギリスの偉大な物理学者アーネスト・ラザフォードは、戦争中の活動を理由に彼に会うのを拒んだ。彼は自分が見捨てられたように感じた。「私の年齢で外国の言葉と生活様式に変わるとはどういうことなのか、きちんと理解していなかったようだ」。ハーバーはヴァイツマンに手紙でそう書いている。ケンブリッジには好きなだけいていいと言われていたが、イギリスの暗い秋と冬を過ごしていると、しだいに心が沈み不安が募った。暖かさが、太陽が恋しかった。彼はもう一度、今度はパレスチナに引っ越すことを考えた。しかしそこで快適な生活をおくるためには、いくばくかの金が必要だった。人生最後の日々、ハーバーを悩ませたのはやはり金銭的な苦労だった。彼の財産の多くは法外な出国税としてドイツ政府に没収されていた。そこで彼はかつて一緒に仕事をしたボッシュに救いの手を求める決意をした。

一九三三年の終わり近く、ファルベンにハーバーから手紙が届いた。「いま、貴君は私にとってとても重要な人物だ。以前、貴君から助けを申し出てくれたが、私はその言葉を本気に受け取った……日に日に具合が悪くなる哀れな私に、残された日々を穏やかに過ごせるよう手を貸してもらえないだろうか」

この手紙に対する返事は残っていない。

ハーバーは日に日に弱り苦しんでいたが、そのような状況をあきらめ受け入れているように見えた。イギリスを発つ前、ホテルの部屋でまた軽い心臓発作を起こしたが、そのような発作には慣れていたので、医者を呼ぶことさえしなかった。彼を診た医師たちは、パレスチナへ行こうなどと考えるべきではないとはっきり伝えた。しかし一九三四年一月、ケンブリッジでたった二か月しか過ごしていなかったにもかかわらず、彼はやはりパレスチナに向かった。

彼はスイスまでたどりついたが、そこでまた休息しなければならなかった。彼の主治医と息子のヘルマンが、彼が滞在しているバーゼルのホテルにかけつけた。のちに主治医が語ったことによれば、このときのハーバーは数分以上話をするだけで、重い心臓発作を起こしたという。その夜、彼は何時間か息子と話をして床についた。その後すぐ、彼は医者を部屋に呼んだ。今回の発作はひどかった。地元の心臓専門医が呼ばれ、二人の医者が最善を尽くしたが、彼の心臓はすっかり弱っていた。ハーバーはその夜亡くなった。

ハーバーはケンブリッジで遺言書を書いていて、そこには自分が死んだら灰をダーレムのクララの墓の隣に埋めてほしいとあった。もしドイツの反ユダヤ人主義のためにそれができなければ、埋葬場所はヘルマンが決めるよう指示していた。自分が永遠の眠りにつく場所について、彼がはっきりと示した条件は、クララと一緒であるということだけだった。墓碑銘には「彼は戦時中も平和時も、許されるかぎり祖国に尽くした」とだけ記すよう書かれていた。

ヘルマンは父の遺灰をスイスに埋葬した。ドイツから母の灰をようやくもち出せたのは一九三七年になってのことだった。彼は墓石に父母の名前と生年月日、そして死亡した日付だけを彫らせた。父がドイツ国家のためにした仕事については触れることができなかった。

21

——悪魔との契約——

フリッツ・ハーバーの死を知ったとき、カール・ボッシュは助けを求めるハーバーの手紙に返事を書かなかったのを後悔したかもしれない。しかしそのころは彼自身もドイツの新しい政治潮流のなかを進み、自社のユダヤ人従業員を助け、ナチスと合成ガソリンの契約を結ぼうと忙殺されていた。このころにはいくつもの打撃があり、ハーバーの死もその一つにすぎなかった。たしかにボッシュの功績はハーバーの発見に負うところが大きい。しかしこのときボッシュは、変えようのない過去ではなく新しいドイツの未来だけを見ていた。

公務員法とヒトラーとの会談によって、政府の目指すところが明らかになると、ボッシュは自分の反ナチス感情を公にするのは抑え、自社の社員たちを助けることに専念した。ヒトラー政権下では表だったナチス支援が奨励されていた。一九三三年のメーデー、ファルベンの重役たちはルートヴィヒスハーフェンの染料工場でおこなわれた集会に参加し、鍵十字の旗と、足を高くまっすぐに上げて行進する軍人たちと、三回繰り返される「ジーク・ハイル」の声に満ちた新しい政権への忠誠を示した。ファルベンは口先だけでナチスに協力したのではない。「ヒトラー基金」に一〇〇万マルク近くを預けている。いまやナチスが権力を握り、企業から政府にどんどん資金が流れこむようになった。

同時にボッシュはユダヤ人の従業員を保護するために、できるだけのことをした。ファルベンは私企業なので、ヒトラーが制定した公務員法に従う義務はなかったが、政府の措置によってユダヤ人への反感をあらわにすることにためらいがなくなり、以前からくすぶっていたユダヤ人への怨嗟が一気に噴き出した。いわく、ユダヤ人は富と権力を独占している、ユダヤ人が不況の原因だ、ベルサイユでドイツを裏切った、云々。一九三三年から一九三四年にかけて、ユダヤ人への暴力、焚書、店舗打ちこわし、侮蔑的な落書き、殺害の脅しなどが相次いだ。ニュルンベルクのナチ党は『イジドール・G・フェルバーの生活と行動』という漫画を出版し、ユダヤ人のステレオタイプとして、アーリア人に有害な物質を売る教授を登場させた。企業に対し、ユダヤ人の社員を追放しろという圧力が大きくなっていった。それを進んで受け入れた企業も多かったが、ファルベンのように、しぶしぶおこなう会社もあった。しかし何もしないですむことが多かった。何が起こっているか理解したユダヤ人はすでに手を尽くして逃げ出し、職を辞め、何万人もがドイツを出て行った。一九三三年におこなわれた国勢調査では、ドイツ国内のユダヤ人の数は五〇万から六〇万人だった（国全体の人口から見ると一パーセントを占めるにすぎないが、ドイツの科学者の二〇パーセントはユダヤ人であるという統計もあった）。ヒトラーが政権についた直後、そのうち五万人がドイツを去った。ファルベンの九人のユダヤ人の取締役のうち四人が、一九三三年初頭に辞職した。一九三四年末にはユダヤ人の科学者や管理職の多くが去った。

ボッシュはとくに優秀なユダヤ人数人を、安全と思われるアメリカやスイスで職に就かせることができた。それと同時にナチスの敵意を和らげて、ユダヤ人が国を出て行かなくてすむよう妥協点を探していた。ボッシュは他の指導的地位にあるビジネスマンたちとともに、ヒトラーの政策の代替案として、ユダヤ人をドイツにとどまらせる代わりに、もっと目立たず権力の伴わない地位につけたり、地方に移動させたりする計画を立てていた。それができれば「愛国的な非アーリア人」が「ごくふつうの人と同じように扱われ、同じように尊重される」だろうと。この計画は正式に政府に提出されることはなかった。事態が動くのが速すぎて、合意に達する前に、ナチスが妥協するのはありえないことがはっきりしてしまったのだ。

その間も、彼は合成ガソリン研究とロイナ工場の仕事に力を尽くしていた。一九三三年夏、カール・クラウフがロイナベンジンを国家の燃料調達計画の中心に据えることの必要性を訴える、ナチス向けの報告書を完成させた。それは好意的に受け入れられた。合成燃料事業に巨額の政府支援をおこなう契約のための交渉が始まった。その契約は一九三三年一二月、ハーバーが最後の数週間を過ごしているときに結ばれた。ボッシュはロイナに必要なものを、ほぼすべて手に入れた。ファルベンの取締役会は、ロイナベンジンに高い値をつけねばならず、その結果、売上が伸びないという事態になるのを心配していた。一二月の契約では、ヒトラーの政府がファルベンが生産する合成燃料をすべて（市場で売られているもののほかにも）買い上げることになっていた。しかも生産コストをすべて賄い、少しは利益も出るだけの値段がつけられていた。その代りにナチスはファルベンに、工場を拡張して生産量を増やすよう求めた。彼らは手に入るだけのガソリンを欲しがった。ヒトラーはそのための計画を立てていた。ボッシュはロイナの生産量を一九三五年までに三倍にして、一日一〇〇〇トン（年間およそ三四万トン）をつくることを約束した。失敗するはずがないと思えた。ナチスは買い取りを保証し、価格を保証し、ボッシュのガソリンにどんどん大きくなる市場を保証してくれた。ボッシュはファルベンが新しい体制と緊密な協力関係を結ぶことを確約した。

他に、あまり公になっていない取り決めもあった。正式な契約を結ぶ直前、ボッシュは広く発行されている新聞に「意志あるところに道あり」と題された評論を寄稿した。（題名に使われた「意志」という言葉には、ヒトラー政権との結びつきが示されている。翌年撮影された映画「意志の勝利」も同様である。）その記事のなかで、彼はドイツ経済が急速に回復しつつあり、その健全性を信頼する気持ちが高まっていると書いた。「その理由は、戦後初めて政府が約束をしただけではなく実際に行動しているからだ」。彼はナチスが新たな雇用を創出し、税金を安くして、共産主義者を根絶し、ドイツ労働者の誇りを回復させたことを賞賛した。これは彼が陰でもらしている本音とは正反対とは言わないまでも、それに近い意見だった。

一二月に契約が結ばれるとすぐ、ボッシュはまたロイナ工場の大規模な拡張を命じた。突き詰めれば、ボッシュは自分の夢の工場を維持するために、ナチスに協力したと言える。ロイナ工場を動かすことが彼のモチベーションとなっているようだった。ある意味、彼がロイナ工場に執着していたのは、それが彼のビジョンの体現であり、彼が昇りつめた権力の座の象徴であり、彼が勝ちを確信した壮大なギャンブルであり、彼の代表作であり、会社の救世主であり、未来に進むべき道を指している工場都市だったからだ。ロイナ工場を救うために、彼は悪魔と契約を結んだのだ。それらの契約について、彼がどんな代償を払ったのかがわかるのは、ずっとあとになってからのことだ。

マックス・プランクは七六歳になっていた。偉大なる物理学者であり、ノーベル賞受賞者でもあった彼は、世のなかを十分に知っていた。彼はドイツのユダヤ人も非ユダヤ人も同じように尊重しつつ、ナチスを怒らせないようにしていた。しかしボッシュと同じく、それは彼にとっては耐えがたいことだった。彼の友人である物理学者パウル・エヴァルトは、一九三四年前後におこなわれたカイザー・ヴィルヘルム研究所での行事を開会するときのことを覚えている。公的な機関ではすべてナチス式のあいさつをしなければならなかった。「プランクは演壇に立ち、片手を途中まで上げたが、それをまた下げてしまった。二回目でようやく上まであげ、『ハイル・ヒトラー』と言ったんだ。あのときはそうするしかなかった」

しかし一九三四年、彼はもう少しするべきことがあると感じていた。問題はハーバーの亡霊だった。彼の死からほぼ一年がたっていたが、ドイツの偉大な化学者を記憶にとどめようとする話はほとんど聞かれなかった。ハーバーがナチスに嫌われて国を出たことを知っている新聞は、彼の死についてもほとんど触れなかった。同僚である化学者からの追悼演説もほとんどなく、ぽつりぽつりと聞こえてきただけだった。

一流研究者のなかで口をふさがなかったのは、プランクの友人であり、徹底した反ナチス主義者のマックス・フォン・ラウエだけだった。ラウエ自身もノーベル賞を受賞しており、ハーバーを讃える感動的な追悼演説をおこなっている。ラウエは勇敢だった。ドイツでつねに自分の考えていることをはっきり口に出せる科学者は、彼だけではないかと思えるほどだった。ラウエの勇気がプランクにも伝染したのだろう。一九三五年一月、老プランクはカイザー・ヴィルヘルム研究所での公的行事として、ドイツの一流科学者を集めてハーバーの一周忌に追悼式をおこなうことに決めた。これは異例のことで、ドイツの偉大なるユダヤ人科学者に敬意を払うと同時に、ナチスの官僚主義に逆らっていると受け取られかねなかった。プランクは密かに招待状を用意した。追悼式は一九三五年一月二九日、ハーバーの死から一年後にダーレムでおこなわれる予定だった。

プランクのその計画を知った教育省は、すぐにドイツ国家の公務員の出席を禁止する勅令を出した。「ハーバー教授が職を去ったのは彼の要望によるものであり、そのなかで彼は現在の国家に反抗する意思をはっきりと伝えていた」というのが教育省の言い分だった。「そして誰が見ても、そこにはナチスが定めた法令への批判があった」。タイミングも悪かった。追悼式が予定されていた日は、その二年前にヒトラーが首相に就任した記念日である一月三〇日の前日で、翌日には全国で祝典がおこなわれる。そのような日にユダヤ人をたたえる行事をおこなうなど、とても受け入れられない。

教育省と同じ命令が他の省からも出された。そうなると来られる人が誰もいなくなってしまう。プランクはそれがまじめな集まりであること、自分も社員も国家に忠実であること、招待状はすでに発送されているので出席を許可してもらわないと困ることなどを主張した。プランクはナチスが式自体を禁止するのを阻止しようとしたのだ。結局、ナチスは集会自体を禁止しなかった。禁止命令に背いて出席する公務員はいないだろうという目算だった。ハーバーの同僚である大学教授の大半は公務員だ。出席者が減れば、行事自体の失敗が世間に知れる。死んだユダヤ人のことを気にしている人間などほとんどいないということを、世界が理解するのだ。

プランクは着実に計画を進め、五〇〇人収容のホールを用意して式にふさわしい演説者を揃えた（スピーチを希望した者の何人かは、禁止令のために来ることができなかった）。追悼式の日、彼はホールのなかに立って、誰が来るか待っていた。ナチスの役人がドアのそばに立ち、入場してくる全員の名前を確認しようとしている。ぱらぱらと人が入ってきはじめた。その多くが女性、政府の禁止令のために来られなくなった男性の妻たちだった。彼女たちは夫の気持ちを代弁するためにやってきたのだ。軍人がぞろぞろと入ってきた。それは第一次世界大戦時のハーバーの戦友たちで、軍服を着ている者もいた。ホールのなかは混みはじめた。そしてカール・ボッシュを先頭に、IGファルベンの従業員の男女の一団が到着し、ホールはいっぱいになった。プランクから式のことを聞いたとき、ボッシュはその話を広め、以前BASFにいた化学者やエンジニアに、彼らの財産を築いた人物の栄誉をたたえるために出席するよう促し、役員すべてに電報で知らせた。ルートヴィヒスハーフェンからベルリンまでの移動については、彼の事務所が手配した。彼がナチスに売ったのは魂のごく一部だったのか、あるいはナチスと契約したときは、ただひたすら成功だけを願っていたのかもしれない。いや、むしろこのときの彼の反ナチス的な行動は、釣り上げられた魚が糸の先で暴れるような反射的なものだったように思える。

プランクが追悼式の開会を告げたときには、立ち見席しか残っていなかった。彼は義務であるナチス式敬礼をおこない、開会の辞を述べると演壇を軍人の一人に譲った。彼はハーバーの戦時中の国への献身をほめたたえた。カイザー・ヴィルヘルム化学研究所の所長であるオットー・ハーンは、ハーバーの科学研究の功績を賞賛し、科学界のリーダーにふさわしい人格について、思いやりあふれる言葉で紹介した。

ハーバーの追悼式は革命を起こすための行事ではなかった。それは一つの形式にすぎなかった。しかしヒトラーが政権を取って以来、ナチスの不興を買いそうな集会に、ドイツの科学者あるいはその代理人がこれほどの規模で集まったのは初めてだった。

ドイツの国民啓蒙省は新聞社に手をまわして、この行事にかかわる記事がいっさい出ないようにした。

追悼式を実現したことで、ボッシュは大胆になったようだ。一週間後、彼は調査研究の自由と、すぐに実用には結びつかない科学研究の重要性を訴える書状を教育相に送った。それは科学やビジネス上の研究は、すべて国家の目的のためにおこなうとしたナチ党へ突きつけた答だった。それからしばらくして、彼は国際研究会議に出席し、ナチスに対する見解をはっきり表明した。あるストックホルムからの出席者は、ボッシュが「議論に積極的に参加して、外交辞令のほとんどない意見を率直に述べたので、私は驚くと同時にうれしくなった」と述べている。また別の出席者はのちにミタッシュにこう告げた。「私たちはみんな息を殺していたが、(会議に出席していたナチスの代表は)平静だった。彼はおそらく、ボッシュが何を言っているのか、何を意味しているのかわからなかったのだろう」

ボッシュは綱渡りをしていた。ヒトラー政権は、国の大義が個人の利益に勝る、すべてのドイツ人は無条件に国を支持するべし、それに乗り遅れる人間は置いて行かれるということを、明快に打ち出していた。同時にヒトラーは不況に打ち勝ち、ドイツを安定して豊かな国へと導いているように思えた。ボッシュがナチスを攻撃しながら、契約を続けていけるはずはなかった。たとえそのことにボッシュが気づいていなくても、ファルベンの取締役会は気づいていた。合成燃料に加え、同社は合成ゴムの開発についても、政府に支援を求めていたのだ。これもまた大きなギャンブルであり、ナチスドイツにとって重要な原材料でもあった。

ボッシュは危険人物になりつつあったため、一九三五年、取締役会は彼を辞めさせようとした。ボッシュは六〇歳を過ぎたばかりで、引退するには若すぎた。そのため取締役会は三月にカール・デュイスベルクが死んだのを受けて、日常的な意思決定をおこなう幹部会議からボッシュを締め出し、デュイスベルクの後任として、ファルベンの管理取締役のトップに据えた。これは形式的には昇進だが(管理取締役会は株主によって選ばれ、ボッシュのような会社を動かす幹部を選ぶ)、実際はボッシュを名誉職に押しこめ、研究の決定や日常的な管理からは一歩引かせるためのポストだ。ボッシュの功績に報いつつ、影響力を封じこめるための措置である。最上級幹部としての以前のポストは、長年、彼の補佐役を務めていた、保守的でもっと政治的配慮のできるヘルマン・シュミッツが引き継いだ。シュミッツは数字に強く、科学的な功績より経営面での貢献により出世をしてきた。ボッシュが社の進む方向を決定する立場から追われたのは重要なことだった。ボッシュが波風を立てなければ、ファルベンはナチスとの関係を強化することができる。期を同じくして、ヒトラーはもうベルサイユ条約に縛られるつもりはないこと、二年前から秘密裏にドイツの再軍備を進めていて、陸軍の規模を以前の三倍にして、二五機の戦闘機を備えた近代的空軍をつくることを明らかにした。ボッシュを排斥すれば、ファルベンはこの新しい空軍に合成燃料を、増強する陸軍向けにタイヤ用の合成ゴムを提供することができる。

一九三五年以降、ボッシュの戦う意欲が減退したのも驚くにはあたらない。彼は大量に酒を飲むようになった。彼は以前からアルコールが好きだった。彼にとってそれは安全弁であり、短時間でリラックスする方法でもあった。しかしこのときのアルコールは逃げ道だった。周囲の人々は、ボッシュが以前より頻繁に鬱状態に陥り、それが長く続くようになっているのに気づきはじめた。一部では、ボッシュが鎮痛剤を摂取するようになったという声もあった。フランクフルトの仕事場に来ることが減り、ハイデルベルクの別荘に閉じこもることが増え、会議にはあまり出なくなり、妻のエルゼに世話をされながら、しだいに隠者のような様相を帯びはじめた。コレクションに囲まれ、一晩じゅう起きて星の写真を撮る生活をおくるようになった。

もう一つ、社内での動きがあった。一九三七年、年老いたプランクがカイザー・ヴィルヘルム研究所所長を退き、ボッシュがそのポストを引き継いだのだ。ナチスへの彼の態度は変わっていなかった。所長就任の交渉中、彼がとくに非アーリア人の扱いについての方針を問い正したところ、カイザー・ヴィルヘルム研究所の役員はナチ党の指示には従わないと請け合った。ボッシュはその地位に就くことを承諾した。その後、彼が就任する直前におこなわれた会議では、取締役は一八〇度の方向転換をおこない、ナチ党の原則を正式に採用した。ユダヤ人従業員の一部はすぐに辞職した。ボッシュが正式に就任するまで、そのことは彼に知らされていなかった。

そのころには、ファルベンは完全にナチス化への道を進んでいた。ボッシュの合成ガソリン購入契約から始まる、社の将来とナチスを結びつける一連のプロセスが結果的に会社と国家の完全な融合へとつながった。最後まで残っていたユダヤ人役員も追い出された。一九三八年にボッシュの家でおこなわれた会議では、ファルベンは階級を問わずすべての非アーリア人従業員を解雇することを決定した。それはファルベンだけのことではない。ナチスはすべての企業に決定に従うよう求めていたが、ヒトラーにとってはとくにファルベンが重要だった。ボッシュの契約のおかげで、ファルベンこそがドイツの軍事的野心を支える要となっていたのだ。

さかのぼって一九三二年、ヒトラーが初めて政権に就く直前、ボッシュはハーバー‐ボッシュ法のアンモニア生成法についてこう発言している。「これが成功しなかったほうがよかったのではないかと、何度か考えたことがある。この方法が開発されていなければ、戦争はもっと早く終わり、損害も少なかったのではないか。紳士諸君、こうした疑問はすべて無意味だ。科学と技術の進歩は止められない。それらは多くの意味で芸術に似ている。自分の意志でも、他人の意志でも、止めることはできない。そのために生まれてきた者は、行動に駆り立てられるのだ」

彼は行動に駆り立てられてきたが、その結果が明らかになった。彼の友人であり、やはり反ナチスであったヘルマン・ビューヒャーは、ボッシュが鬱状態に陥っていくのを絶望的な目で眺めながら、こう書いている。「彼は死の何年も前から、ヒトラーの方針を実現可能にしたのは自分自身だと思いこんでいた」。それは間違っていない。ボッシュのライフワーク、大発見、夢の工場、世界を養い自社の利益を上げようとする試み、これらがすべてナチスの軍や機械を動かすのに利用されたのだ。

一九三八年秋、ボッシュはドイツ軍の最高司令官と陸軍司令官の訪問を受けた。彼らはチェコスロバキアを攻撃しようとしているヒトラーの秘密計画を心配していた。彼らは総統が事を急ぎすぎて、軍への燃料供給が追いつかなくなることに不安を抱いていたのだ。ボッシュに相談に来たのはおそらく、ドイツ産業界のリーダーのなかで、ドイツ産業界が戦争を支えることができるのか、ほんとうのことを言ってくれそうなのが彼くらいしか残っていなかったためだろう。彼はほんとうのことを言った。ドイツ産業界は戦争を支えることはできない。だから現時点での戦争は不可能だと。彼らはボッシュに、そのことをドイツ政府高官に話してほしいと頼んだ。少なくともある歴史研究者によれば、ボッシュはその頼みを承諾したという。しかし彼がゲーリングと会う約束を取り付けようとしたところ、それは拒絶された。

つまりそういうことだった。ボッシュはもう重要人物ではなかったのだ。ナチスは彼から望んでいたものを手に入れた。彼の意見などもう問題ではなかった。

一九三九年五月、ボッシュはミュンヘンのドイツ博物館で、歓迎のスピーチを依頼された。当然のことながら、ナチス式敬礼とヒトラーを讃える言葉ではじめなければならない。スピーチが予定されていた前夜、彼は友人の一人に、そんなことはできないとこぼした。仮病を使って誰か他の人に交代してもらうよう助言され、ボッシュもそれに同意した。しかし翌朝、彼は予定通り現れた。ただし酒に酔っていた。演壇に上がるのを友人たちが止めようとしたが間に合わなかった。ボッシュは自由と科学の独立性の保護が軽視されていること、この二つを政府の干渉から守ることの重要性を訴えた。彼はヒトラーの名を一度だけ出したが、聴衆の記憶によるとそれは「軽侮的な言い方だった」という。彼が話している間に聴衆のなかにいたナチ党員がつぎつぎと立ち上がり、ボッシュに向って怒鳴り、出て行った。

ボッシュが逮捕されることはなかった。新聞に取り上げられることもなかった。ただし彼は博物館理事会の議長の座を追われ、その後のスピーチを禁じられた。この会での彼のスピーチは公表されたが、当局の検閲で不都合なことを削除されたものだった。彼はとくに深刻な鬱状態に陥り、身体症状にも悩まされるようになり、静養のためにサナトリウムに入った。それで元気になったように思えた。彼が少しずつ昔の自分を取り戻していたころ、ヒトラーがポーランドに侵攻した。爆弾はファルベン製の火薬を使っている。戦車や戦闘機はファルベン製のガソリンで走っていた。この侵攻のあとボッシュは完全に公の場から姿を消した。

彼がときどき外に出るのは、シュバルツバルトにもっていた別荘で過ごす日々と、ハイデルベルク周辺でのドライブだけだった。ボッシュは大きなマイバッハ製リムジンの後部座席に座り、運転手だけを連れて外出した。植物や昆虫の採集を楽しみ、田舎の簡素な宿で食事をとった。彼はときどき驚くほど多くのチップをはずむことがあった。また動物園に行くのも好きだった。ハイデルベルク動物園の建設計画にも加わり、多額の資金も出していて、そこで何時間も動物を見てその行動を観察した。

ボッシュの体は再び衰えはじめ、妻のエルゼはさらに心の健康についても不安を覚えていた。彼は湖畔の別荘で体力を回復しようとしていたが、一九三九年のクリスマス前後、心配した家族が医者に連絡をした。そのときボッシュは銃をもって部屋に一人で閉じこもり、誰も入れようとはしなかった。医者が何とか説得して部屋から出し、家族が彼をハイデルベルクの屋敷へと連れもどった。

「未来が見えるのは残酷な能力だ」と、彼は家族に語った。「私にはその力がある。見えているものは悲惨だ。私が全人生をかけて築いたものは破壊されるだろう。私はそれを乗り越えることができない」。彼は妻に高価な宝石を渡して言った。「いつの日か、これが生活のために売れる最後のものにならないともかぎらない」。ヒトラーの戦争が終わる前に、「少なくとも両手をやかんで温められるだけ、幸せだと感じる日がくるだろう」

一九四〇年二月、ボッシュはエルゼをハイデルベルクに残し、いくらかの衣服とカイザー・ヴィルヘルム研究所から贈られたアリのコロニーだけをもって、突然シチリア島に移り住んだ。しかしそこでも健康は回復せず、リューマチの症状の悪化を訴えるようになった。ハイデルベルクに戻ってくると、彼は胸膜炎と診断された。ボッシュは何を言われても気にしなかった。唯一の慰めはアルコールだった。医者がサナトリウムで手厚い看護を受けるよう勧めても、彼はそうしようとはしなかった。「もう十分だ。これ以上、生きつづけたくはない」

彼は仕事場に行って手紙をすべて集めると、それを燃やしてしまった。

一九四〇年四月末、ヒトラーがデンマークとノルウェーへの侵攻を命じた二、三週間後、ボッシュは息子を枕元に呼んだ。これから起こることの予測を語るだけのエネルギーは残されていた。「まず、いつか状況はよくなる。フランスと、おそらくイギリスは占領されるだろう。しかしあの男はロシアを攻撃するという大失敗をするはずだ。しばらくはうまくいくかもしれない。しかしそこから何かひどいことが起きる。何もかもが真っ黒だ。空には戦闘機が飛び回っている。それがドイツじゅうの都市を、工場を、そしてIGを破壊する」

終わりに近くなると、ボッシュは言った。「時計は止まった。これで終わりだ」。彼は四月二六日に死んだ。

事態はボッシュの予測通りになった。一九四四年五月一二日、彼が築き上げた機械都市の上空は真っ暗になり、驚くほどの数の飛行機が飛んでいた。アメリカ第八空軍は二二〇機の爆撃機を送りこみ、ロイナを爆撃している間、戦闘機がそれを護衛した。ボッシュの夢の工場は、そのころ面積三平方マイル、三万五〇〇〇人の従業員を擁していた。従業員の四分の一以上が囚人や奴隷労働者だった。この工場でナチスのガソリンの四分の一を賄っており、それに加えてルフトバーフェ（ドイツ空軍）向けの最高品質の燃料、爆薬と肥料用の固定窒素、自動車や軍隊輸送船用の合成ゴムも生産していた。ロイナ工場はドイツで最も重要な標的であり、ヨーロッパで最も厳重に防衛された土地だった。防爆壁とカモフラージュ用の煙と偽物の植物の間に、ドイツの戦闘機が数多く並んでいた。ロイナ工場の幹部は、従業員五〇〇〇人に消防士としての訓練を受けさせ、さらに二万人に高射砲と発煙筒の操作法を覚えさせた。ドイツの高射砲台は一般的に、六門から一二門の大砲が備わっていたが、ロイナのグロスバテリー（スーパー砲台）にはレーダー制御された三二門の大砲が備わり、しかも同時に動くように設計されていた。そして個々の飛行機を狙うのではなく、弾幕をつくるように空の一部で集中的に爆発させる。砲弾の量が多いので、その領域に突っこんでしまった爆撃機はすべて撃墜された。ロイナの防空はベルリン以上で、あるアメリカ人航空兵は、ロイナ爆撃のあとこう言った。「度肝を抜かれた。すごい破壊力だ」

敵の爆撃機が近づいてくると、ドイツ軍は砲撃の嵐を浴びせた。空は煙で真黒になり、アメリカ軍からは標的が見えなくなって、工場から何マイルも離れたところに爆弾を落とすことも多かった。爆撃機は何百もの穴をあけられて、かろうじてイギリスへと戻っていった。それ以前に、戻れないものも多かった。あるとき連合軍側の襲撃で、一一九機が不明になったことがあるが、ロイナには一個も爆弾が落ちていなかった。アメリカ軍兵士たちは、ロイナ上空を飛ぶのを嫌がった。彼らはそこを「高射砲地獄ロイナ」と、そして近くにあるメルゼブルクの町を「災いの町《ミゼリーバーグ》」と呼んだ。戦時中、撃ち落とされる可能性が最も高いのがロイナ上空だった。しかし一九四四年夏、アメリカ軍兵士たちは何度も何度もそこを攻撃する命令を受けた。それはロイナが勝利の鍵であることが明らかになりつつあったからだ。

ナチスの支援によって、ガソリン合成プロジェクトはボッシュの夢をはるかに超えるレベルで成功していた。一九三九年、ヒトラーの軍がヨーロッパ侵攻をはじめたころ、ドイツは燃料の三分の二を輸入していたが、ロイナ工場が拡張されたおかげで、いまや供給されるガソリンの四分の三近くがドイツ国内で生産されるようになっていた。一九四四年初頭、戦争が始まって四年以上がたっていたが、ドイツの燃料貯蔵量は一九四〇年と同じレベルになっていた。それから現在まで、合成ガソリン生産量については、ドイツが一九四三年に記録した数値を上回った国はない。

一九四四年五月に連合軍が最初におこなった大規模空爆は驚くほどの成功で、一二六人の従業員が死亡し、重要な装置も破壊されたため、工場は一時的に閉鎖された。しかし数日後、偵察機が撮った写真を見ると破壊された部分は再建されていた。五月二八日の二回めの空爆は、前ほど成功しなかった。ナチスは自分たちの軍隊がロイナ工場の生産力も七月には以前の七五パーセントにまで回復していた。

イナのガソリンに依存していることを知っていたので、空爆が続くと三五万人の労働者を集め（軍隊から集めた七〇〇〇人のエンジニアも含まれる）、工場を稼働させるために働かせた。彼らは頑丈な防空壕を掘り、防爆壁をつくり、必要な部品を他の工場からはずしてもってきた。連合軍がロイナの一部を破壊しても、すぐに修理した。当時のドイツ人のモットーは「すべては石油のために」だ。

それはナチス・ドイツの軍備相シュペーアが言ったとおり、コンクリートと爆弾の競争だった。のちにロイナの戦いと呼ばれるようなった戦闘はほぼ一年続き、天候が許すかぎり戦闘機の波がつぎつぎと押し寄せた。七月一〇日、再びロイナ工場は閉鎖されたが、二日後に生産が再開された。七月九日、米軍の攻撃によって生産量が半減した。翌日、再び攻撃を受けて工場が三日間閉鎖した。それから一週間後にまた攻撃を受けて、生産量は三分の二になった。連合軍の爆撃機も数多く撃ち落とされたが、容赦のない攻撃によってロイナも少しずつ弱っていった。攻撃を受けるごとに高射砲の数が減り、防衛用戦闘機が撃墜され、消防車が破壊された。爆発の振動で飛行機のネジがゆるみ、防爆壁が弱り、穴が空いた。修理するのがどんどん難しくなっていった。

一〇月末には、米軍第八空軍は勝利を予感した。ロイナはぼろぼろだった。多少とはいえ高射砲の威力は弱まり、護衛戦闘機の力も衰えていた。一一月二日の爆撃ですべてが終わるのではないかという望みがあった。しかしドイツは航空機用燃料を節約して貯蔵し、飛行機の数を減らし、敵が罠にかかるのを待っていたのだ。ドイツ軍の戦闘機の群れがアメリカ人の前に現れた。その数は四〇〇機を超え、なかには新しい時速六〇〇マイルに近いスピードを出すロケット機（ジェット機の前身）も含まれていて、それらが米軍戦闘機の周囲を回りながら飛んだ。そのときロイナに向かったB17は七〇〇機近かったが、基地に戻れたのは四〇〇機に満たなかった。

それは最後のあがきだった。ロケット機は燃料を大量に消費し、タンクがいっぱいでも八分間しか飛べなかった。そしてドイツ軍はそのタンクを満たすこともできなくなっていた。ロイナ工場（そして連合軍の標的となった他のガソリン合成工場）はしだいに機能しなくなり、ドイツでは燃料が不足していた。ルフトバーフェにとってはとくに大きな打撃となった。燃料がないためパイロットの訓練は大幅に減った。シュペーアは熟練した航空兵が、三日に一度、飛ぶだけの燃料しかないという部隊があるという報告を聞いた。陸軍も苦労していた。シュペーアは政府に、イタリアに駐留しているドイツ軍のトラックは、牛に引かせているという報告を伝えた。

戦後シュペーアは、連合軍がロイナをはじめとする合成燃料工場を破壊することだけに専念し、昼夜問わず爆撃していたら、戦争は八週間で終わっただろうと証言している。

戦争が終わるまで、連合軍は二二回の大規模空爆を、ロイナに対しておこなっている。六〇〇〇を超える爆撃機が一万八〇〇〇トン以上の爆薬を落とした。これは広島に落とされた原子爆弾に匹敵する量だ。それでもロイナ工場を完全に閉鎖させることはできなかった。戦争が終わったとき、以前の一五パーセントではあったが、まだガソリンが生産されていた。しかしドイツ軍への燃料供給が間に合わず、戦争終結を早めたのはたしかだ。ボッシュの夢の機械はとうとう、第三帝国の夢とともに粉砕された。

しかし機械は再びその姿を現し、世界じゅうに広がっていく。やがてロイナ工場より生産力が高く、ボッシュが想像もできなかったほど効率的な工場が立てられた。軍隊との結びつきから自由になり、高圧技術は再びボッシュのもともとの意図にそった使い方をされるようになる。それは世界じゅうの人間に食物を与えるということだった。

22

──窒素サイクルの改変──

クルックスが予測した世界的飢饉が始まったと思えたのは、一九五八年に中国で何百万人もの人々が飢えはじめたときだ。中国の革命指導者である毛沢東は「大躍進」政策を展開していた。これは中国社会をつくり直すための壮大な計画で、伝統的な習慣や生活様式を根絶し、何百万人という国民を農村から都市へ移動させて工場で働かせ、庭地の私有を非合法化し、巨大な集団農場をつくるなど、毛沢東思想にそって農地改革がおこなわれた。しかしそれにはタイミングが悪すぎた。大躍進政策が始まった時期に、中国では干ばつ、洪水、爆発的な人口増加が重なり、国民は耐乏生活を強いられた。そして何より毛沢東が新しい政策を強化したことで、一部の地域で農業体系が崩壊した。飢餓が国じゅうに広がりはじめた。飢えた農民たちは家畜を食べはじめる。動物がいなくなると野草でスープをつくり、ある地域では樹皮をはいで食べた。人肉を食べたという報告もある。一九六一年には三〇〇〇万人が栄養失調で命を落としたと推定されている。毛沢東は大躍進どころか、史上最悪と言われた大飢饉を引き起こしたのだ。

中国指導者は政策を転換し、伝統的な生産力の高い農法へと戻ったため、生産力はほぼ以前のレベルにまで回復した。しかし一〇年後、また別の災いに見舞われそうになった。農家がどれだけ作物をつくっても、急激に増加する人口の腹のなかに消えてしまう。人口増加に作物生産が追いつかなかったのだ。一九七〇年代初め、中国人の大半は、米とわずかな野菜という食事に耐えなければならなかった。肉はぜいたく品となった。大都市では食物はほとんど配給制だった。一九七〇年代中国の平均的な食生活は一世代前より悪かった。また洪水か干ばつが起これば、世界一の人口をもつ国家は大規模な飢饉に襲われるだろう。

それは三五年前の話だ。現在の中国は増加しつつある肥満と戦っている。それはハーバー - ボッシュ法のおかげだ。一九七二年、リチャード・ニクソンの歴史的北京訪問後、最初に中国が注文したのは世界最大級、最新式のハーバー - ボッシュ法による窒素生産工場だった。装置が運びこまれ、工場が建設された。それを操作するよう労働者が訓練され、二、三年がたつころには以前の二倍以上の肥料が流通するようになった。農作物生産量は急増した。そしてさらに肥料生産工場が建てられた。

現在、中国は世界一の化学肥料生産国であり、世界一の消費国でもある。中国の人口は毛沢東の時代よりはるかに多いが（飢饉以降、アメリカとメキシコの人口を合わせたくらいの数が増えた）、一世代前の人々より食生活はずっとよくなっている。人口が増えても一人当たりのカロリー摂取量と、手に入る食品の種類は大幅に増加している。大規模な飢饉は起こらず、いまの中国は子どもの肥満を心配しているくらいだ。

現在、ハーバー - ボッシュ法を実践する何百という工場が、空気を飲みこんでアンモニアを生産している。そのアンモニアからつくられた肥料のおかげで、人類は増加を続けているにもかかわらず飢えずにすんでいる。そればかりか平均的な食生活も世界的に向上している。それらの工場はすべてハーバー・ボッシュが開発した原則のもとに動き、アルヴィン・ミタッシュが一〇〇年前に発見した基本的な触媒が使われている。いまではそれが当時よりはるかに大規模に、かつ効率的におこなわれている。カール・ボッシュの時代、もっとも背の高いアンモニア生成用オーブンは三〇フィート（九メートル）だった。いまでは最高一〇〇フィート（三〇メートル）のものがある。一九三八年、一日一〇〇〇トンのアンモニアを生成するためには平均一六〇〇人の労働者が必要だった。現在の工場では同じ量が五五人の労働者でできる。そして工場ができたばかりのころは一トンの肥料をつくるために現在の四倍のエネルギーが必要だった。いまでもそこでできる製品の需要は高く、これらの工場だけで地球上のエネルギーの一パーセントを消費している。そして最大級の工場ではパイプラインで運ばなければならないほど大量のアンモニアがつくられている（一九六〇年代後半にアメリカにつくられた初期のパイプラインは、テキサスの工場からアイオワ州のトウモロコシ畑まで続いていた）。このほとんど目に付かない巨大産業が世界の人口を養っているのだ。これらの工場がなければ二〇億人から三〇億人（現在の世界人口の約四〇パーセント）が飢え死にすると考えられている。

もちろん現在でも飢餓が起こっている土地はある。毎年、不作（干ばつ、洪水、戦争などが原因）や輸送システムの崩壊（これも武力衝突がおもな原因）で何千という人が飢餓で死んでいく。問題は世界に食物がないことではない。世界には豊富に食物がある。問題はそれが飢えている人のもとに届かないことだ。

地球の人口はクルックスが文明の終焉を予測した一八九〇年の約一六億人から、今日の六〇億人にまで増えた。二〇世紀の一〇〇年間でほぼ四倍に増え、食物生産量は七倍になった。これは第一にハーバー‐ボッシュ法、第二に米と小麦の品種改良のおかげである。この数字を見れば、食物が豊富にあることがわかる。もっと身近なところでハーバー‐ボッシュ法の影響を実感するには、自分の体を見ることだ。あなたの体内の窒素の半分はハーバー‐ボッシュ法によってつくられたものである。何も心配することはない。天然だろうが人工だろうが窒素は窒素であり、ハーバー‐ボッシュ法でつくられたアンモニアの原子は、最高品質の天然肥料のものと同じである。それに、もとはといえばあなたが呼吸している空気を原料としている。しかしあなたの血液、皮膚、髪、たんぱく質、ＤＮＡに含まれる窒素の半分は人工的につくられたものなのだ。

飢饉がなくなるのはよいニュースだ。しかしよくないニュースもある。ハーバー‐ボッシュ法によって大量につくられるアンモニアは、食物以外のところにまで行き着く。たとえば私たちを取り囲む空気や水のなかに。スタンフォード大学のある生態学者が述べたように「食物を生産するには大量の窒素を動かさなければならない。そして大量の窒素を動かすときには、どうしてもその一部が周囲に広がってしまう」

ハーバー‐ボッシュ法が開発される前には、空気から窒素を取り出す、ひいては食物に変える方法は二つしかなかった。一つは稲妻である。しかし何より重要なのは、ある種のバクテリアが大気中の窒素を取りこんで分解し、植物が摂取できる形につくりかえるという、時間はかかるが着実なプロセスである。これはバクテリア窒素固定と呼ばれている。こうしたバクテリアの一部は植物の根についている根粒を棲み家にする。よく知られているのがエンドウマメやアズキなどマメ科の植物で、バクテリアはそこで固定した窒素と、植物が提供する糖分などの栄養と交換する。何百万年もの間にバクテリアが固定した窒素が地球上の植物を育て、その植物が動物を養った。地上の生物は蓄積された窒素のおかげで生きてきたのだ。

ハーバー‐ボッシュ法はこのプロセスを加速させたものだ。今日、アンモニア生成工場でつくられる固定窒素の量は、自然につくられる量に匹敵する。つまりそれまでの倍量が利用可能になった。これは自然サイクルの大きな変化だが、大気の基本的な組成自体にはほとんど関係がない。大気中には大量の窒素分子（N_2）が存在しているので、それに比べればハーバー‐ボッシュ法で使われる量などごくわずかだ。しかし地上で生命体が住んでいる生物圏には大きな意味をもつ。

窒素原子が一連の大きな円に乗っていると考えてみよう。ちょうど大きな観覧車に乗っている客と思えばよい。観覧車は自然のサイクルを表している。ハーバー‐ボッシュ法が発見される前の、空気中の窒素分子から始まる「窒素サイクル」だ。次の段階は窒素分子を壊し、窒素を固定することだが、それはバクテリアによる生物学的窒素固定プロセスか、雷が空気中の窒素分子を引き裂いて他の原子と結びつけることから始まる。固定されて利用可能になった窒素は、大きなサイクルのなかの小さなサイクルで、分子から分子へ、生物から生物へ、バクテリアから植物へ、植物から動物へと手渡されていく。生物が死んで腐ると固定窒素を泥のなかに放出する。その一部は植物内部に戻ってサイクルのなかに再び組みこまれ、またあるものは大気のなかに戻る（バクテリアのなかにはプロセスをひっくり返し、窒素化合物を窒素分子（N_2）に戻せるものがある）。空気、土、水を循環し、無生物から生物システムへと移動するサイクルはあまりに複雑で相互に絡み合っているため、追跡するのは難しく、研究は高くつき、予測はほとんど不可能である。

わかっているのはハーバーとボッシュが化学合成された窒素分を大量に地上にもちこんだことで、このサイクルが変化したということだ。それはちょうど地球を使い、食物を二倍にして何が起こるかという実験をおこなったようなものだ。科学はその結果の分析をはじめたばかりだ。

効果にも目に付きやすいものと付きにくいものがある。たとえばハーバー - ボッシュ法で固定された窒素の半分は、食物ではなく空気と水に行き着いていると推定されている。一トンの化学肥料を畑にまいたら、半分は穀物の栄養になり、一部は大気中に戻り、残りのほとんどは雨水や灌漑用水に溶け、地面にしみこみ、やがて湖へと流れこむ。そこでも窒素は動き回り、多くの違った分子と、さまざまな形で結びつく。しかしその大半はいろいろな硝酸塩の形で水系に入る。

ミシシッピ川の硝酸塩濃度は一九〇〇年の四倍である。ライン川のレベルはミシシッピ川の二倍。それがすべて畑から来ているわけではない。牧場からの堆肥の流出がある。化学肥料で育った穀物からつくられた餌を与えらた動物の堆肥は、窒素成分が多い。都市の汚水には芝生用肥料と家庭排水が過剰なほど含まれている。水中の窒素は人に害を与えないという意味では、それほど毒性は高くないが、含まれる量が増えれば危険になることもある。硝酸塩による水の汚染はメトヘモグロビン血症などの健康問題や「ブルーベビー」症候群とかかわっている。病気に対して硝酸塩レベルがどんな意味をもつのかは、まだはっきりわかっていない。

汚染水に含まれる窒素は藻類や海草の成長を促し、それが水中にはびこって水を濁らせる。ひどくなると日光がさえぎられて深いところまで届かなくなり、深部に生息する生物は死んでしまう。植物が死んで腐ると水中の酸素を消耗する。酸素濃度が下がると水底に棲む動物、甲殻類や軟体動物が死にはじめる。それらの動物を食べる動物が飢えてしまう。毒が集まりはじめて淡水系が崩壊する。

その後、硝酸塩は海へと移動する。ドイツ北部のバルト海は毎年一五〇万トンの固定窒素が流れこむために、地球上で最も汚染された海洋系となっている。酸素濃度があまりに低いため、海底には酸素を嫌うバクテリアが層を成している。バルト海のタラ漁は一九九〇年代に崩壊した。同じことが世界じゅうで起こりはじめている。オーストラリアのバリアリーフでも、肥料使用の増加による影響が見られるようになったし、地中海や黒海でも同様だ。

しかし世界で最もよく知られた汚染水域はアメリカ、ルイジアナ州沖のデッドゾーンと呼ばれる酸素が異様に少ない海域で、ミシシッピ川とアチャファラヤ川がメキシコ湾に注ぐ場所だ。これら二つの河川にはアメリカ大陸の四〇パーセント以上の土地から水が流れこんでいる。そのなかには三一の州のとくに肥沃な農地も含まれている。メキシコ湾の硝酸塩濃度は過去四〇年で倍になった。時を同じくして、水中の生物がしだいに窒息するようになる。デッドゾーンは水中植物が繁殖し、カニやザリガニが死滅し、魚が逃げ出し、生態系がすべて変化してしまった領域である。メキシコ湾のデッドゾーンの大きさは季節によって変化するが、平均すると現在はほぼニュージャージー州と同じ広さである。しかも毎年少しずつ大きくなっている。チェサピーク湾から日本沿岸まで、世界じゅうで一五〇もの小さなデッドゾーンが見つかっている。原因は窒素による汚染だけではなく、海流、温度、植物や動物の生育の自然な変化といった要因もあるが、ハーバー・ボッシュ法の影響は重大である。ここでもやはり、まだ調べるべきことが多く残っている。

ハーバー・ボッシュ法でつくられた窒素が空気に与える影響も、まだよくわかっていない。空気中に行き着くもののなかには無害な窒素分子（N_2）ではなく、悪名高い窒素酸化物（NO_x）などの汚染物質になっているものもある。大気汚染の原因となる酸化物のほとんどは、自動車のエンジンや工場で化石燃料を燃やすことで生じている。しかし一五パーセントから五〇パーセントは（計算法や食物連鎖のどこまで踏みこむかで変わってくるが）、直接、間接を問わずハーバー‐ボッシュ法の生成工場でできたものだ。肥料を畑に撒けばその一部は直接、空気に取りこまれるが、その大半はバクテリアが固定窒素を分解して気体として放出されたものだ。これはとくに水田のような水をはった畑で見られる。気体の一部は大気に含まれる無害な窒素分子（N_2）、このプロセスの始まりでありサイクルの終着点でもある。しかし一部は、たとえば亜酸化窒素（N_2O）として大気中に放出される。これは温室効果ガスになる可能性がある。この点でもまだまだわからないことが多い。ハーバー‐ボッシュ法でつくられた固定窒素のうち、どのくらいの比率が大気に戻り、どのくらいがどのような形で残るのか、まだ何もわかっていない。ただ相当の量であることはわかっている。

もちろん汚染された空気はそこにとどまっているわけではない。落ちてくるか雨とともに地上に戻ってくる。落ちてきたものは肥料となる。ハーバーとボッシュがしたことは（油や石炭が燃焼したときに放出される窒素酸化物とともに）私たちの地球上の大気を巨大な肥料のサイロに変えたということだ。私たちは祖先たちが夢にも思わなかった恵みを享受している。成長を促す何トンもの肥料が空から降り注いでいるのだから。一部の土地では、アメリカの農家が春撒き小麦に使う肥料と同じ量の固定窒素が地上に降り注いでいる。これについても、長期的にどのような影響が出るのかはっきりとはわかっていない。最初はとてもすばらしいことに思えた。空気に豊かな栄養が含まれているということで地球の緑化が容易になると。

しかしよいニュースばかりではない。窒素酸化物は（大気中の硫黄化合物とともに）酸性雨を生み出す。この問題は以前から注目されていた。しかし大気中に肥料が発生し、ツンドラからジャングル、森林から草原、海洋から砂漠まで、あらゆる生態系で利用可能な固定窒素の量が変化している問題は、あまり注目されてこなかった。初期の研究では、余分な窒素を与えられた生態系は、最初、予想通り生物が繁殖する。やがて一種の飽和点に達すると、少なくとも一部の森林は「不安定段階」へと移行し、生産性が落ちる。こうなるとその生態系では窒素が消費しきれなくなり、空から降ってくる窒素は水へと溶けこむ。土壌の成分も変化する。種の分布も変わり、窒素を多く必要とする種が、低窒素でも生きられるよう適応した種を凌駕する。自然の体系がゆがんでしまうのだ。

最後に、合成窒素が氾濫することで、農業や地球の人口にどのような影響をもたらすかという問題が残る。化学肥料が容易に手に入るようになって大規模な単一栽培農業が増え、トウモロコシをはじめとする穀物の生産量が増加したことで、巨大な家畜飼育場をつくることが可能になった。現在の農業体系が築かれた要因はハーバー・ボッシュ法だけではない――機械化の拡張や植物遺伝学の進歩も重要である――が、ハーバー・ボッシュ法が中心的な役割を果たしているのはたしかだ。

人類は昔ながらの輪作や堆肥といった、伝統的手法を捨ててしまい、穀物と家畜の結びつきを断ち、畑を大きくする一方、育てる穀物の種類を減らした。こうした進歩は驚くほどの恩恵をもたらし、祖先が考えていた以上の数の人間を養うことになった。しかし新しい手法には土壌の質の低下、植物の病気、多様性の減少という明らかなリスクをともなっていた。

どんな科学上の大発見も諸刃の剣である。人間はサー・ウィリアム・クルックスが提示した難問をうまく切り抜けたが、逆に人間が地上にあふれるという危機に直面している。ちょうど現在、窒素を取りこむ藻類や水中植物が池や海に氾濫しているように。肥料がいくらでも容易に手に入り、丈夫で収穫量の多い米や麦の品種がつくられた（いわゆる二〇世紀末の「緑の革命」）おかげで、私たちは人類史上かつてないほど豊富な食物を前にしている。トマス・マルサスも面喰らっているだろう。私たちが生きているいまの時代は、安くて高カロリーな食物が簡単に手に入る時代だ。決して集団的飢餓の時代ではない。私たちが抱える健康問題は栄養不良ではなく、糖尿病や心臓病など、肥満にかかわる状態だ。私たちは飽食で死のうとしている。そしてそれは先進国だけの問題ではない。タイの成人の四分の一、北京の住人の三分の一、メキシコの男性の半分、女性にいたっては半分以上が肥満である。これもまたハーバーとボッシュが遺したものだ。

私たちはもっと知らなければならない。化学肥料使用の長所と短所、汚染を避けるための適切な使用法、土壌の手入れや生態系の変化。世界という壮大な装置をあれこれいじりまわしている影響を理解する必要がある。

ここには大きな謎があり、約束された大きな恩恵がある。空気から生物系へ、気体から固体、固体から気体、無生物から生物へと、元素が形を変えながら移動して元に戻る過程には、多くの生物や環境が大きな役割を果たしている。このように複雑な窒素循環も元素循環の一つにすぎない。窒素は炭素循環とも作用し合っているが、その仕組みはまだわかっていない。炭素循環もまた複雑で、地球温暖化と深くかかわっている。たとえば植物が成長して枯れるとき、窒素だけでなく炭素も取りこまれ、放出される。その二つがかかわり合っているということは、ハーバー‐ボッシュ法でつくられた窒素は、地球温暖化に影響を与えているということだ。ただしどのくらいの影響なのかはわからない。窒素循環の輪は生物の世界、土壌や水を出たり入ったりして、上は日光から下はそれが届かない深い海の底まで、くねりながら進み、他のものと作用しあう。それは生き物のように曲がり、脈打ち、動き回る。そのこみ入った網が、私たちを含めすべての生物を養っている。私たちはこの壮大で複雑なシステムを研究し、その重要性を認識し、人間の行動がそれを脅かしていないことを確かめる必要がある。

おかしな話だが、こうした元素循環の図を見ていると、複雑な機械のフィードバックシステム化、巨大なビジネス組織のプロジェクトのフローチャートのように見えてくる。そしてそれが第二のフリッツ・ハーバー、第二のカール・ボッシュが取り組むべき難題のように思えてくるのだ。

エピローグ

アタカマ砂漠は再び静寂を取り戻している。一九二〇年代にグッゲンハイム家がチリの硝石ビジネスを再興しようとしたのを最後に（「このうえなく強欲な人間でも想像できないほどの富」がそこにはあると、とくに熱心だったグッゲンハイム一族の一人が書いている）硝石精製所はハーバー - ボッシュ法の合成窒素生産工場との競争に敗れて廃れはじめた。大恐慌も重なり、その土地のサリトレは必要とされなくなった。何十年もの間、さびれた精錬所に足を向けるのは荒っぽいごろつきだけで、彼らは建物のなかにあるものを略奪し、壁にメッセージを殴り書きし、墓をあばいた。二つの大きなオフィシナが、最近、国際的な史跡として認定された。かなりの数の観光バスが、毎週イキケから急な坂道を上り、観光客を連れてくる。アタカマの遺跡には硝酸塩がたっぷり残っている。もともとの地層で最も豊富に含まれていたところは、すべて掘り尽くされてしまったが、それより質の劣るものなら地中にまだ莫大な量が埋もれている。しかしハーバーとボッシュのおかげで、いまではそこを掘ってみようという者はいない。イキケはいまでも、二〇世紀初めにつくられた広場、オペラハウス、古い木造の建物など、一九二〇年で時が止まっているような街並みを売り物にしている。しかし海のそばには新しいホテル、カジノ、ディスコ、レストランなどが並んでいる。イキケはリゾートタウンとして生まれ変わろうとしているのだ。そしてハーバーとボッシュによって運命を変えられた人々はどうなっただろうか。ヴィルヘルム二世は退位したあと、二〇年以上をオランダで過ごした。大きな屋敷を買い、ドイツから運んだ貨物列車一杯分の家具や備品を並べ、あごひげをはやし、運動のために薪を割り、ほぼ一日を狩猟で過ごし、大物の著名人を自宅でもてなした。退屈すると大きな建物や建造不可能な戦艦の絵を描いた。ナチスがパリを占拠したときはヒトラーに祝福の電報を送った。そして一九四一年に死んだ。

カール・ボッシュの息子は父の貴重なコレクション（昆虫、石など、珍しい宝が三八個のオーク製の箱に納められ、ハイデルベルクの屋敷に保管されていた）を、戦後ニューヨークに送った。二万五〇〇〇に及ぶ彼の鉱物コレクションはワシントンDCのスミソニアン研究所が買い上げた。ドイツからアメリカに送られる途中で、スーツケース一つ分の宝が消え、いまだどこに行ったのかわかっていない。ボッシュは鉱物のコレクションに最後の謎を残していた。それぞれの標本にはラベルが貼ってあり、そこにちょっとした暗号が書きいれられていた。それはすぐにamblygonit（英語ではamblgoniteで、鉱物を意味する）という言葉の文字と関連付けられていることがわかった。文字が順番に1から9の数字に割り当てられていて、最後のtが0である。解読してみると、何か重要な意味があったわけではなく、ボッシュがそれぞれの標本に払った代金らしかった（たとえば「mtt」なら二〇〇マルク）。なぜそのような情報を暗号で隠すべきだと思ったのかは想像の外だ。

四〇〇〇万を超えるボッシュの昆虫コレクションも、やはりスミソニアン研究所に引き取られた。彼が個人的に所有していた、眠れぬ夜の唯一の慰めであった望遠鏡はチュービンゲン大学に落ち着き、いまでも使われている。やはり個人所有の科学ライブラリーは、戦後ハイデルベルクの港から送られ、ブルックリンの倉庫に保管された。その後、誰かが保管料を払うのを忘れたために、本は古本業者の手に渡り、コレクションはばらばらに売られてしまった。

フリッツ・ハーバーの化学殺虫剤研究が基礎となって、建物に生息するシラミ駆除の効果的な物質が開発され、さらにそこから別の研究者によってチクロンBと呼ばれる毒ガスが開発され、そのガスはナチスの強制収容所に収容されたユダヤ人殺害に使われた。そのガスを生産した会社の株の四〇パーセントはファルベンが所有していた。

「IGファルベンはヒトラーであり、ヒトラーはIGファルベンだ」と、アメリカ上院議員の一人は終戦後に言った。本書で書いてきたように燃料や爆薬の生産に加え、ファルベンのブナ合成ゴム生産計画（ボッシュの死後、研究が急速に拡大、加速した）はヒトラーの計画にとってたいへん重要なものになった。戦争が終わる直前の数か月前、ファルベンは合成ゴム工場をアウシュビッツ収容所の隣に建てようとしたが、それは実現しなかった。その不毛な努力の間に、何千人というユダヤ人、政治犯、外国人奴隷労働者が、文字通り死ぬまで働かされた。ファルベンの役員二三人が、戦争の計画と実行、一般国民の奴隷化と殺人の罪で、戦犯としてニュルンベルク裁判にかけられた。カール・クラウフ、（ボッシュの地位を引き継いだ）ヘルマン・シュミッツ、その他一一人の役員が禁固刑を言い渡されたが、期間は一八か月から八年と幅があった。他の一〇人のファルベンの役員は無罪となり、ドイツの巨大カルテルは解体されてそれぞれ単独の組織となった。よみがえったBASFはカールの未亡人エルゼ・ボッシュを一九五〇年代に監査委員会のメンバーとして迎えた。BASFは戦後の世で繁栄し、再び世界最大（総売上額）の化学会社となった。

ロイナ工場は修復され、戦後、東ドイツにより操業されていた。現在はヨーロッパ最大の化学工場と喧伝されている。最先端の「ケミカルパーク」として、二四もの会社を傘下に収めた。それらの会社が

ザール川岸から望む、現在のロイナ工場（2003 年撮影）。© Waltraud Grubitzsch/dpa/Corbis

つくっているのは、アンモニア・合成燃料・プラスチック・純ガスなど、多くはハーバーとボッシュが開発したものだ。

ダーレムの研究所はハーバーをたたえてハーバー研究所と名前を変え、現在はドイツの中心的化学センターとなっている。カイザー・ヴィルヘルム研究所もマックス・プランク研究所となった。

フリッツとクララの息子のヘルマンは、戦後、自ら命を絶った。

謝辞

まず私のエージェントであるナット・ソーベル、そしてハーモニー社の編集者のジュリア・パストーレ、私にとってなくてはならない第一編集者（才能あふれるライターであり私の妻でもある）ローレン・ケスラーに感謝を捧げる。カーラ・シュルツは技術的、伝記的な内容について、ドイツ語から英語へきめ細かな翻訳作業をこなしてくれた。また以下の施設で、私に手を貸してくれた数多くの有能なアーキビストと司書のかたがたにも感謝する。ＢＡＳＦ文書館、カール・ボッシュ博物館、英国科学振興協会、スウェーデン王立科学アカデミー、アルバート・アインシュタイン文書館、オレゴン大学、シカゴ大学、オレゴン州立大学（特別蔵書部長のクリフォード・ミードには特にお世話になった）、ニールス・ボーア・アーカイヴ、チャーチル文書館、ブリストル記録館および中央図書館、イキケ海軍博物館、そしてペルーとチリの数多くの小さな歴史館や人類博物館の職員の皆様。そしてピーター・ヘイズ、アーノルド・バウアー、ジェフリー・ジョンソン、デイヴィッド・タイラー、アンソニー・ストレンジズ、エデュアルド・ディーヴズ、トマス・Ｐ・ヒューズ、ウテ・ダイシュマンら、私の質問に答え、助言を与えてくれた歴史家、科学者の皆様に感謝する。

解　説

白川 英樹

はじめに

地球は命を育む惑星ともいわれている。生命は海から生まれたといわれるほど、水は生物の誕生に必須であったし、生命の維持にも欠かせない。また、多くの生物は酸素を必要としている。しかし、生物が生命を維持するためには窒素も必要不可欠であることはあまり認識されていないのではないだろうか。

窒素は大気の約八〇パーセントを占め、残り約二〇パーセントの酸素とともに無尽蔵にある。大量にありながらほとんどの生物は大気中の窒素を直接には利用できない。利用できる生物は根粒菌などの窒素固定細菌だけである。この微生物の助けと、稲妻や火山活動などの自然活動により、生物が利用できる形態の固定窒素が生産され、あらゆる生命が維持されている。生命を終えた生物中の窒素分は微生物により分解されて固定窒素として再利用されるか、窒素ガスのかたちで大気に還元される。

この状況は、緑色植物が大気中から取りこんだ二酸化炭素と太陽の光を使って有機物質をつくることにより生命を維持するとともに、呼吸により生じた二酸化炭素を大気に戻したり、生命を終えて分解されたりすることで二酸化炭素が大気に戻る状況と似ている。しかし産業革命以来、人が大量の石炭や石油などの化石燃料を燃やしつづけ、二酸化炭素として大気中に放出してきたため、大気中の二酸化炭素の量が急激に増加した。二酸化炭素は温室効果ガスとして地球温暖化の主たる原因になっているとされ、その削減が国際的に検討されていることは読者もご承知の通りである。あとで触れるが、人と窒素の関係も同様の帰結をもつことを、著者は本書の最終章で明らかにしている。

本書について

著者トーマス・ヘイガーは米国オレゴン州ポートランド近くの大学町ユージーンで生まれ育ち、細菌学や免疫学を学んで修士号を取得し、米国立癌研究所 the National Cancer Institute で広報活動を研修した後、医学や医療分野を得意とするフリーライターとして、また科学ジャーナリストとして活動を続けている。これまでに、化学者であり平和活動家であったライナス・ポーリングに関するもの三冊を含む一〇冊の著書を出版しており、最近作が本書である。

本書の原題は *The Alchemy of Air: A Jewish Genius, a Doomed Tycoon, and the Scientific Discovery That Fed the World but Fueled the Rise of Hitler* である。Alchemy（錬金術）というと非科学的で何かいかがわしい感じを受けるかもしれない。しかし、原書の副題「天才的ユダヤ人、悲運の大物、世界の人口を養う一方でヒットラーの台頭を助けた科学的発見」からもわかるように、それまで資源として顧みられなかった空気中の窒素からアンモニアを合成する方法を確立し、何十億もの人々を飢えから救ったという点で、ハーバー - ボッシュ法は鉛から金をつくろうと試みた以上の錬金術であったといえよう。

これは、二つの世界大戦の狭間で活躍し、また時代に翻弄された化学者と技術者の物語である。卓越した化学者フリッツ・ハーバーと、彼が開発したアンモニア合成法を工業化して、大量生産に導いた有能な技術者カール・ボッシュの生き様を描いているが、著者が描きたかったもう一つの主題がアンモニアであることに間違いはない。とりわけ、大量に生産され、その後も大量に使われつづけているアンモニア、およびそれに関連する物質が及ぼす地球規模の影響についてである。

アンモニア合成と環境影響

アンモニアは古くから知られた化学物質である。古代エジプトでラクダの糞尿から取り出された塩がアモン（Ammon）神殿の近くで見いだされたので、人々はこれをアモンの塩 sal ammoniac と呼んでいた。のちにこの物質を食塩と熱するとアンモニアが発生することがわかり、そのガスが英語で ammonia、ドイツ語で Ammoniak と名づけられたという。しかし、アンモニアが窒素一原子と水素三原子が結びついた化合物（NH_3）であることが明らかにされたのは一八世紀の終わりごろのことである。いわゆるアンモニア臭と呼ばれる特有の強い刺激臭をもつ常温で無色の気体で、吸い込めば有毒なので劇物に指定されている。工業的に重要な物質で、肥料の原料として多量に使われるほか、硝酸に変えることができるので火薬の原料にもなる。

ウィリアム・クルックス卿の演説に刺激を受けて多くの化学者がアンモニアの合成に取り組んだなかで、ハーバーは一九〇九年三月、水素と空気中の窒素を原料としてアンモニアの合成に成功した。その量は液体アンモニアにして小さじ四分の一くらいであった。その後、優秀な技術者ボッシュの尽力を得て、高温高圧に耐える大型の反応装置が組み立てられ、一九一一年のはじめには日産一トン、一九一三年九月には日産一〇トンのアンモニアを生産する工場が運転されるに至った。

それからおよそ一〇〇年後の現在、全世界で年間およそ一億五千万トンものアンモニアが製造され、今後、年率三～四パーセント以上の増加が見込まれている。そのおよそ八割（九割とする統計もある）が肥料の原料として使われている。アンモニアは硫酸、リン酸、塩酸、二酸化炭素などと反応させれば、それぞれ硫酸アンモニウム（硫安）、リン酸アンモニウム（燐安）、塩化アンモニウム（塩安）、尿素などの化学肥料となる。残りの二割は合成樹脂や合成繊維の製造に利用されている。一九〇〇年に一六億五千万人だった世界の人口は現在六八億五千万人に増加したが、ハーバー・ボッシュ法のおかげで、一部の地域の人々を除き差し迫った飢餓からは解放された。

しかし、多くの人々を飢えから救った代償として、新たな問題が地球規模で起きつつあることが明らかになってきた。年産一億五千万トンのアンモニアの八割が肥料の原料として使われたとすると、アンモニアに換算して毎年一億二千万トンもの化学肥料が大地に施されていることになる。大地に施された肥料が一〇〇パーセント作物に吸収され利用されるわけではない。研究者により異なるデータが報告されているが、施された肥料の二〇〜五〇パーセントが河川や湖沼に流れ出し、最終的には海に注がれる。一部は分解して大気中に広がり環境に負荷を与える懸念が指摘されている。

人為的に環境中に放出される固定窒素は、大地に施された肥料の流出だけではない。化石燃料の燃焼にともなって生じる窒素酸化物も環境中に放出されており、人為的につくられ自然界に加えられた固定窒素の総量は、自然に循環している量と同等にまで達している。窒素酸化物による大気の汚染は健康の悪化を招き、固定窒素による河川や湖沼、海洋の汚染は水質を富栄養化して赤潮や貝毒の原因となる。地球温暖化の対策として二酸化炭素の削減が国際問題になっているが、窒素が地球温暖化に与える影響も大きい。窒素酸化物の一つである亜酸化窒素は大気中での寿命が長く、それだけ温室効果が大きいため、とりわけ地球温暖化に与える影響が大きい化学物質である。

環境危機——予測と認識の難しさ

科学と技術の進歩は人類の豊かな生活を支えてきた。一八世紀半ばにイギリスでいわゆる産業革命が起こり社会や経済に大きな変革をもたらした。それまでは手工業的に、あるいは家内工業的に生産されてきたものが、水力や蒸気機関などの動力を使って大量生産できるようになり、必然的に大量消費、大量廃棄につながった。大量消費、大量廃棄の結果として、特定の地域の環境汚染にとどまらず、地球全体に及ぶ汚染の例が多くなってきた。

科学と技術の成果が必ずしも人や社会に幸せをもたらすとはかぎらず、功罪両面をあわせもっていることをわれわれは学んできた。幸せを壊す被害や弊害の現れ方はさまざまである。意図的に科学・技術を悪用する場合は、加害者と被害者の区別がはっきりしているからわかりやすい。しかし、この二元論では割り切れない事案が近年多くなっている。加害者であると同時に被害者であり、被害者であるが加害者の立場にもなる。多くの場合、人為的な活動が限られた地域や一つの国だけではなく地球規模での変化を引き起こしているにもかかわらず、平常の生活の中では認識できないため、個人ばかりでなく社会的にも変化についての理解が遅れがちとなる。

ハーバー・ボッシュ法の場合と同じように、発明・発見に携わった当の科学者・研究者でさえ予測しえなかった地球規模の環境汚染の例として、たとえばＤＤＴなどの有機塩素系殺虫剤がある。一九三九年、スイスの製薬会社ガイギー社のポール・ミューラーは合成殺虫剤を組織的に研究するなかで、以前から知られていた塩素を含む有機物質ＤＤＴが節足動物に高い選択毒性をもち、マラリアを媒介する蚊や発疹チフスを伝染させるシラミなどに強い毒性を示す一方、哺乳類に対しては強い毒性を示さないことを見いだした。ＤＤＴは有効な殺虫剤として一九四二年に市場に出されるに至った。この殺虫剤は農作物の害虫退治ばかりでなく、一時はマラリア原虫を媒介とするハマダラカの駆除に大きな効果を挙げ、マラリア感染症の防止に絶大な威力を発揮した。第二次世界大戦以降、ＤＤＴの使用はきわめて短期間に世界に広まり、数百万人もの命を助けたことから奇跡の殺虫剤として賞賛され、ポール・ミューラーはこの業績によって一九四八年にノーベル医学・生理学賞を受賞した。

当時からＤＤＴは人に対する急性毒性が低いことがわかっていたが、人体に吸収されると脂肪組織に蓄積して慢性毒性を示すなど、残留性が高いことが後になって問題となり、日本では一九七一年に使用が禁止された。レイチェル・カーソンは一九六二年に『沈黙の春』を著し、塩素系有機殺虫剤が食物連鎖によって生物体内に濃縮され、自然を破壊していることを指摘し、その回復はたいへん困難であると警鐘を鳴らした。

もう一つの例を挙げよう。冷蔵庫やクーラーの冷媒、噴霧剤、洗浄剤として重宝されたフロンガスである。一九二八年、ゼネラル・モーターズの技術者トーマス・ミッジリーはアンモニアに代わる優れた冷媒となる化学物質を合成し、その有用性に気がついたデュポン社とともに「フレオン」という商品名でこの化合物を一九三〇年に量産化した。

ミッジリーは一九三一年、米国化学会の学会でこの新しく開発した冷媒を発表した。記録によると、彼はその冷媒ガスを詰めたボンベからガスを出して自ら吸い込み、まったく人体に無害であることを示すとともに、ろうそくの炎に吹きつけ燃えないことを証明するなど、劇的な発表をおこなったという逸話が残されている。

フロンガスは以来、化学的にきわめて安定で人畜無害であり、加えて不燃性で爆発の恐れがない物質として、洗浄剤、冷媒、発泡剤、噴射剤などに大量に使われてきた。工業的には電子機器のプリント基板の製造中に付着した油などの汚れを取るために大量に使われたが、一般家庭でも冷蔵庫やエアコンの冷媒に使われるほか、整髪料などのエアロゾルスプレー缶に加圧剤として入っており、無味、無臭で、燃えにくいのでたいへん便利に使われた。

フロンガスが大気に悪影響を与えることは、少なくとも一九六〇年代末の時点までまったくわかっていなかった。一九七四年、マリオ・モリーナとシャーウッド・ローランドは、安定性に優れていたことが災いして大気中に広がった大量のフロンガスが、分解されないまま成層圏にまで達し、紫外線により分解してオゾン層を破壊する恐れのあることを警告した。

オゾン層が破壊されると、太陽からくる光に含まれている有害な紫外線が遮蔽されなくなり生物に有害な作用をおよぼすといわれている。紫外線は細胞を傷つける性質があり、特に、染色体上の遺伝子を傷つけ、生物の繁殖力を低下させたり、皮膚ガンを発症させたりする作用があるとされている。もしオゾン層が破壊されて紫外線が地表に降り注ぐようになると、皮膚ガン、白内障、抗体異常の増加、農作物の不稔率の増加、病虫害に対する抵抗力の衰弱、植物プランクトンの減少とそれに連なる食物連鎖系の崩壊などの影響が予想されている。

ＤＤＴの場合も、フロンガスの場合も、化学者や技術者は社会的な要請に応えるためにこれらの化学物質の研究・開発に携わったとはいえ、未知への個人的な挑戦も研究の大きな動機だったと思われる。企業が社会に役立つ化学物質としてこれらを商品化できたのは多くの化学者や技術者による安全性の確認があってのことであるが、これらの化学物質が研究・開発された一九三〇〜四〇年代には、化学者や技術者といえども、地球の自浄能力をはるかに超える量の使用と廃棄を想定することはできなかっただろうし、大量使用と大量廃棄がどのような結果を生むことになるかについても考えが及ばなかったとみるべきであろう。

対策の一環として、一般の人には馴染みがない制度であるが、分解しにくく、生体内に蓄積されやすく、慢性毒性等がある特定化学物質を事業者が他の事業者に提供する際には、その性質や取り扱いに関する情報を記載したMSDS「化学物質安全性データシート」をあわせて提供するよう行政が義務づけている。また、「特定化学物質の環境への排出量の把握等及び管理の改善の促進に関する法律」PRTR法が制定され、環境汚染物質の排出量の報告を義務づけている。両者のねらいは事業者による化学物質の自主的管理の改善を促し、環境への支障を未然に防ぐことにある。

一方、分解しにくいため人の健康を損なう恐れがある化学物質による環境汚染を防止するために、新しい化学物質の製造や輸入に際しては、その化学物質がどのような性質をもっているかを審査する制度がある。「化学物質の審査及び製造等の規制に関する法律」、通称、化審法と呼ばれている法律によるものである。しかし、この法律は化学物質による影響や効果が人の健康に及ぶことを防ぐのが目的で、生態系全体の保全についてはまったく配慮されていないなど、問題点が多い。法律がつくられ、制度が定められたからといって、それで十分とはいえない。とりわけ地球規模の汚染を未然に防ぐ対策を立てるためには、国際的な協調が必要である。

いまや専門家でなくても多くの人がDDT、フロンガス、それに二酸化炭素による弊害が地球規模に及んでいること、遅きに失したとはいえこれらへの対策が次々におこなわれつつあることなどを知っている。環境汚染の対応策としてさまざまな法律が制定され規制がおこなわれるようになったが、新しい問題も次々と生じ、対策はいつも後手に回っている。

固定窒素が環境をどのように循環しているか、どのような弊害が起きているか、どのような対策を取ればよいかなどについて、研究者による調査・研究が国内的にも国際的にも進んでいるが、メディアによる報道は少なく、多くの人はことの重要性にいまだ気づいていない。著者は一般にはあまり知られていない環境中の窒素循環の問題を提起することにより、その重要性をより多くの一般の人々に伝えたかったのではないだろうか。

おわりに

著者はハーバー‐ボッシュ法を発明した二人の科学者と技術者の人物像を、どちらかといえば好意的に描いている。功罪両面のうち食糧問題の解決という功績をより重要と考えたのだろう。それにしても何十億もの人間の命を救ったハーバーが、一方で毒ガスを開発し何百万もの人の死に手を貸したのはなぜだったか。ボッシュもまたアンモニア合成法で築き上げた高圧反応装置と合成技術を駆使し、メタノールの合成や石炭からのガソリン合成によってナチスに協力をしたのはなぜだったか。

ボッシュは死の何年も前から、ヒトラーの方針を実現可能にしたのは自分だと思いこみ、鬱屈していたという。彼は第一次大戦後、ハーバー‐ボッシュ法が成功しなかったほうがよかったのではないか、この方法が開発されていなかったら、戦争はもっと早く終わり、損害も少なかったのではないかと自らに問い、一度はその疑念を否定したかに見えたが、結局は重苦しさを拭いきれなかった。二人が残した科学・技術の成果と社会とのかかわりをどう評価するかは、読者各位の解釈にゆだねられている。

二〇一〇年四月

索　引

カ

サ

マ

ヤ

ラ

ワ

出典について

物質の化学組成

大気中の窒素 ＝ N_2

固定窒素：
アンモニア ＝ NH_3
硫酸アンモニウム ＝ $(NH_4)_2SO_4$
カルシウム・シアナミド ＝ $CaCN_2$
窒化鉄 ＝ Fe_2N

硝酸塩：
硝酸カリウム ＝“真正の”ソルトピーター（硝石）＝ チャイナ・スノー＝ KNO_3
硝酸ナトリウム ＝ チリ硝石 ＝ サリトレ ＝ ヴァイスザルツ ＝ $NaNO_3$
硝酸 ＝ HNO_3
硝酸カルシウム ＝ ノルウェー産ソルトピーター ＝ $Ca(NO_3)_2$
硝酸アンモニウム ＝ NH_4NO_3

数多くの脚注をつける代わりに，章ごとに重要な出典とともに付加的な説明を記す．本書を適度な長さに抑えるため（また科学の専門家ではない一般読者向けに），化学的詳細やハーバーやボッシュ以前の窒素研究についてはあまり触れなかった．それはたとえば初期の硝酸塩，窒素，有毒ガス，フロギストン〔燃焼のさいに放出されていると考えられていた架空の物質〕，また火，空気，生命との関係性や理論，それらを考案したパラケルススからガリレオ，トリチェリ，ボイル，フック，ラボアジェ，ベルトロ，ラザフォード，トムソン，プリーストリー，キャヴェンディッシュ，シェーレ，デイヴィー，ファン・ヘルモント，フォン・リー

ビッヒ，ローズとギルバートなど，何人もの天才的な研究者たちによるものだ．

いくつか全体的なポイントをあげると，本書を書く上での基本的な情報はドイツや南米の文書館や博物館の資料から集めたものだ．二次的情報には，近年のニュースや学術記事，本書の「参考文献」にあげた資料が含まれる．この本ではフリッツ・ハーバーとカール・ボッシュという二人の主要人物の人生を描いているが，生まれてから死ぬまでを完全に描いているわけではない．ハーバーの人生については，英語で書かれた次の三冊の伝記がある．Charles (2005), Goran (1967), Stoltzenberg (2004)（ドイツ語から英語への翻訳）．また彼の前妻であるシャルロッテと息子のルートヴィヒ・フリッツ・ハーバーによる著作をはじめ，数多くの文献がある．逆にカール・ボッシュの伝記はごくわずかしかない．唯一，完全と思われる伝記は，彼の同僚がドイツ語で書いたものだ（Holdermann 1954）．私はできるだけ彼自身の言葉をさがし，ドイツの雑誌や新聞，ニュース記事，BASF 文書館の資料，ハイデルベルクにある小さいが良質の情報がそろっているボッシュ博物館の資料などを参照した．彼は偉大でありながら悲劇的な人物であり，二〇世紀の科学技術の発展を語る上で重要な位置を占める．本書はおそらく英語で読める文献の中では，ボッシュの人物像を最も完全に近い形で描いていると思う．これが彼への興味をさらにかきたてることになるよう祈っている．

私が特に注目した資料は Smil (2001) のもので，このプロジェクトの最初から最後まで頼っていたすばらしい本である．

このソースノートの部分でとりあげた文献は，著者の名前と刊行年だけで示されているが，次の「参考文献」では完全な形で掲載している．他に次の略語を使っている．

ルートヴィヒスハーフェンの BASF 文書館（BASFA）

ハイデルベルクのボッシュ博物館（BM）

イキケ海軍博物館（MNI）

第 1 章

クルックスが食物や肥料に興味を持ったのは，増加していた下水を使って穀物を育てる方法を見つけるという仕事をロンドン市から請け負ったことがきっかけだった．答えは簡単に見つからなかったが，これをきっかけに食物生産と窒素のことを考えはじめた．空気を燃やして固定窒素をつくるという実験をおこなったこともある．集団的な飢餓という彼の不吉な予言は，その一〇〇年前にイギリス人の聖職者であるトマス・ロバート・マルサス師がすでに発表していた．マルサスはイギリス人の聖職者で，食物の生産を人口が上回る現象について論文を書

いていた．マルサスの予言は，アメリカ合衆国，ロシア，カナダなど，麦を育てる地域が大きく増えて人口増加に生産量が追いついたことで回避された．クルックスの時代には，マルサスはほとんど忘れられていた．クルックスのブリストルでの演説の半分は，食糧ではなく，議論を呼んでいた別の話題，死後の世界の化学的研究についての話だった（当時クルックスは心霊研究協会の会長でもあった）．小麦の問題に関するクルックスの演説の詳細については，彼自身の著書（Crookes 1898，1900）と，ブリストルの新聞『マーキュリー』（1898/9/9，p.5），『ウェスタン・デイリー・プレス』（1898/9/6，p.7），『タイムズ・ミラー』（1898/9/8，p.5）などの記事に依った．クルックスと，彼が化学者に突きつけた難問についてのさらなる情報は，D'Albe（1924），Charles（2005），Fisher & Fisher（2001），Haber（1971），Leigh（2004b），Smil（2001），Travis（1998），Waeser（1926）などの著作に見られる．前近代的農業技術については，基本的に Leigh（2004b），Smil（2001）より引用．

第2章

弾薬の歴史と硝石との関わりは，Bown（2005），Kelly（2004），Partington（1960）に詳細に記載されている．さらに Chilton（1968），Smil（2001），Waeser（1926），Wisniak（2000）にも付加的な情報がある．砂漠に悪魔が現れるという伝説を教えてくれたのは，イキケの博物学者ギレルモ・リベロである．それは Bown（2005），Wisniak & Garces（2001）にも見られる．ダーウィンがイキケを訪問したことについては，『ビーグル号航海記』（Darwin 1987）より引用．アタカマ砂漠とタラパカにおける硝石採取の初期のいきさつについては，私自身がそこを訪れて取材した．さらに Chilton（1968），Farcau（2000），O'Brien（1982），Smil（2001），Wisniak & Garces（2001）の情報で補足．硝石取引の詳細については Leigh（2004b）に詳細が書かれている．

第3章

チンチャ諸島についての説明は（特に匂いについて），私自身が現地で取材した．また全盛期のころの記録が Duffield（1877），Markham（1862），Peck（1854），Tschudi（1849），Twain（1913）に見られる．またグアノ取引と苦力の取引に関する米政府の書類も参照した．他に重要な文献をあげると，Blakemore（1974），Clayton（1999），Farcau（2000），Irick（1982），Leigh（2004b），Lubbock（1995, 1966），Masterson（2004），Mathew（1981），McCreery（2000），O'Brien（1996），Schwendinger（1988），Skaggs（1994），Smil（2001），Stewart（1951），

Wilmott (2004) など.

第4章

アタカマ砂漠で硝石がどのように蓄積されるのかについては，いまだ科学的見解が統一されていない．ダーウィンのあとを追った地質学者たちは，巨大な内海が蒸発して鉱物が堆積し，小さくなった海の周囲を死んだ魚や腐った植物が囲む形になり，そこに何百万羽という鳥が集まってきて，糞を落とし，それが渇いて凝縮し，石化するのではないかと考えていた．あるいは太平洋の波の泡が風で上へと運ばれ，塩分が少しずつ，何世紀もかかって堆積したという説もある．鉱物はアンデス山脈から河川に溶け込んで運ばれてきたと考える人もいる．最近の主流は，実はどこの土地でもわずかな量が堆積しているが，アタカマ砂漠の硝石がこれほど大きなものになったのは，乾燥とたびたび起きる霧の組み合わせのおかげではないかという考えだ．硝石取引の成長の歴史については，Blakemore (1974)，Farcau (2000)，特にChilton (1968)，Duffield (1877)，Haynes (1954)，James (1933)，Leigh (2004b)，Lubbock (1966)，Mathew (1981)，McCreery (2000)，O'Brien (1982)，Wisniak & Garces (2001) など．実際にイキケを訪れたことも，この町の人々と歴史を理解するうえでとても役に立った．Farcau (2000) は太平洋の戦いの歴史を描いたものだ．ここであげた文献には，補足的な情報も含まれている．これらに加え，Burgess & Harbison (1954)，Clayton (1999)，Klein (2003)，Sater (1973) も参照．私は硝石戦争でペルー側に加わった，アメリカ人の冒険家でありエンターテインナーであるポール・ボイトンに大いに興味を持った．彼はペルーでの英雄的行為に加え，イギリス海峡からミシシッピ川まで，ふくらませることのできるゴムのウェアと帆をつけて，とても不可能と思われた距離を泳ぎきったことで衆人の注目を集めた．ボイトンはのちに遊園地を開いたが，それがコニーアイランドの前身である．彼についての本としては，Lyon (1960)，Sobol (1975) がある．

第5章

太平洋戦争後のチリ硝石産業の成長については，Farcau (2000)，Leigh (2004b)，McCreery (2000)，O'Brien (1996)，Smil (2001)，Wisniak & Garces (2001) でとりあげられている．当時の情報，特に「硝石王」ジョン・トーマス・ノースについては，Blakemore (1974)，O'Brien (1982)，Monteon (1975) に詳しい．Bown (2005) には高性能爆薬開発に関しての概要が書かれている．Allen (1978)，Lubbock (1966) では，硝石船 (nitrate clipper) について解説

されている．フィチャのシステムとイキケの虐殺についての情報は，同地の博物館，Barrios（1998），Collier & Sater（2004），Deves（1997）から得た．

第6章

ハーバーの生涯についての詳細は，Charles（2005），Goran（1967），Stoltzenberg（2004）などに依った．ハーバーの友人であるリチャード・ヴィルシュテッターの回顧録にも，多くの情報がある．ハーバーの若いころの生活と化学研究について書かれた文献としては，Hoffmann（1995），Perutz（1998），Smil（2001）がある．ヴィルヘルム二世統治下のドイツにおけるユダヤ人としての経験は，Elon（2002），Stern（1999）に詳しく書かれている．Appl（1982），Haber（1971），Leigh（2004），A. S. Travis（1998），T. Travis（1993）には，化学界の様子，ネルンストとの論争，合成アンモニア製造に向けての進歩に関する補足的な情報が含まれている．Barkan（1999）はネルンストの伝記を書いている．

第7章

ヴィルヘルム・オストワルトについての情報はJohnson（1990），Smil（2001），ハーバーの伝記などに依った．BASFの歴史と初期の窒素研究については，Abelshauser，Hippel，Johnson & Stokes（2004）などの文献がある．ブルンクの仕事を含め，追加的な情報はBASF（2005），BASFA，BM，Borkin（1978），Haber（1971），Hayes（1987），Saftien（1958），Stern（1999）に見られる．

第8章

本章の大半はハーバーの伝記や最初にあげた資料に基づいている．Holdermann（1954）はボッシュがこの分野に入ってきた事情，オストワルトとの対立などを解説し，彼が若いころの情報も記している．BMの資料も頼りになった．他の伝記的資料はこのセクションの最初にあげた文献に見られる．ボッシュがBASFに入った一年目のことと，ハーバー-ボッシュ法の初期の研究は，基本的な伝記とBASFAの資料，Hayes（1987），Mittasch（1932），Nagel（1958），A. S. Travis（1998），T. Travis（1993）などに基づく．Charles（2005），Smil（2001），Stoltzenberg（2004）の解説も大いに役立った．

第 9 章

標準的なハーバーとボッシュの資料以外のものとしてあげらるのは，Abelshauser，Hippel，Johnson & Stokes（2004）がある．ほかにBASFAの資料，Bosch（1932），Ernst（1928），Furter（1982），Nagel（1958），Perutz（1998），Stern（1999），Stranges（1984），Chorkendorff & Niemantsverdriet（2003），Ertl，Knözinger，Weitkamp（1999），Hughes（1969）があげられる．Leigh（2004a & b），Mittasch（1951），A. S. Travis（1998）では，触媒研究の補足的な情報が得られる．

第10章

ハーバーの実験の規模を大きくすることについては，ほぼボッシュ自身の説明に基づいている（Bosch，1932）．さらにAppl（1982）の伝記，彼とハーバーの名の下にBASFAに保管されている資料，BMの資料，Furter（1982），Haber（1971），Holdermann（1954），Leigh（2004a & b），Martin & Barbour（1915），Smil（2001），T. Travis（1993）などの文献からも情報を得た．その直後のハーバーの研究については，Stoltzenberg（2004）をはじめとするハーバーの伝記に基づく．

第11章

ヘキストの訴訟について最も詳しく説明されているのはStoltzenberg（2004）である．Charles（2005），Johnson（1990）の資料も使用した．ハーバーがKWIに移ったことについての情報は，伝記資料およびFuches & Hoffman（2004），Haber（1986），Willstätter（1965）などを参照した．BASF（2005）にはオッパウ工場の買収がとりあげられている．オッパウ工場建設の詳細については，Abelshauser，Hippel，Johnson & Stokes（2004）を参照．その他Bosch（1932），Furter（1982），Haber（1971），Leigh（2004b），Nagel（1958），Smil（2001），T. Travis（1993）がある．ダーレムでのアインシュタインとの逸話や彼とハーバーの関わりについては，ハーバーの伝記の他，Elon（2002），Isaacson（2007），Stern（1999）を参照した．

第12章

第一次世界大戦中，爆薬の原材料としての硝酸の重要性と，それを提供する競争，BASFがいかに支配的な立場を維持していたか（ロイナ工場建設を含め）については，Abelshauser，Hippel，Johnson & Stokes（2004）を参照．その他，

Chilton (1968), Ernst (1928), Haber (1971), ハーバーの伝記, Leigh (2004a & b), Meinzer (1998), Szollosi-Janze (2000), T. Travis (1993) を参照. また, Waeser (1926), BASF (2005), Johnson (1990), Smil (2001) には補足的な解説がある. シュペー提督が率いた海戦については, Bown (2005), Haynes (1945) で説明されている. シュペー自身の手による報告は http://net.lib.byu.edu/~rdh7/wwi/1914/spee.html で読むことができる. フランス軍のオッパウ工場空爆の詳細に関わる情報は, BASFA に保管してある当時の報告書から集めた. 他に Abelshauser, Hippel, Johnson & Stokes (2004) も参照. (イギリス軍も戦争末期に, オッパウ工場を爆撃しようとした.)

第13章

ヴィルヘルム二世の人物描写については, Roehl (1967, 1994), Stern (1999) に基づく. ヴィルヘルム二世統治下のドイツについての説明は, Elon (2002), Freese (1947), Leigh (2004b), Macmillan (2002), Stern (2006) より. ハーバーの第一次世界大戦中の業績については, 彼の伝記をはじめ Perutz (1998), Willstätter (1965) に説明されている. 毒ガスについては Bown (2005), Haber (1986), Johnson (1996), Lehrer (2000), Trumpener (1975) による. クララ・イマーヴァールの自殺については, 一般的な道筋として, ハーバーの伝記に従い, 補足的に Perutz (1998), Stern (1999) の著述を参考にした. 皮肉なことにイマーヴァールという名は翻訳すると「エバー・トゥルー (永遠の真実)」となる.

第14章

戦中戦後の BASF についての情報の出典は主に Abelshauser, Hippel, Johnson & Stokes (2004) である. 他に Freese (1947), Haber (1971), Macmillan (2002), Waeser (1926) を参照. フランス占領についての情報は BASFA のファイル, Borkin (1978), Meinzer (1998) による. ベルサイユでのボッシュの活動については, Holdermann (1954), Nagel (1958) を参照. オッパウ工場の操業の様子をさぐろうとしたイギリスの滑稽な試みについては, T. Travis, Van Rooij (2005), 特に Reader (1970) に詳しい.

第15章

ハーバーの再婚とスイスへの亡命については, Charles (2005), Goran (1967) を参照. Stern (1999) ではシャルロッテ・ナタンの回想録は「まったく信頼で

きない」としているので，それは除外した．ハーバーのノーベル賞受賞式でのスピーチは，http://nobelprize.org/nobel_prizes/chemistry/laureates/1918/haber-lecture.html で読むことができる．その他，ノーベル賞についてはBown（2005），ハーバーの伝記を参考にした．ハーバーの金捜索についても，各種伝記，Hoffmann（1995），Willstätter（1965）を参照した．

第16章

オッパウ工場とロイナ工場での研究開発，オッパウ工場の爆発についての情報は，主にAbelshauser，Hippel，Johnson & Stokes（2004）に依った．同書にはロイナ工場における労働者の立てこもりについての記述もある．オッパウ爆発に関する補足的情報は，ボッシュの追悼演説（Bosch，1921），Hayes（1987），Smil（2001）を含むBASFAの資料を参考にした．ボッシュと労働者との関係についてのさらなる情報は，Haber（1971），Lochner（1954）を参照．ボッシュの神経衰弱については，Holdermann（1954）を参照．

第17章

Borkin（1978），Lochner（1954），Meinzer（1998），Lefebure（1923），Van Rooij（2005）には，フランス軍による二回めのライン川沿いのBASF工場占拠についての記述が見られる．KとAという産業スパイについての話は，Reader（1970），T. Travis（1993）に示されている．第一次世界大戦後のハーバー - ボッシュ技術の成長と普及については，Glaser-Schmidt（1994），Hayes（1987），Leigh（2004a & b），Smil（2001），Waeser（1926）などに詳しい．合成ガソリンの開発に向かういきさつについての概要は，Hayes（2001），Hughes（1969），Abelshauser，Hippel，Johnson & Stokes（2004），Borkin（1978），Stranges（1984）に見られる．Abelshauser（2004）およびHayes（2001）にはＩＧファルベン形成の概略も記載されている．ボッシュのハイデルベルクでのライフスタイルについては，彼の屋敷と（前の運転手の家につくられた)BMを取材した経験と，BASFA，Holdermann（1954），Mittasch（1932）の資料に依る．

第18章

ハーバーについての記述は，彼の伝記およびJohnson（1990），Perutz（1998），Stern（1999），Stranges（1984）に基づく．マイトナーの言葉の出典はSime（1996）を参照．ロイナ工場についてのジャーナリストの見解はCrippen（1944）に基づく．1920年代のBASFの経営状況の変化については，Abelshauser，

Hippel, Johnson & Stokes (2004), Hayes (2001), Glaser-Schmidt (1994) に記述あり．合成ガソリン生産プロジェクトをめぐる事情については，Borkin (1978), Freese (1947), Haber (1971), Hughes (1969), Larson, Knowlton & Popple (1971), Reader (1970) を参考にした．第二次世界大戦前のスタンダードオイル，フォード，ＩＧファルベンの関係については，いまだ明らかになっていない部分がある．

第19章

合成燃料プロジェクトについて参考にした資料は，前章のものとほぼ同じである．ボッシュの政治的見解については，Hughes (1969) で説明されている．また Hayes (1987), Lochner (1954), Meinger (1998) にもとりあげられている．全般的な政治状況と，BASF の経営状況については Abelshauser, Hippel, Johnson & Stokes (2004), Hayes (2001) を参照した．ハーバーの伝記には，大恐慌初期の彼の活動について概略が述べられている．ヒトラーの台頭についての見解は，Elon (2002), Stern (1999) を参考にした．

第20章

ヒトラーの反ユダヤ人法に対するハーバーの反応は，ハーバーの伝記に記されている．それ以外の情報は，Sime (1996), Beyerchen (1977), Lehrer (2000), Stern (1999) などから採用した．Hentschel (1996) には，当時の貴重な資料が掲載されている．ナチス支配が始まったころのボッシュと BASF の活動については，Abelshauser, Hippel, Johnson & Stokes (2004), Borkin (1978), Freese (1947), Hallgarten (1952), Hayes (1987, 2001), Holdermann (1954), Hughes (1969), Lochner (1954), Smil (2001) を参考にした．

第21章

ハーバーの追悼式については彼の各種伝記に記されている．他に参照した文献は Beyerchen (1977), Heilbron (1986), Holdermann (1954) があげられる．ボッシュの BASF での最後の数年間については，Holdermann (1954) のほか，BM, BASFA, Beyerchen (1977), Borkin (1978), Hayes (2001, 2003), Hughes (1969), Lochner (1954) による．第二次世界大戦におけるロイナの戦いについては，Grant (2007), McArthur (1990), D. L. Miller (2006), および米空軍の報告書 (1987) を参考にした．

第22章

Smil（2001）には，ハーバー - ボッシュ技術の最近の使用状況と影響に関する概略と，その業界の成長および環境への影響について述べられている．中国における合成肥料の政治的，経済的重要性についての情報はBecker（1996），Charles（2005）による．固定窒素の使用動向については，Sahota（1968）を参照．しだいに大きくなる窒素汚染の問題についての情報は，Fisher & Fisher（2001），Follett & Hatfield（2001），Leigh（2004b）を参考にした．

エピローグ

一九三六年のアメリカ農家で使用された固定窒素の約三分の一は，ハーバー - ボッシュ法アンモニア生産工場でつくられたものだった．一九六〇年代にはそれが九〇パーセントになっていた．世界最大のハーバー - ボッシュ法工場はロシアのもので，毎日二五〇万トンのアンモニアを生産している．これに比べると，アメリカ最大の工場（ルイジアナ州ドナルドソンヴィル）の一五五万トンの生産量ははるかに見劣りがする．現代社会へのこの技術の影響については，Charles（2005），Fisher & Fisher（2001），Hoffmann（1995），Leigh（2004），Sahota（1968），Smil（2001）に情報がある．

参考文献

Abelshauser, Werner, Wolfgang von Hippel, Jeffrey Allan Johnson, and Raymond G. Stokes. 2004. *German industry and global enterprise: BASF: The history of a company*. Cambridge, England: Cambridge University Press.

Aftalion, Fred. 1991. *A history of the international chemical industry*. Philadelphia: University of Pennsylvania Press.〔『国際化学産業史』柳田博明監訳，日経サイエンス社，1993〕

Allen, Oliver E. 1978. *The windjammers*. Alexandria, VA: Time-Life Books.

Almqvist, Ebbe. 2003. *History of industrial gases*. New York: Kluwer Academic.

Appl, Max. 1982. The Haber-Bosch process and the development of chemical engineering. In *A century of chemical engineering*, ed. William F. Furter, 29-53. New York: Plenum Press.

Balfour-Paul, Jenny. 2000. *Indigo*. Chicago: Fitzroy-Dearborn.

Barkan, Diana Kormos. 1999. *Walther Nernst and the transition to modern physical science*. Cambridge, England: Cambridge University Press.

Barrios, Pablo Artaza, *et al.* 1998. *A 90 años de los sucesos de la escuela Santa Maria de Iquique*. Santiago, Chile: LOM Ediciones.

BASF Aktiengesellschaft Community Relations. 2005. *Historical milestones 1865-2005*. Ludwigshafen, Germany: BASF.

Becker, Jasper. 1996. *Hungry ghosts: Mao's secret famine*. New York: Free Press.

Beyerchen, Alan D. 1977. *Scientists under Hitler*. New Haven, CT: Yale University Press.〔『ヒトラー政権と科学者たち』常石敬一訳，岩波現代選書，1980〕

Blakemore, Harold. 1974. *British nitrates and Chilean politics: 1886-1896*. London: Athlone Press.

Blottnitz, H. von, A. Rabl, D. Boiadjiev, T. Taylor, *et al.* 2006. Damage costs of nitrogen fertilizer in Europe and their internalization. *Journal of Environmental Planning and Management* 49: 413-33.

Borkin, Joseph. 1978. *The crime and punishment of I. G. Farben*. New York: Free Press.〔『巨悪の同盟——ヒトラーとドイツ　巨大企業の罪と罰』佐藤正弥訳，原書房，2011〕

Bosch, Carl. 1921. Oppau memorial speech. *Werkzeitung der Badischen Anilin-&Soda-Fabrik Ludwigshafen* 10 (October): 139–40.

—— 1932. The development of the chemical high pressure method during the establishment of the new ammonia industry［ノーベル賞受賞講演］.

—— 1936. Why chemical industry is international. *Chemical and Metallurgical Engineering* 43: 250.

Bown, Stephen R. 2005. *A most damnable invention*. New York: St. Martin's Press.

Burgess, Eugene W., and Frederick H. Harbison. 1954. *Casa Grace in Peru*. Washington, DC: National Planning Association.

Carpenter, F. B. 1909. The fixation of nitrogen. *Journal of Industrial and Engineering Chemistry* 1: 4–5.

Cerruti, F. E. 1864. *Peru and Spain*. London: Williams and Norgate.

—— 2005. *England's Leonardo*. Bristol, England: Institute of Physics Publishing.

Chapman, Allen. 1996. England's Leonardo: Robert Hooke (1635–1703) and the art of experiment in Restoration England. *Proceedings of the Royal Institution of Great Britain* 67: 239–75.

—— 2003. Restoration man. *Oxford Today* 15: 1–4.

Charles, Daniel. 2002. The tragedy of Fritz Haber. NPR transcript, July. www.npr.org/programs/morning/features/2002/jul/fritzhaber/

—— 2005. *Master mind: The rise and fall of Fritz Haber*. New York: HarperCollins.

Chilton, Thomas H. 1968. *Strong water*. Cambridge, MA: MIT Press.

Chorkendorff, I., and J. W. Niemantsverdriet. 2003. *Concepts of modern catalysis and kinetics*. Weinheim, Germany: Wiley-VCH.

Clayton, Lawrence A. 1999. *Peru and the United States: The condor and the eagle*. Athens, GA: University of Georgia Press.

Collier, Simon, and William F. Sater. 2004. *A history of Chile: 1808–2002*. Cambridge, England: Cambridge University Press.

Cornwell, John. 2003. *Hitler's scientists: Science, war, and the devil's pact*. New York: Viking.

Crippen, Harlan. 1944. *Germany: A self-portrait: A collection of German writings from 1914 to 1943*. Oxford: Oxford University Press. ("A Laborer in Leuna," *Berliner Tageblatt*, December 4, 1927, pp. 229–231 も収録されている）

Crookes, William. 1898. Address of the president before the British Association for the Advancement of Science, Bristol. *Science* n.s. 8: 561–612.

—— 1900. *The wheat problem*. London: G. P. Putnam's Sons.

Crowell, Benedict, and Robert Forrest Wilson. 1921. *The armies of industry, vol. 1, Our nation's manufacture of munitions for a world in arms, 1917–1918*. New Ha-

ven, CT: Yale University Press.

Crowther, Samuel. 1933. *America self-contained.* New York: Doubleday, Doran and Co.

Dahl, Per F. 1999. *Heavy water and the wartime race for nuclear energy.* Bristol, England, and Philadelphia: Institute of Physics Publishing.

D'Albe, Fournier. 1924. *The life of Sir William Crookes.* New York: D. Appleton and Co.

Darrow, Floyd L. 1930. *The story of chemistry.* New York: Blue Ribbon Books.

Darwin, Charles. 1987. *Diary of the Voyage of HMS Beagle,* vol. 1. New York: New York University Press,

Davis, William Columbus. 1950. *The last conquistadores.* Athens: University of Georgia Press.

De Shazo, Peter. 1979. The Valparaiso maritime strike of 1903 and the development of the revolutionary labor movement in Chile. *Journal of Latin American Studies* 11:145–68.

Debus, Allen G. 1964. The Paracelsian aerial niter. *Isis* 55: 43–61.

Deichmann, Ute. 2006. The kaiser's chemist. *Times Literary Supplement.* June 16.

Deves, Eduardo. 1997. *Los que van a morir te saluden.* 3rd ed. Santiago, Chile: LOM Ediciones.

DuBois, Josiah E., Jr. 1953. *Generals in grey suits.* London: Bodley Head.

Duffield, A. J. 1877. *Peru in the guano age.* London: Richard Bentley and Son.

—— 1881. *The prospects of Peru.* London: Newman and Co.

Elon, Amos. 2002. *The pity of it all.* New York: Metropolitan Books.

Elzen, Michel G. J. den, *et al.* 1997. The biogeochemical submodel: Cycles. In *Perspectives on global change: The TARGETS approach,* ed. Jan Rotmans and Bert de Vries, 161–88. Cambridge, England: Cambridge University Press.

Ernst, Frank A. 1928. *Fixation of atmospheric nitrogen.* New York: D. Van Nostrand Co.

Ertl, Gerhard, Helmut Knozinger, and Jens Weitkamp, eds. 1999. *Preparation of solid catalysts.* Weinheim, Germany: Wiley-VCH.

Farcau, Bruce W. 2000. *The ten cents war.* Westport, CT: Praeger.

Fischer, Conan. 2002. *The Ruhr crisis, 1923–1924.* Oxford, England: Oxford University Press.

Fisher, David E., and Marshall Jon Fisher. 2001. *The nitrogen bomb.* Discover 22: 53–54.

Follett, R. F., and J. L. Hatfield. 2001. *Nitrogen in the environment: Sources, problems, and management.* Amsterdam: Elsevier.

Freese, Barbara. 1947. *IG Farben*. New York: Boni and Gaer.

—— 2003. *Coal: A human history*. New York: Penguin.

Fuchs, Eckhardt, and Dieter Hoffmann. 2004. Philanthropy and science in Wilhelmine Germany. In *Philanthropy, patronage, and civil society,* ed. Adam Thomas, 103–119. Bloomington: Indiana University Press.

Furter, William F. 1982. *A century of chemical engineering*. New York: Plenum Press.

Galloway, J. N., F. J. Dentener, D. G. Capone, E. W. Boyer *et al.* 2004. Nitrogen cycles: Past, present, and future. *Biogeochemistry* 70: 153–226.

Gibbs, Antony and Sons. 1958. *Merchants and bankers*. London: Antony Gibbs and Sons Ltd.

Glaser-Schmidt, Elisabeth. 1994. Foreign trade strategies of I. G. Farben after World War I. *Business and Economic History* 23: 201–11.

Gootenberg, Paul. 1993. *Imagining development*. Berkeley: University of California Press.

Goran, Morris. 1947. The present-day significance of Fritz Haber. *American Scientist* 35: 400–3.

—— 1967. *The story of Fritz Haber*. Norman: University of Oklahoma Press.

Grant, Rebecca. 2007. Twenty missions in hell. *Air Force Magazine* (April): 74–78.

Guerlac, Henry. 1954. The poets' nitre. *Isis* 45: 243–55.

Haber, Fritz. 1914. Modern chemical industry. *Journal of Industrial and Engineering Chemistry* 6: 325–31.

—— 1920 The synthesis of ammonia from its elements. [ノーベル化学賞受賞講演]. 326–40.

Haber, L. F. 1971. *The chemical industry 1900–1930*. Oxford, England: Clarendon Press.〔『世界巨大化学企業形成史』佐藤正弥，北村美都穂訳，鈴木治雄監修，日本評論社，1984〕

—— 1986. *The poisonous cloud: Chemical warfare in the First World War*. Oxford, England: Clarendon Press.〔『魔性の煙霧——第一次世界大戦の毒ガス攻防戦史』佐藤正弥訳，原書房，2001〕

Hallgarten, George W. F. 1952. Adolf Hitler and German heavy industry, 1931–33. *Journal of Economic History* 12: 222–46.

Harper's Weekly. 1865. Spain and Chili. December 9, pp. 780–81.

Hayes, Peter. 1987. Carl Bosch and Carl Krauch: Chemistry and the political economy of Germany, 1925–1945. *Journal of Economic History* 47: 353–63.

—— 2001. *Industry and ideology: IG Farben in the Nazi era*. Cambridge, England: Cambridge University Press.

—— 2003. Profits and persecution: German big business and the Holocaust. J. B. and Maurice C. Shapiro Annual Lecture, February 17, 1998, United States Holocaust Museum Center for Advanced Holocaust Studies. Washington, DC: United States Holocaust Museum.

Haynes, Williams. 1945. *American chemical industry, the World War I periods: 1912-1922,* vol. 2. New York: D. Van Nostrand Co.

—— 1954. *American Chemical Industry, The World War I Periods: 1912-1922,* vol. 1. New York. D. Van Nostrand Co.

Heilbron, J. L. 1986. *The dilemma of an upright man: Max Planck as spokesman for German science*. Berkeley: University of California Press.

Heiserman, David L. 1992. *Exploring chemical elements and their compounds*. Blue Ridge Summit, PA: TAB Books.〔『元素の世界のツアリングガイド』山崎昶訳, マグロウヒル出版, 1993〕

Hempel, Edward H. 1939. *The economics of chemical industries*. New York: John Wiley and Sons.

Hentschel, Klaus, ed. 1996. *Physics and national socialism: An anthology of primary sources*. Basel, Switzerland: Birkhaeuser Verlag.

Herschback, Dudley. 1998. Teaching chemistry as a liberal art. *Harvard University Gazette*. www.hno.harvard.edu/gazette/1998/05.21/TeachingChemist.html.

Hoffmann, Roald. 1995. *The same and not the same*. New York: Columbia University Press.

Hoffmann, Roald, and Pierre Laszlo. 2001. Coping with Fritz Haber's somber literary shadow. *Angewandte Chemie International Edition* 40: 4599-604.

Holdermann, Karl. 1954. *Im Banne der Chemie: Carl Bosch, Leben und Werk*. Dusseldorf: Econ-Verlag.〔『カール・ボッシュ——その生涯と業績』和田野基訳, 文陽社, 1964〕

Hounshell, David A. 1988. *Science and corporate strategy: Du Pont R&D, 1902-1980*. Cambridge, England: Cambridge University Press.

Houston, Edwin J. 1894. *Electricity, one hundred years ago and today*. New York: W. J. Johnston.

Howard, Frank A. 1947. *Buna rubber: The birth of an industry*. New York: D. Van Nostrand Co.

Hughes, Thomas Parke. 1969. Technological momentum in history: Hydrogenation in Germany 1898-1933, *Past and Present* 44: 106-32.

Irick, Robert L. 1982. Ch'ing policy toward the coolie trade, 1847-1878. China: Chinese Materials Center.

Isaacson, Walter. 2007. *Einstein: His life and universe*. New York: Simon & Schus-

ter.

Jago, Lucy. 2001. *The northern lights*. New York: Alfred A. Knopf.

James, Marquis. 1993. *Merchant adventurer: The story of W. R. Grace*. Washington, DC: SR Books.

Jenkinson, D. S. 2001. The impact of humans on the nitrogen cycle, with focus on temperate arable agriculture. *Plant and Soil* 228: 3-5.

Johnson, Jeffrey Allan. 1990. *The kaiser's chemists*. Chapel Hill: University of North Carolina Press.

—— 1996. The scientist behind poison gas: The tragedy of the Habers. *Humanities* (November/December): 25-29.

—— 2004. The power of synthesis (1900-1925). In *German industry and global enterprise: BASF: The history of a company,* ed. Werner Abelhauser, 115-205.

Johnson, Jeffrey Allan, and Roy MacLeod. 2007. The war the victors lost: The dilemmas of chemical disarmament, 1919-1926. In *Frontline and factory: Comparative perspectives on the chemical industry at war, 1914-1924,* ed. Roy MacLeod and Jeffrey Allan Johnson, 221-45. Archimedes series, vol. 16. Dordrecht, NL: Springer.

Journal of Agriculture and Food Chemistry. 1959. Personal profile: Frank S. Washburn. 7: 219.

Kelly, Jack. 2004. *Gunpowder*. New York: Basic Books.

Kiefer, David M. 2001. Capturing nitrogen out of the air. *Today's Chemist* 10 (February):117-22.

Klein, Herbert S. 2003. *A concise history of Bolivia*. Cambridge, England: Cambridge University Press.

Klemm, Friedrich. 1959. *A history of Western technology*. New York: Charles Scribner's Sons.

Koester, Frank. 1913. *Electricity for the farm and home*. New York: Sturgis & Walton.

Kolber, Zbigniew. 2006. Getting a better picture of the ocean's nitrogen budget. *Science* 312: 1479-80.

Ladha, J. K., and P. M. Reddy. 2003. Nitrogen fixation in rice systems: State of knowledge and future prospects. *Plant and Soil* 252: 151-67.

Larson, Henrietta M., Evelyn H. Knowlton, and Charles S. Popple. 1971. *New horizons 1927-1950: History of Standard Oil Company (New Jersey)*. New York: Harper & Row.

Lefebure, Victor. 1923. *The riddle of the Rhine*. New York: E. P. Dutton.

Lehrer, Steven. 2000. *Wannsee House and the Holocaust*. Jefferson, NC: McFarland & Co.

Leigh, G. J. 2004a. Haber-Bosch and other industrial processes. In *Catalysts for nitrogen fixation,* ed. Barry E. Smith, R. L. Richards, and W. E. Newton, 33–54. Dordrecht, Germany: Kluwer Academic.

—— 2004b. *The world's greatest fix.* Oxford, England: Oxford University Press.

Lesch, John E., ed. 2000. The *German chemical industry in the twentieth century.* Dordrecht, Germany: Kluwer Academic.

Lochner, Louis P. 1954. *Tycoons and tyrant: German industry from Hitler to Adenauer.* Chicago: Henry Regnery Co.

Lubbock, Basil. 1955. *Coolie ships and oil sailers.* Glasgow, Scotland: Brown, Son & Ferguson.

—— 1966. *The nitrate clippers.* Glasgow, Scotland: Brown, Son & Ferguson.

Lyon, Peter. 1960. The fearless frogman. *American Heritage Magazine* 11. www.americanheritage.com/articles/magazine/ah/1960/3/ 1960_3_36.shtml.

MacMillan, Margaret Olwen. 2002. *Paris 1919: Six months that changed the world.* New York: Random House.

Markham, Clements R. 1862. *Travels in Peru and India.* London: John Murray.

Markl, Hubert. 2003. Jewish intellectual life and German scientific culture during the Weimar period: The case of the Kaiser Wilhelm Society. *European Review* 11: 49–55.

Martin, Geoffrey, and William Barbour. 1915. *Industrial nitrogen compounds and explosives.* New York: D. Appleton and Co.

Martin, Thomas Commerford. 1902. "Fixing nitrogen" from the atmosphere. *American Monthly Review of Reviews* 26: 338–42.

Massell, David. 2000. *Amassing power: J. B. Duke and the Saguenay River, 1897–1927.* Montreal, Quebec, Canada: McGill-Queen's University Press.

Masterson, Daniel M. 2004. *The Japanese in Latin America.* Urbana: University of Illinois Press.

Mathew, W. M. 1981. *The house of Gibbs and the Peruvian guano monopoly.* London: Royal Historical Society.

Matthews, Robert. 2000. *The Dr. Faust of science.* Focus (June): 114–18.

Maxwell, Gary R. 2004. *Synthetic nitrogen products: A practical guide to the products and processes.* New York: Kluwer Academic.

McArthur, Charles W. 1990. *Operations analysis in the U.S. Army Eighth Air Forc in World War II.* Providence, RI: American Mathematical Society.

McConnell, Robert E. 1919. The production of nitrogenous compounds synthetically in the United States and Germany. *Journal of Industrial and Engineering Chemistry* 11: 837–41.

McCreery, David J. 2000. *The sweat of their brow: A history of work in Latin America.* New York: M. E. Sharpe.

Meinzer, Lothar. 1998. Productive collateral or economic sense? BASF under French occupation, 1919-1923. In *Determinants in the evolution of the European chemical industry, 1900-1939,* ed. Anthony S. Travis, Harm G. Schroter, Ernst Hamburg, and Peter J. T. Morris, 51-63. Dordrecht, Germany: Kluwer Academic.

Merewether, F. H. S. 1898. *A tour through the famine districts of India.* Philadelphia: J. B. Lippincott.

Mernitz, Kenneth S. 1990. *Firms in conflict: Liquid fuel producers in the U.S. and Germany, 1910-1933.* Business and Economic History 19: 143-52.

Miller, Dayton Clarence. 1939. *Sparks, lightning, cosmic rays.* New York: Macmillan.〔『火花・稲妻・宇宙線——電氣學の今昔』加藤正譯編，三省堂，1943〕

Miller, Donald L. 2006. *Masters of the air.* New York: Simon & Schuster.

Mittasch, Alwin. 1932. The award of the Nobel Prize in chemistry to Dr. Carl Bosch and Dr. Friedrich Bergius. *The Scientific Monthly* 34: 278-83.

—— 1951. *Geschichte der Ammoniaksynthese.* Weinheim, Germany: Verlag Chemie.

Monteon, Michael. 1975. The British in the Atacama Desert. *Journal of Economic History.* 35: 117-33.

—— 1979. The enganche in the Chilean nitrate sector, 1880-1930, *Latin American Perspectives* 6: 66-79.

Mueller-Hill, Benno. 1988. *Murderous science.* Oxford, England: Oxford University Press.

Myers, Norman, and Jennifer Kent, eds. 2005. *The new atlas of planet management.* Berkeley: University of California Press.〔『65億人の地球（ガイア）環境——図鑑』竹田悦子，藤本知代子，桑平幸子訳，産調出版，2006〕

Nagel, Alfred von. 1958. Carl Bosch. In *Ludwigshafener Chemiker,* vol. 1, ed. Kurt Oberdorffer, 109-36. Duesseldorf, Germany: Econ-Verlag.

Nosengo, Micola. 2003. Fertilized to death. *Nature* 425: 894-95.

O'Brien, Thomas F. 1982. *The nitrate industry and Chile's crucial transition: 1870-1891.* New York: New York University Press.

—— 1989. "Rich beyond the dreams of avarice": The Guggenheims in Chile. *Business History Review* 63: 122-59.

—— 1996. *The revolutionary mission: American enterprise in Latin America, 1900-1945.* Cambridge, England: Cambridge University Press.

Partington, J. R. 1960. *A history of Greek fire and gunpowder.* Cambridge, England: W. Heffer & Sons.

Peck, George. 1854. *Melbourne and the Chincha Islands; with sketches of Lima, and*

a voyage round the world. New York: Charles Scribner.

Perutz, Max. 1998. *I wish I'd made you angry earlier*. Cold Spring Harbor, NY: Cold Spring Harbor Laboratory Press.

Principe, Lawrence M. 1995. Newly discovered Boyle documents in the Royal Society archive: Alchemical tracts and his student notebook. *Notes and Records of the Royal Society of London*. 49: 57–70.

Reader, W. J. 1970. *Imperial Chemical Industries: A history*. London: Oxford University Press.

Reimann, Guenter. 1942. How Farben swindled Standard Oil. *New Republic* (April 13): 483–86.

Roehl, John C. G. 1967. *Germany without Bismarck*. Berkeley: University of California Press.

—— 1994. *The kaiser and his court: Wilhelm II and the government of Germany*. Cambridge, England: Cambridge University Press.

Rotmans, Jan, and Bert de Vries, eds. 1997. *Perpectives on global change: The TARGETS approach*. Cambridge, England: Cambridge University Press.

Saftien, Karl. 1958. Heinrich von Brunck. In *Ludwigshafener Chemiker* vol. 1, ed. Kurt Oberdorffer, 11–30. Duesseldorf, Germany: Econ-Verlag.

Sahota, Gian S. 1968. *Fertilizer in economic development*. New York: Praeger.

Sater, William F. 1973. Chile during the first months of the War of the Pacific. *Journal of Latin American Studies* 5: 133–58.

Schmidhuber, Jürgen. (n.d.). Haber & Bosch. www.idsia.ch/~juergen/haberbosch.html

Schneider, Otto. 1909. The oxidation of atmospheric nitrogen. *Journal of Industrial and Engineering Chemistry* 120–21.

Schwendinger, Robert J. 1988. *Ocean of bitter dreams*. Tucson, AZ: Westernlore Press.

Sime, Ruth Lewin. 1996. *Lise Meitner: A life in physics*. Berkeley: University of California Press.〔『リーゼ・マイトナー——嵐の時代を生き抜いた女性科学者：1878-1968』鈴木淑美訳，米沢富美子監修，シュプリンガー・フェアラーク東京，2004〕

Skaggs, Jimmy M. 1994. *The great guano rush*. New York: St. Martin's Press.

Smil, Vaclav. 1999. China's great famine: 40 years later. *British Medical Journal* 319: 1619–21.

—— 2001. *Enriching the earth: Fritz Haber, Carl Bosch, and the transformation of world food production*. Cambridge, MA: MIT Press.

Smith, Barry E., Raymond L. Richards, and William E. Newton, eds. 2004. *Catalysts for nitrogen fixation*. Dordrecht: Kluwer Academic.

Smith, George David. 1988. *From monopoly to competition: The transformation of Alcoa, 1888–1986*. Cambridge, England: Cambridge University Press.

Sobol, Donald J. 1975. *True sea adventures*. Nashville, TN: Thomas Nelson.

Sondhaus, Lawrence. 2004. *Navies in modern world history*. London: Reaktion Books.

Spicka, Mark E. 1999. The devil's chemists on trial: The American prosecution of I. G. Farben at Nuremberg. *The Historian* 865–82.

Stansfield, Alfred. 1914. *The electric furnace: Its construction, operation, and uses*. New York: McGraw-Hill.

Stern, Fritz. 1999. *Einstein's German world*. Princeton, NJ: Princeton University Press.

—— 2006. *Five Germanys I have known*. New York: Farrar, Straus and Giroux.

Stewart, Watt. 1951. *Chinese Bondage in Peru*. Durham, NC: Duke University Press.

—— 1968. *Henry Meiggs, Yankee Pizarro*. New York: AMS Press.

Stocking, George W., and Myron W. Watkins. 1948. *Cartels or competition?* New York: Twentieth Century Fund.

Stokes, Raymond G. 1985. The oil industry in Nazi Germany, 1936–1945. *Business History Review* 59: 254–77.

—— 2004. From the IG Farben fusion to the establishment of BASF AG (1925–1952). In *German industry and global enterprise: BASF: The history of a company*, ed. Werner Abelshauser, Wolfgang von Hippel, Jeffrey Allan Johnson, and Raymond G. Stokes, 206–361. Cambridge, England: Cambridge University Press.

Stoltzenberg, Dietrich. 2004. *Fritz Haber: Chemist, Nobel laureate, German, Jew*. Philadelphia: Chemical Heritage Press.

Stranges, Anthony N. 1984. Friedrich Bergius and the rise of the German synthetic fuel industry. *Isis* 75: 643–67.

Strathern, Paul. 2001. *Mendeleyev's dream: A quest for the elements*. New York: St. Martin's Press.

Szollosi-Janze, Margit. 2000. Losing the war, but gaining ground: The German chemical industry during World War I. In *The German Chemical Industry in the Twentieth Century*, John E. Lesch, ed., 91–121. Dordrecht, Germany: Kluwer Academic.

Tonitto, C., M. B. David, and L. E. Drinkwater. 2006. Replacing bare fallows with cover crops in fertilizer-intensive cropping systems: A meta-analysis of crop yields and N dynamics. *Agriculture Ecosystems & Environment* 112: 58–72.

Travis, Anthony S., Harm G. Schroter, Ernst Homburg, and Peter J. T. Morris, eds. 1998. *Determinants in the evolution of the European chemical industry, 1900–1939*. Dordrecht, Germany: Kluwer Academic.

Travis, Anthony S. 1998. High pressure industrial chemistry: The first steps, 1909–

1913, and the impact. In *Determinants in the evolution of the European chemical industry, 1900–1939,* eds. Anthony S. Travis, Harm Schroter, Ernst Homburg, and J. T. Morris, 3–21. Dordrecht, Germany: Kluwer Academic.

Travis, Tony. 1993. The Haber-Bosch process: Exemplar of 20th century chemical industry. *Chemistry and Industry* 15: 581–85.

Trumpener, Ulrich. 1975. The road to Ypres: The beginnings of gas warfare in World War I. *Journal of Modern History* 47: 460–80.

Tschudi, Johann Jakob von. 1849. *Travels in Peru, during the years 1838–1842*. New York: George P. Putnam.

Tudge, Colin. 2003. *So shall we reap.* London: Allen Lane.

Twain, Mark. 1913. *Roughing it.* New York: Harper and Bros.〔『西部放浪記』（上・下）吉田映子，木内徹訳，彩流社，1998，ほか邦訳多数〕

U.S. Air Force. 1987. *The United States strategic bombing surveys: European War, Pacific War.* Maxwell, AL: Air University Press.

Van Rooij, Arjan. 2005. Engineering contractors in the chemical industry: The development of ammonia processes, 1910–1940. *History and Technology* 21: 345–66.

Waeser, Bruno. 1926. *The atmospheric nitrogen industry,* vol. 1. Philadelphia: P. Blakiston's Son & Co.

Webster, Charles, and Charles Rosenberg eds. 1982. *Joan Baptista Van Helmont: Reformer of science and medicine.* Cambridge, England: Cambridge University Press.

Weintraub, Stanley. 2001. *Whistler: A biography.* New York: Da Capo Press.

West, John B. 2005. Robert Boyle's landmark book of 1660 with the first experiments on rarified air. *Journal of Applied Physiology* 98: 31–39.

Willstatter, Richard. 1965. *From my life: The memoirs of Richard Willstatter.* New York: W. A. Benjamin.

Wilmott, Bill. 2004. Chinese contract labor in the Pacific Islands during the nineteenth century. *Journal of Pacific Studies* 27: 161–76.

Wisniak, Jaime. 2000. The history of saltpeter production with a bit of pyrotechnics and Lavoisier. *Chemical Educator* 5: 205–9.

Wisniak, Jaime, and Ingrid Garces. 2001. The rise and fall of the salitre (sodium nitrate) industry. *Indian Journal of Chemical Technology* 8: 427–38.

Yergin, Daniel. 1991. *The prize: The epic quest for oil, money, and power.* New York: Simon & Schuster.〔『石油の世紀——支配者たちの興亡』日高義樹，持田直武共訳，日本放送出版協会，1991〕

著者略歴

(Thomas Hager)

アメリカ，オレゴン州ユージーン在住の医化学系ジャーナリスト．医微生物学と免疫学を修めたのち，米国国立癌研究所の広報担当を経てフリーランスのライターとなり，医療関連の記事を *American Health, Journal of the American Medical Association* などに寄稿．*Oregon Quarterly* の創刊に関わり現在まで 10 年以上エディターを務めつづけるなど，地元を中心に活動している．オレゴン大学ではコミュニケーション／マーケティング部門長を務めた．*Readers Digest, Self, Wall Street Journal, Medical Tribune, Shanghai Daily* などに 100 本以上の記事を発表している．ほかの著書に，*Force of Nature: The Life of Linus Pauling* (Simon & Schuster, 1995); *Linus Pauling and the Chemistry of Life* (Oxford University Press, 1998); *The Demon Under the Microscope* (Harmony/Crown, 2006); *Ten Drugs: How Plants, Powders, and Pills Have Shaped the History of Medicine* (Abrams, 2019)〔久保美代子訳『歴史を変えた 10 の薬』すばる舎〕; *Electric City: The Lost History of Ford and Edison's American Utopia* (Abrams, 2021) ほか．

訳者略歴

渡会圭子〈わたらい・けいこ〉翻訳者．上智大学文学部卒業．訳書に，スコット・ギャロウェイ『GAFA ――四騎士が創り変えた世界』(東洋経済新報社，2018)，バーバラ・トヴェルスキー『Mind in Motion ――身体動作と空間が思考をつくる』(森北出版，2020)，マイケル・ルイス『後悔の経済学――世界を変えた苦い友情』(文春文庫，2022)，ヴェロニカ・オキーン『記憶は実在するか――ナラティブの脳科学』(筑摩書房，2023)，ジェームズ・スーズマン『働き方全史――「働きすぎる種」ホモ・サピエンスの誕生』(東洋経済新報社，2023)，ダニー・ウォーシェイ『すべては「起業」である』(早川書房，2023) などがある．

解説者略歴

白川英樹〈しらかわ・ひでき〉1936 年生まれ．筑波大学名誉教授．導電性高分子（ポリアセチレン）を発見し，先駆的な開発を主導した．1983 年高分子学会賞受賞．2000 年，アラン・J・ヒーガー博士，アラン・G・マクダイアミッド博士とともにノーベル化学賞受賞．同年，文化勲章受章．日本科学未来館などで実験教室を開き，子どもたちに科学実験の楽しさを伝える活動も続けている．

トーマス・ヘイガー
大気を変える錬金術
ハーバー、ボッシュと化学の世紀
渡会圭子訳
白川英樹解説

2010年 5月20日　初　版第1刷発行
2025年 3月17日　新装版第1刷発行

発行所 株式会社 みすず書房
〒113-0033 東京都文京区本郷2丁目20-7
電話 03-3814-0131（営業） 03-3815-9181（編集）
www.msz.co.jp

本文組版 キャップス
本文印刷・製本所 中央精版印刷
扉・表紙・カバー印刷所 リヒトプランニング
装丁 安藤剛史

ISBN 978-4-622-09780-8
［たいきをかえるれんきんじゅつ］